"十三五"国家重点出版物出版规划项目

名校名家基础学科系列

新工科数学基础 一
高等数学 （上册）

王振友　张丽丽　李　锋　编

机械工业出版社

本书根据普通高等学校本科理工类专业高等数学课程的最新教学大纲编写而成，具体内容包括函数极限与连续、导数及其应用、不定积分、定积分及其应用、常微分方程. 为方便查阅，本书特别加上了每章的知识结构图，帮助学生更好地理解每章各个知识点的内在联系，书末附有部分习题答案与提示.

　　本书内容的深度广度符合《大学数学课程教学基本要求》，适合普通高等学校工科类学生使用，并可作为工科各个专业领域读者的参考书.

图书在版编目（CIP）数据

新工科数学基础. 一，高等数学，上册/王振友，张丽丽，李锋编. —北京：机械工业出版社，2021.6（2022.6重印）

（名校名家基础学科系列）

"十三五"国家重点出版物出版规划项目

ISBN 978-7-111-67832-8

Ⅰ.①新… Ⅱ.①王… ②张… ③李… Ⅲ.①高等数学-高等学校-教材 Ⅳ.①O13

中国版本图书馆 CIP 数据核字（2021）第 052417 号

机械工业出版社（北京市百万庄大街22号　邮政编码100037）

策划编辑：韩效杰　责任编辑：韩效杰　李　乐

责任校对：李　杉　封面设计：鞠　杨

责任印制：常天培

固安县铭成印刷有限公司印刷

2022 年 6 月第 1 版第 2 次印刷

184mm×260mm · 15 印张 · 358 千字

标准书号：ISBN 978-7-111-67832-8

定价：49.00 元

电话服务　　　　　　　　　　　网络服务

客服电话：010-88361066　　机　工　官　网：www.cmpbook.com

　　　　　010-88379833　　机　工　官　博：weibo.com/cmp1952

　　　　　010-68326294　　金　书　网：www.golden-book.com

封底无防伪标均为盗版　　机工教育服务网：www.cmpedu.com

前　言

　　作为培养学生理性思维的重要载体，高等数学对培养学生的抽象思维能力、逻辑推理能力及空间想象能力具有重要的作用. 高等数学课程是一门大学数学公共基础课，是工科大学生最重要的基础理论课，目的在于培养工程技术人员必备的基本数学素质，使学生掌握基本的计算技巧，能用所学的知识去解决各领域中的一些实际问题，能用数学的语言描述各种概念和现象，能理解其他学科中所用的数学理论和方法，培养学生自学数学相关知识的能力，为以后学习其他学科打下良好的基础.

　　高等数学课程的主要内容是微积分. 从 17 世纪下半叶牛顿、莱布尼茨创立起，微积分逐步成为一门逻辑严密、系统完整的学科，它不仅成为其他许多数学分支的重要基础，而且成为大学理工类、经济管理类专业以及许多其他专业最重要的数学基础课. 本书根据 2014 版教育部高等学校大学数学课程教学指导委员会制定的《大学数学课程教学基本要求》，由经验丰富的高等数学主讲教师根据各自的教学经验编写而成. 本书既吸取了国内外优秀教材的优点，也紧密结合了大学工科学生的特点.

　　本书由王振友、张丽丽、李锋编写.

　　由于编者水平有限，本书难免有遗漏、不足或错误之处，敬请读者批评指正. 真诚地感谢您对本书的关注和使用.

编　者

目　录

第 1 章

函数极限与连续

　　研究一个客观事物，首先要回答描述这个客观事物需要哪些变量？人们常说对客观事物进行研究，实际上就是研究这些客观事物中的变量及其变化规律. 变化规律常用函数来表示，最简单的就是一元函数 $y=f(x)$，即一个自变量 x 与一个因变量 y 之间的函数. 所以，一元函数是高等数学研究的基本对象. 极限概念是高等数学的理论基础，极限方法是高等数学中研究问题的一种基本方法，而连续是函数的一种重要性态. 本章将在复习函数概念的基础上，介绍极限和连续等重要概念，以及它们的一些重要性质.

基本要求：

1. 加深函数概念的理解.

2. 了解函数的有界性.

3. 掌握基本初等函数的性质及其图形，了解初等函数的概念.

4. 理解极限的概念. 理解函数左极限与右极限的概念.

5. 函数极限存在与左、右极限之间的关系.

6. 掌握极限的运算法则，会用变量代换求某些简单的复合函数的极限.

7. 了解极限性质和两个存在准则，掌握用两个重要极限求极限的方法.

8. 了解无穷小量、无穷大量、高阶无穷小、等价无穷小等概念，会用等价无穷小量求极限.

9. 理解函数在一点连续和一区间连续的概念，会判别函数间断点的类型.

10. 了解初等函数的连续性和闭区间上连续函数的性质(最大最小值定理、介值定理).

知识结构图：

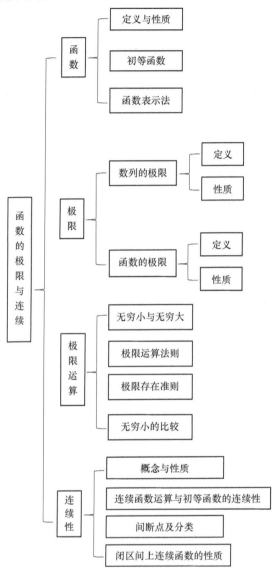

1.1　函数

1.1.1　函数的概念

定义 1.1　设 x 与 y 是同一变化过程中的两个变量，D 为一给定的非空数集. 若对于每个数 $x \in D$，变量 y 按照对应法则 f 总有唯一确定的值与之对应，则称 y **为** x **的函数**，记为 $y = f(x)$，$x \in D$，其中 x 称为函数的**自变量**，y 称为函数的**因变量**，D 称为函数的**定义域**，记作 D_f，即 $D_f = D$.

对 $x_0 \in D$，与 x_0 对应的因变量 y 的值 y_0 称为函数 $y=f(x)$ 在点 x_0 处的**函数值**，记作 $y|_{x=x_0}$ 或 $f(x_0)$，即 $y|_{x=x_0}=f(x_0)=y_0$.

当 x 遍取定义域 D 的所有数值时，对应的函数值的全体构成的集合称为函数 $y=f(x)$ 的值域，记作 R_f 或 $f(D)$，即 $R_f=f(D)=\{y \mid y=f(x), x \in D\}$.

对于有实际背景的函数，其定义域应根据实际背景中变量的实际意义确定. 例如，圆的面积 A 是半径 r 的函数：$A=\pi r^2$，由于圆的半径一定是正数，因此这个函数的定义域为区间 $(0,+\infty)$. 对于与具体的实际问题无关，而抽象地用解析式（算式）表示的函数，通常约定其定义域是使得解析式有意义的自变量的一切实数取值所构成的集合. 这种定义域是由函数的解析式自然确定的，给定了解析式也就同时给定了定义域，故称为函数的**自然定义域**. 因此，一般的用解析式表示的函数 $y=f(x)$，$x \in D$ 可简记为 $y=f(x)$ 或 $f(x)$，而不必再表出定义域 D.

由函数的定义可知，只要函数的定义域与对应法则确定了，函数也就确定了，而自变量与因变量用什么字母表示并不重要. 因此，定义域与对应法则称为**确定函数的基本要素（两要素）**. 两个函数相同当且仅当它们的定义域与对应法则分别相同.

在函数的定义中，对每个 $x \in D$，对应的函数值 y 总是唯一的. 如果给定一个对应法则，按这个法则，对每个 $x \in D$，总有确定的 y 值与之对应，但这个 y 不总是唯一的，那么对于这样的对应法则并不符合函数的定义，习惯上称这种法则确定了一个**多值函数**. 例如，方程 $y^2=2x$ 在 $[0,+\infty)$ 内确定了一个以 x 为自变量，y 为因变量的函数. 对每一个 $x \in (0,+\infty)$，对应的 y 值有两个，因而方程 $y^2=2x$ 确定了一个多值函数. 多值函数通常有若干个**单值分支**，$y=\sqrt{2x}$ 和 $y=-\sqrt{2x}$ 就是上述多值函数的两个单值分支. 在本教材中若无特别声明，函数都是指单值函数.

> **定义 1.2**　设 $y=f(x)$，$x \in D$，若对 $R(f)$ 中每一个 y，都有唯一确定且满足 $y=f(x)$ 的 $x \in D$ 与之对应，则按此法则就得到一个定义在 $R(f)$ 上的函数，称这个函数为 f 的**反函数**，记作 f^{-1}：$R(f) \to D$ 或 $x=f^{-1}(y)$，$y \in R(f)$.

习惯上，通常将 x 表示自变量，y 表示因变量，所以常把 $x=f^{-1}(y)$ 改写为 $y=f^{-1}(x)$，$x \in R(f)$.

显然，函数 $y=f(x)$ 与 $x=f^{-1}(y)$ 图像相同，而 $y=f(x)$ 与 $y=f^{-1}(x)$ 图像关于直线 $y=x$ 对称. 若 $y=f(x)$ 的反函数是 $x=f^{-1}(y)$，

则 $y = f(f^{-1}(y))$，$x = f^{-1}(f(x))$.

> **定义 1.3** 设 $y = f(u)$，$u \in D(f)$，$y \in R(f)$，$u = g(x)$，$x \in D(g)$，$u \in R(g)$，若 $D(f) \cap R(g) \neq \varnothing$（空集），则称 $y = f(g(x))$，$x \in \{x \mid g(x) \in D(f)\}$ 为由 $y = f(u)$ 与 $u = g(x)$ 复合而成的函数，简称为**复合函数**，y 为因变量，x 为自变量，u 为中间变量，$g(x)$ 为内函数，$f(u)$ 称为外函数. 称集合 $\{x \mid g(x) \in D(f)\}$ 为复合函数 $y = f(g(x))$ 的定义域.

判断两个函数 $y = f(u)$ 与 $u = g(x)$ 能否构成复合函数，只要看 $D(f) \cap R(g) \neq \varnothing$ 是否成立即可.

例1　讨论下列各组函数可否构成复合函数，若可以，求出复合函数及其定义域：

（1）$y = f(u) = \sqrt{u-1}$，$u = g(x) = \ln x$；

（2）$y = f(u) = \ln(u-2)$，$u = g(x) = \cos x$.

解　（1）因 $D(f) = \{u \mid u \geq 1\}$，$R(g) = \{u \mid -\infty < u < +\infty\}$，

于是
$$D(f) \cap R(g) = \{u \mid u \geq 1\} \neq \varnothing,$$

所以 $f(u) = \sqrt{u-1}$ 与 $u = \ln x$ 可以构成复合函数，其表达式为 $y = \sqrt{\ln x - 1}$，定义域为 $\{x \mid \ln x \geq 1\}$，即 $\{x \mid x \geq e\}$.

（2）因 $D(f) = \{u \mid u > 2\}$，$R(g) = \{u \mid -1 \leq u \leq 1\}$，

所以
$$D(f) \cap R(g) = \varnothing,$$

故两函数不能构成复合函数 $y = f(g(x))$.

通过例1，两函数构成一个复合函数实质上是将一个函数代入另一个函数得到一个新的函数. 下面通过一个例子介绍利用复合函数和反函数求函数值以及函数表达式的一般方法.

例2　已知 $f\left(x - \dfrac{1}{x}\right) = \dfrac{x^2}{1+x^4}$，求 $f(x)$.

解　令 $u = u(x) = x - \dfrac{1}{x}$，则

$$x^2 + \frac{1}{x^2} = u^2 + 2,$$

从而
$$f(u) = \frac{1}{u^2 + 2},$$

所以
$$f(x) = \frac{1}{x^2 + 2}.$$

例3　已知 $f(x) = e^{x^2}$，$f(g(x)) = 1 - x$，且 $g(x) \geq 0$，求 $g(x)$.

解　$f(g(x)) = e^{[g(x)]^2} = 1 - x$，

两边取自然对数，得

$$2g(x) = \ln(1-x),$$

即

$$g(x) = \frac{1}{2}\ln(1-x).$$

1.1.2　初等函数

1. 基本初等函数

下列六类函数统称为**基本初等函数**.

（1）幂函数：　　$y = x^{\mu}(\mu \in \mathbf{R})$.

（2）指数函数：$y = a^x(a>0$ 且 $a \neq 1)$.

（3）对数函数：$y = \log_a x(a>0$ 且 $a \neq 1)$.

（4）三角函数：$y = \sin x$，$y = \cos x$，$y = \tan x$，$y = \cot x = \dfrac{\cos x}{\sin x}$，$y = \sec x = \dfrac{1}{\cos x}$，$y = \csc x = \dfrac{1}{\sin x}$.

（5）反三角函数：$y = \arcsin x$，$y = \arccos x$，$y = \arctan x$，$y = \operatorname{arccot} x$.

（6）常数函数：$y = C$，C 为常数.

2. 初等函数的定义

> **定义 1.4**　由常数和基本初等函数经过有限次四则运算和有限次的函数复合步骤所构成的，并且能够用一个式子表示的函数称为**初等函数**.

按初等函数的定义，分段函数通常不是初等函数. 但并不是任何分段函数都是非初等函数. 例如，$f(x) = \begin{cases} -x & x<0 \\ x & x \geq 0 \end{cases}$ 是分段函数，但若将其改写成 $f(x) = |x| = \sqrt{x^2}$，则可知它是初等函数了. 本教材所讨论的函数，除了分段函数外，一般都是初等函数.

1.1.3　函数的性质

1. 函数的有界性

> **定义 1.5**　设函数 $f(x)$ 的定义域为 D，数集 $X \subset D$.
>
> （1）若存在正数 M，使得 $\forall x \in X$，恒有 $|f(x)| \leq M$，则称函数 $f(x)$ 在数集 X 上有界；否则，称函数 $f(x)$ 在数集 X 上无界.
>
> （2）若存在正数 A，使得 $\forall x \in X$，恒有 $f(x) \leq A$，则称函数 $f(x)$ 在数集 X 上有上界，而正数 A 称为函数 $f(x)$ 在数集 X 上的一个上界.

（3）若存在正数 B，使得 $\forall x \in X$，恒有 $f(x) \geqslant B$，则称函数 $f(x)$ 在数集 X 上有下界，而正数 B 称为函数 $f(x)$ 在数集 X 上的一个下界.

在定义域内有界的函数称为**有界函数**. 有界函数的图形的特征是它被夹在两条水平直线之间. 函数 $f(x)$ 在数集 X 上有界的充分必要条件是函数 $f(x)$ 在数集 X 上既有上界又有下界. 若一个数集 X 有上界，则它有无限多个上界，在这些上界中最小的一个常常具有重要作用，称它为数集的上确界. 同样的，把有下界的数集的最大下界称为数集的下确界.

2. 函数的奇偶性

如果函数 $y=f(x)$ 的定义域 D 关于原点对称，图形关于坐标原点对称，即对于任意 $x \in D$ 都有 $f(-x) = -f(x)$，则称 $f(x)$ 为奇函数.

如果函数 $y=f(x)$ 的定义域 D 关于原点对称，图形关于 y 轴对称，即对于任意 $x \in D$ 都有 $f(-x) = f(x)$，则称 $f(x)$ 为偶函数.

例如，$y=\sin x$，$x \in (-\infty, +\infty)$ 是奇函数，而 $y = |x|$，$x \in (-\infty, +\infty)$ 是偶函数.

3. 函数的周期性

中学里已经认识了三角函数的周期性，因此这里简要叙述一下周期函数的定义.

设函数 $y=f(x)$，如果存在正数 T，使得 $f(x) = f(x+T)$ 对定义域中的任意 x 成立，则称 $y=f(x)$ 为周期函数，T 是一个周期.

通常情况下，我们关心周期函数的最小正周期，简称周期. 也有例外的情况，例如，常数函数 $y \equiv C$ 是周期函数，任意正数都是它的周期，因此它没有最小正周期.

1.1.4 函数的表示法

在中学里已经学过，表示函数的常用方法有解析法（公式法）、表格法和图形法. 本教材所讨论的函数一般用解析法表示，有时还同时画出其图形，以便对函数进行分析研究.

根据函数解析式形式的不同，函数又可分为**显函数**与**隐函数**. 如果因变量由自变量的解析式直接表示出来，那么就称这种函数为**显函数**. 例如，$y=x^3$. 遇到的函数一般都是显函数. 如果自变量 x 与因变量 y 的对应关系由一个二元方程 $F(x,y)=0$ 来表示，那么这样的函数称为**隐函数**. 例如，由方程 $e^y + xy - 1 = 0$ 确定的函数就是隐函数.

用解析式表示函数时，一般一个函数仅用一个式子表示，但有时一个函数在其定义域的不同部分需要用不同的式子表示；也就是说，在定义域的不同范围内，要用几个不同的表达式给出对应法则. 称这样的函数为**分段函数**. 例如，

$$y = \begin{cases} x^2 & -1 \leqslant x \leqslant 1, \\ 2-x & x > 1 \end{cases}$$

就是定义在 $[-1, +\infty)$ 上的一个分段函数. 当 $x \in [-1, 1]$ 时，函数的对应法则由 $y = x^2$ 确定；当 $x \in (1, +\infty)$ 时，函数的对应法则由 $y = 2-x$ 确定.

又如，**符号函数**

$$y = \operatorname{sgn} x = \begin{cases} -1 & x < 0, \\ 0 & x = 0, \\ 1 & x > 0 \end{cases}$$

也是一个分段函数.

再如，取整函数

$$y = [x]$$

以及**狄利克雷(Dirichlet)函数**

$$D(x) = \begin{cases} 1 & x \in \mathbf{Q}, \\ 0 & x \in \mathbf{R} - \mathbf{Q} \end{cases}$$

也都是分段函数.

习题 1-1

1. 求下列函数的定义域：

(1) $y = \arcsin(1-x) + \ln \dfrac{1+x}{1-x}$；

(2) $y = \dfrac{1}{\ln(\ln x)}$；

(3) $y = \sqrt{x^2 - 3x + 2} + \sqrt{2-x}$；

(4) $y = \arccos \sqrt{\dfrac{x-1}{x+1}}$；

(5) $y = \sqrt{-\sin^2(\pi x)}$；

(6) $y = \begin{cases} 2x & -1 \leqslant x < 0, \\ 3x & 0 < x < 1. \end{cases}$

2. 判断下列各组中的两个函数是否相同，并说明理由：

(1) $y = \dfrac{x^2 - 1}{x - 1}$，$y = x + 1$；

(2) $y = \ln \dfrac{x+1}{x-1}$，$y = \ln(x+1) - \ln(x-1)$；

(3) $y = \sqrt[3]{x^4 - x^3}$，$y = x \cdot \sqrt[3]{x-1}$；

(4) $y = \sqrt{1 - \sin^2 x}$，$y = \cos x$；

(5) $y = e^x$，$s = e^t$.

3. 下列函数哪些是奇函数？哪些是偶函数？哪些是非奇非偶函数？

(1) $y = x e^{\cos x} \sin x$；　　(2) $y = \ln(x + \sqrt{x^2 + 1})$；

(3) $y = \ln(x - \sqrt{x^2 - 1})$；　(4) $y = \ln \dfrac{1-x}{1+x}$；

(5) $y = e^x + e^{-x}$；　　(6) $y = \begin{cases} 1-x & x < 0, \\ 1+x & x \geqslant 0; \end{cases}$

(7) $y = \begin{cases} x-1 & x < 0, \\ x+1 & x \geqslant 0; \end{cases}$　(8) $y = \begin{cases} x-1 & x < 0, \\ 0 & x = 0, \\ x+1 & x > 0. \end{cases}$

4. 已知 $f(x)$ 是定义在 $[-1,1]$ 上的奇函数，当 $0<x\leqslant1$ 时，$f(x)=x^2+x+1$，求 $f(x)$ 的表达式.

5. 已知 $f(x)$ 是定义在 $[-1,1]$ 上的偶函数，当 $-1\leqslant x\leqslant0$ 时，$f(x)=x^3+1$，求 $f(x)$ 的表达式.

6. 设 $f(x)$ 是定义在 $(-\infty,+\infty)$ 上的周期为 1 的周期函数，已知在 $[0,1)$ 上，$f(x)=x^2$，求 $f(x)$ 在闭区间 $[0,2]$ 上的表达式.

7. 设 $f(x)$ 是定义在 $(-\infty,+\infty)$ 上的周期为 2π 的周期函数，且 $f(x)$ 是偶函数，已知在 $[0,\pi]$ 上，$f(x)=x^3$，求 $f(x)$ 在闭区间 $[\pi,2\pi]$ 上的表达式.

8. 求下列函数的反函数：

(1) $y=\dfrac{1-x}{1+x}$;　　　　(2) $y=\dfrac{2^x}{2^x+1}$;

(3) $y=\ln(x+2)+1$;　　(4) $y=\begin{cases}x & x<0, \\ x^2 & x\geqslant0.\end{cases}$

9. 设 $f\left(x+\dfrac{1}{x}\right)=x^2+\dfrac{1}{x^2}$，求 $f\left(\dfrac{1}{x}\right)$.

10. 设 $f\left(\dfrac{1}{x}\right)=x+\sqrt{1+x^2}$，求 $f(x)$.

11. 设 $f(x)=\begin{cases}x+1 & x\leqslant1, \\ 2x-1 & x>1,\end{cases}$ 求 $f(x+1)$，$f(\ln x)$ 及 $f(\sin x)$.

12. 设 $f(x+1)=\begin{cases}x^2 & x<0, \\ 1 & x=0, \\ 2x & x>0,\end{cases}$ 求 $f(x-1)$，$f(x^2)$ 及 $f(e^x)$.

13. 设 $f(x)=\begin{cases}e^x & x<1, \\ x & x\geqslant1,\end{cases}$ $g(x)=\begin{cases}x+2 & x<0, \\ x^2-1 & x\geqslant0,\end{cases}$ 求 $f(g(x))$ 及 $g(f(x))$.

14. 设 $f(x)=\ln x$，$f(\varphi(x))=x^2+\ln2$，求 $\varphi(x)$.

15. 已知 $f(x)$ 的定义域为 $(0,1]$，求下列复合函数的定义域：

(1) $f(\ln x)$;　　　　　　(2) $f(e^x-1)$;

(3) $f\left(x-\dfrac{1}{3}\right)+f\left(x+\dfrac{1}{3}\right)$.

16. 指出下列复合函数是由哪些简单函数复合而成的：

(1) $y=\sqrt{x^3+2x^2+1}$;　　(2) $y=\left(\dfrac{e^x+1}{e^x-1}\right)^2$;

(3) $y=\left(\arcsin\dfrac{1}{x}\right)^2$;　　(4) $y=e^{\sin\sqrt[2]{x}}$;

(5) $y=(\sin x+\cos x+1)^2+1$;

(6) $y=\sin\sqrt{\ln(x^2+1)}$.

1.2　函数的极限

1.2.1　数列极限

1. 极限思想概述

极限概念是由于求某些问题的精确解答而产生的. 例如，我国古代数学家刘徽(公元 3 世纪)发明的"割圆术"——利用圆的内接正多边形的面积来推算圆面积的方法，就是极限思想在几何学上的应用.

设有一个圆，首先作圆的内接正六边形，其面积记为 A_1；再作内接正十二边形，其面积记为 A_2；再作内接正二十四边形，其面积记为 A_3；这样一直下去，每次边数加倍，就得到一系列内接正多边形的面积：

$$A_1,\ A_2,\ A_3,\ \cdots,\ A_n,\ \cdots.$$

它们构成一个数列 $\{A_n\}$. 显然当边数 n 越大，A_n 与圆面积 A 的差别就越小，从而以 A_n 作为圆面积的近似值也就越精确. 但是无论 n

取多大, A_n 终究还是正多边形的面积, 总要比圆的面积小一点. 因此, 设想让 n 无限增大(记为 $n \to \infty$), 即让正多边形的边数无限增多. 在这个过程中, 内接正多边形无限接近于圆, 同时 A_n 也无限接近于某个确定的数值, 这个确定的数值就是圆的面积 A. 我们把 A 就称为数列 $\{A_n\}$ 的极限. 因此, 圆面积的精确值可用数列 $\{A_n\}$ 的极限来表示. 这种解决问题的思想就是极限的思想. 从这个问题中我们看到:

极限是变量的一种变化趋势, 极限也是由近似过渡到精确的桥梁.

对于一个数列, 随着整数 n 不断地增大, 函数值 $y_n = f(n)$ 会怎样变化? 不难想到, 会有两种可能: 趋于一个常值或者不趋于一个常值. 如果趋于一个常值 A, 就称当 n 趋于无穷大时数列 $y_n = f(n)$ 存在一个极限, 记为 $\lim\limits_{n \to \infty} f(n) = A$; 否则, 就称当 n 趋于无穷大时数列 $y_n = f(n)$ 极限不存在.

> **定义 1.6**(数列极限) 如果对于任意给定的正数 ε(不论它多么小), 总存在正整数 N, 使得对于 $n > N$ 时的一切 $y_n = f(n)$, 不等式 $|f(n) - A| < \varepsilon$ 都成立, 那么就称常数 A 是数列 $y_n = f(n)$ 的极限, 或者称数列 $y_n = f(n)$ 收敛于 A, 记为
>
> $$\lim\limits_{n \to \infty} f(n) = A, \text{ 或 } f(n) \to A \quad (n \to \infty).$$
>
> 如果数列没有极限, 则数列是发散的.

上述定义可简记如下:

> **定义 1.6′**(数列极限的 $\varepsilon\text{-}N$ 定义) $\lim\limits_{n \to \infty} f(n) = A$ 当且仅当
>
> $$\forall \varepsilon > 0, \exists N = N(\varepsilon) > 0, \tag{1}$$
>
> $$\text{s.t. } |f(n) - A| < \varepsilon, n > N. \tag{2}$$

怎样来解读这个定义呢? 直观上看, "极限"是一个"无限接近"的过程.

例 1 证明 $\lim\limits_{n \to \infty} f(n) = \lim\limits_{n \to \infty} \dfrac{2n+1}{n^3+1} = 0$.

分析 若 $n > 1$, 将 $|f(n) - A|$ "放大整形"有

$$|f(n) - 0| = \left| \frac{2n+1}{n^3+1} - 0 \right| \leqslant \left| \frac{2n+n}{n^3} \right| \leqslant \left| \frac{3}{n^2} \right|, \tag{3}$$

要式(3)满足式(2)的形式, 只要最后的表达式满足

$$\left| \frac{3}{n^2} \right| < \varepsilon, \ n^2 > \left| \frac{3}{\varepsilon} \right|,$$

所以取 $N=N(\varepsilon)=\left[\left|\dfrac{3}{\varepsilon}\right|^{\frac{1}{2}}+1\right]$，$n>N$ 即可.

证　$\forall\varepsilon>0$，取 $N=N(\varepsilon)=\left[\left|\dfrac{3}{\varepsilon}\right|^{\frac{1}{2}}+1\right]$，当 $n>N$ 时一定有

$$|f(n)-0|=\left|\dfrac{2n+1}{n^3+1}-0\right|\leqslant\left|\dfrac{2n+n}{n^3}\right|\leqslant\left|\dfrac{3}{n^2}\right|<\left|\dfrac{3}{N^2}\right|$$

$$=\dfrac{3}{\left[\left|\dfrac{3}{\varepsilon}\right|^{\frac{1}{2}}+1\right]^2}<\dfrac{3}{3/\varepsilon}=\varepsilon,$$

根据定义知，$\lim\limits_{n\to\infty}f(n)=\lim\limits_{n\to\infty}\dfrac{2n+1}{n^3+1}=0$

例2　证明 $\lim\limits_{n\to\infty}f(n)=\lim\limits_{n\to\infty}q^n\sin n=0$，其中 $|q|<1$.

分析　容易写出 $|f(n)-0|=|q^n\sin n|\leqslant|q|^n$，虽然已是一个简洁的表达式，但仍不是式（2）的形式，不能直接写出形如 $n>N(\varepsilon)$ 的表达式. 对最后的表达式再"整形"，即由 $|q|^n<\varepsilon$ 可推出 $n\ln|q|<\ln\varepsilon$，$n>\dfrac{\ln\varepsilon}{\ln|q|}$，$|q|<1$，所以取 $N=N(\varepsilon)=\left[\dfrac{\ln\varepsilon}{\ln|q|}+1\right]$.

证　$\forall\varepsilon>0$，取 $N=N(\varepsilon)=\left[\dfrac{\ln\varepsilon}{\ln|q|}+1\right]$，并考虑 $|q|<1$，当 $n>N$ 时一定有

$$n>N=\left[\dfrac{\ln\varepsilon}{\ln|q|}+1\right]>\dfrac{\ln\varepsilon}{\ln|q|},$$

$$n\ln|q|<\ln\varepsilon,\quad\ln|q|^n<\ln\varepsilon,\quad|q|^n<\varepsilon,$$

从而有　　　　$|f(n)-0|=|q^n\sin n|\leqslant|q|^n<\varepsilon,$

根据定义知，$\lim\limits_{n\to\infty}q^n\sin n=0$.

2. 数列极限的性质

性质1（数列极限的唯一性）　收敛数列的极限必唯一.

证　（用反证法）设数列 $\{x_n\}$ 收敛，假定同时有 $\lim\limits_{n\to\infty}x_n=a$ 及 $\lim\limits_{n\to\infty}x_n=b$，且 $a\neq b$. 不妨设 $a<b$. 取 $\varepsilon=\dfrac{b-a}{2}$，则由 $\lim\limits_{n\to\infty}x_n=a$ 得，存在正整数 N_1，当 $n>N_1$ 时，有不等式 $|x_n-a|<\dfrac{b-a}{2}$；由 $\lim\limits_{n\to\infty}x_n=b$ 得，存在正整数 N_2，当 $n>N_2$ 时，有不等式 $|x_n-b|<\dfrac{b-a}{2}$. 于是，取 $N=\max\{N_1,\ N_2\}$，则当 $n>N$ 时，不等式 $|x_n-a|<\dfrac{b-a}{2}$ 与 $|x_n-b|<\dfrac{b-a}{2}$

同时成立，但是，由 $|x_n-a|<\dfrac{b-a}{2}$ 可得 $x_n<\dfrac{a+b}{2}$；而由 $|x_n-b|<\dfrac{b-a}{2}$ 可得 $x_n>\dfrac{a+b}{2}$，矛盾！故必有 $a=b$，即收敛数列的极限是唯一的．证毕．

> **性质 2**（收敛数列的有界性） 收敛数列必有界．

证 设数列 $\{x_n\}$ 收敛于 a，即 $\lim\limits_{n\to\infty}x_n=a$．据数列极限的定义，对于 $\varepsilon=1$，存在相应的正整数 N，当 $n>N$ 时，有 $|x_n-a|<1$．于是，当 $n>N$ 时，
$$|x_n|=|(x_n-a)+a|\leqslant|x_n-a|+|a|<1+|a|.$$
取 $M=\max\{|x_1|,|x_2|,\cdots,|x_N|,1+|a|\}$，则对于 $\forall n\in\mathbf{N}_+$，均有 $|x_n|\leqslant M$．故数列 $\{x_n\}$ 有界．证毕．

性质 2 的等价命题是："无界数列必发散．"然而，有界数列未必收敛．例如，数列 $\{(-1)^n\}$ 与 $\{\sin n\}$ 均有界，但它们都是发散的．因此，数列有界是数列收敛的必要条件，但不是充分条件．

> **性质 3**（收敛数列的保号性） 若 $\lim\limits_{n\to\infty}x_n=a$，且 $a>0$（或 $a<0$），则存在正整数 N，当 $n>N$ 时，都有 $x_n>0$（或 $x_n<0$）．

证 只证 $a>0$ 的情形（$a<0$ 的情形证法类似）．由于 $\lim\limits_{n\to\infty}x_n=a>0$，故由数列极限的定义，对于 $\varepsilon=\dfrac{a}{2}>0$，存在正整数 N，当 $n>N$ 时，有 $|x_n-a|<\dfrac{a}{2}$，从而

$$x_n>a-\dfrac{a}{2}=\dfrac{a}{2}>0.$$

证毕．

> **推论** 若 $\lim\limits_{n\to\infty}x_n=a$，且存在正整数 N，当 $n>N$ 时，有 $x_n\geqslant0$（或 $x_n\leqslant0$），则 $a\geqslant0$（或 $a\leqslant0$）．

证 仅就 $x_n\geqslant0$ 的情形给予证明，用反证法．

假定 $\lim\limits_{n\to\infty}x_n=a<0$，则由性质 3，存在正整数 N_0，当 $n>N_0$ 时，有 $x_n<0$．于是，取 $N^*=\max\{N_0,N\}$，则当 $n>N^*$ 时，既有 $x_n<0$，又有 $x_n\geqslant0$．矛盾！故必有 $a\geqslant0$．证毕．

性质 3 及其推论表明：收敛数列从某项起一定保持与极限值相同的符号；反之，若收敛数列从某项起非负（或非正），则其极限值也非负（或非正）．

性质 4（收敛数列的子数列收敛性） 若数列 $\{x_n\}$ 收敛于 a，则它的任一子数列也收敛于 a．

证 设 $\{x_{n_k}\}$ 是数列 $\{x_n\}$ 的任一子数列．由于 $\lim\limits_{n\to\infty}x_n=a$，故对于 $\forall\varepsilon>0$，存在正整数 N，当 $n>N$ 时，有 $|x_n-a|<\varepsilon$．取 $K=N$，则当 $k>K$ 时，有 $n_k>n_K=n_N\geqslant N$．于是，$|x_{n_k}-a|<\varepsilon$．因此，$\lim\limits_{n\to\infty}x_{n_k}=a$．证毕．

由性质 4 可知，如果数列 $\{x_n\}$ 有两个子数列收敛于不同的极限，那么数列 $\{x_n\}$ 必定发散．例如，数列 $\{(-1)^{n+1}\}$ 的子数列 $\{x_{2k-1}\}$ 收敛于 1，而子数列 $\{x_{2k}\}$ 收敛于 -1．因此，$\{(-1)^{n+1}\}$ 是发散数列．同时这个例子也表明：发散的数列也可能有收敛的子数列．

1.2.2 函数极限的定义及性质

1. 自变量趋向于无穷大时函数的极限

数列 $\{x_n\}$ 可看作定义域为正整数集的函数：$x_n=f(n)$，$n\in \mathbf{N}_+$．所以，数列极限也是一类特殊的函数极限．但是，数列作为特殊的函数，其自变量只有一种变化过程——自变量 n 取正整数而无限增大（即 $n\to\infty$）．对于一般的函数而言，自变量的变化过程有两种类型，即自变量趋向于无穷大与自变量趋向于有限值．

"自变量趋向于无穷大"这一类型又包括三种情形：

（1）$|x|$ 无限增大，记作 $x\to\infty$；

（2）$|x|$ 无限增大，且 $x>0$ 记作 $x\to+\infty$；

（3）$|x|$ 无限增大，且 $x<0$ 记作 $x\to-\infty$．

"自变量趋向于有限值"这一类型也包括三种情形：

（1）x 趋近于 x_0，记作 $x\to x_0$；

（2）x 趋近于 x_0，且 $x<x_0$，即 x 从 x_0 的左侧趋近于 x_0，记作 $x\to x_0^-$；

（3）x 趋近于 x_0，且 $x>x_0$，即 x 从 x_0 的右侧趋近于 x_0，记作 $x\to x_0^+$．

下面主要研究 $x\to+\infty$ 及 $x\to x_0$ 这两种变化过程中的函数极限．

定义 1.7（正无穷大的函数极限定义） 设函数 $f(x)$ 当 x 大于某一正数时有定义，若存在常数 A，对于任意给定的正数 ε，总存在正数 X，使得当 $x>X$ 时，总有 $|f(x)-A|<\varepsilon$，则常数 A 称为函数 $f(x)$ 当 $x\to+\infty$ 时的极限，记作

$$\lim_{x\to+\infty}f(x)=A \quad 或 \quad f(x)\to A(x\to+\infty). \tag{1}$$

只要把上面定义中的 $x>X$ 改为 $|x|>X$，便得 $\lim\limits_{x\to\infty}f(x)=A$ 的定义；同样，只要把上面定义中的 $x>X$ 改为 $x<-X$，便得 $\lim\limits_{x\to-\infty}f(x)=A$ 的定义.

由上述定义容易证明 $\lim\limits_{x\to\infty}f(x)$ 与 $\lim\limits_{x\to-\infty}f(x)$ 及 $\lim\limits_{x\to+\infty}f(x)$ 有如下关系：

定理 1.1 $\lim\limits_{x\to\infty}f(x)=A$（$A$ 为常数）的充分必要条件是 $\lim\limits_{x\to-\infty}f(x)=\lim\limits_{x\to+\infty}f(x)=A$.

$\lim\limits_{x\to\infty}f(x)=A$ 的几何解释是：对于任意给定的正数 ε，总存在正数 X，当 x 落在区间 $(-\infty,-X)$ 或 $(X,+\infty)$ 内时，函数 $f(x)$ 的图形就介于两条水平直线 $y=A-\varepsilon$ 与 $y=A+\varepsilon$ 之间.

例 3 求 $\lim\limits_{x\to\infty}\dfrac{4x^4-3x^3+1}{2x^4+5x^2-6}$.

解 $\lim\limits_{x\to\infty}\dfrac{4x^4-3x^3+1}{2x^4+5x^2-6}=\lim\limits_{x\to\infty}\dfrac{4-\dfrac{3}{x}+\dfrac{1}{x^4}}{2+\dfrac{5}{x^2}-\dfrac{6}{x^4}}=2.$

需要注意，函数 $f(x)$ 在无穷远处极限存在，对应数列 $f(n)$ 的极限也会存在；但是，数列 $f(n)$ 的极限存在，函数 $f(x)$ 在无穷远处极限不一定存在.

例 4 讨论 $\lim\limits_{x\to0}\cos\dfrac{1}{x}$ 是否存在.

解 取 $x=\dfrac{1}{2n\pi}$，此时，当 n 趋近于无穷大时，极限存在且等于 1.

取 $x_n=\dfrac{1}{2n\pi+\dfrac{\pi}{2}}$，当 n 趋近于无穷大时，极限存在且等于 0.

故该极限不存在.

2. 自变量趋向于有限值时函数的极限

变量变换是研究函数性质常采用的方法，例如对于 $y=f(x)$，作如下变换：

$$x=\frac{1}{z-z_0},\ 或者\ z=\frac{1}{x}+z_0, \tag{2}$$

可得到

$$y=f(x)=f\left(\frac{1}{z-z_0}\right)=g(z). \tag{3}$$

此时求 $f(x)$ 在 x 趋于无穷大的极限，就会化为 $\lim\limits_{x\to\infty}f(x)=\lim\limits_{z\to z_0}g(z)$.

定义 1.8（有限点的函数极限定义） 设函数 $f(x)$ 在点 x_0 的某一去心邻域内有定义，若存在常数 A，对于任意给定的正数 ε，总存在正数 δ，使得当 $0<|x-x_0|<\delta$ 时，有 $|f(x)-A|<\varepsilon$，则常数 A 称为函数 $f(x)$ 当 $x\to x_0$ 时的极限，或称为**函数 $f(x)$ 在点 x_0 处的极限**，记作

$$\lim\limits_{x\to x_0}f(x)=A \quad 或 \quad f(x)\to A(x\to x_0). \tag{4}$$

若采用式（2）的变换，可以把（x 轴上）无穷远的景象变换到了（z 轴上）有限数据点 z_0 处，这样一来会使得问题研究更为方便. 因此，给出函数极限更一般性的定义很有必要.

趋于有限数（$x\to x_0$）的极限与趋于无穷大（$x\to\infty$）的极限，没有本质差异，都是一个"无限接近"的过程.

例 5　（基本初等函数）求证 $\lim\limits_{x\to x_0}f(x)=f(x_0)$，其中 $f(x)=x$.

证　$\forall\varepsilon>0$，要使

$$|f(x)-f(x_0)|=|x-x_0|<\varepsilon,$$

只要 $\delta=\varepsilon$ 即可，即 $\forall\varepsilon>0$，当 $|x-x_0|<\delta$，$|f(x)-f(x_0)|=|x-x_0|<\varepsilon$.

前面的讨论告诉我们，用" ε-N "" ε-X "" ε-δ "语言可以求解极限，但不是很便利. 例 5 告诉我们，对于基本初等函数，函数极限与函数值一致. 这个结果让求极限变得容易且有趣了. 那么，究竟在什么条件下可以这样做呢？为此，要进一步研究极限的性质.

3. 函数极限的性质

与数列极限的性质类似，函数极限也有相应的一些性质. 由于函数极限按自变量的变化过程不同有六种情形，为了方便，下面仅以" $\lim\limits_{x\to x_0}f(x)$ "这种情形为代表加以讨论. 其他情形的函数极限的性质及其证明，只要相应地做一些修改即可得出.

性质 5（函数极限的唯一性）　若 $\lim\limits_{x\to x_0}f(x)$ 存在，那么这极限唯一.

性质 6（函数极限的局部有界性）　若 $\lim\limits_{x\to x_0}f(x)=A$，则 $f(x)$ 在点 x_0 的某一去心邻域内有界. 即存在常数 $M>0$ 及 $\delta>0$，使得当 $x\in\mathring{U}(x_0,\delta)$ 时，有 $|f(x)|\leqslant M$.

证　因为 $\lim\limits_{x\to x_0}f(x)=A$，由定义 1.8，对 $\varepsilon=1$，存在 $\delta>0$，当

$0 < |x-x_0| < \delta$ 时，有 $|f(x)-A| < 1$，从而

$$|f(x)| = |f(x)-A+A| \leqslant |f(x)-A| + |A| < 1 + |A|.$$

记 $M = 1 + |A|$，则当 $x \in \mathring{U}(x_0, \delta)$ 时，有 $|f(x)| < M$. 证毕.

> **性质7**(函数极限的局部保号性) 若 $\lim\limits_{x \to x_0} f(x) = A$，且 $A > 0$(或 $A < 0$)，则存在 $\delta > 0$，使得当 $x \in \mathring{U}(x_0, \delta)$ 时，有 $f(x) > 0$(或 $f(x) < 0$).

证 只证 $A > 0$ 的情形($A < 0$ 的情形证法类似). 由于 $\lim\limits_{x \to x_0} f(x) = A > 0$，故由定义1.8，对于 $\varepsilon = \dfrac{A}{2} > 0$，存在 $\delta > 0$，当 $0 < |x-x_0| < \delta$ 时，有 $|f(x)-A| < \varepsilon = \dfrac{A}{2}$，从而当 $x \in \mathring{U}(x_0, \delta)$ 时，有 $f(x) > A - \dfrac{A}{2} = \dfrac{A}{2} > 0$. 证毕.

> **推论** 若 $\lim\limits_{x \to x_0} f(x) = A$，且在点 x_0 的某一去心邻域内 $f(x) \geqslant 0$(或 $f(x) \leqslant 0$)，则 $A \geqslant 0$(或 $A \leqslant 0$).

证 仅就 $f(x) \geqslant 0$ 的情形给予证明，用反证法.

假定在点 x_0 的去心邻域 $\mathring{U}(x_0, \delta_0)$ 内 $f(x) \geqslant 0$，但 $\lim\limits_{x \to x_0} f(x) = A < 0$，则由性质3，存在 $\delta > 0$，当 $x \in \mathring{U}(x_0, \delta)$ 时，有 $f(x) < 0$. 于是，取 $\delta^* = \min\{\delta, \delta_0\}$，则当 $x \in \mathring{U}(x_0, \delta^*)$ 时，既有 $f(x) \geqslant 0$，又有 $f(x) < 0$. 矛盾! 故假设不真. 证毕.

性质7及其推论表明：若函数 $f(x)$ 在点 x_0 处的极限存在，则在点 x_0 的某一去心邻域内函数值一定保持与极限值相同的符号；反之，若在点 x_0 的某一去心邻域内 $f(x)$ 非负(或非正)，则其极限值也非负(或非正). 需要指出的是，将推论中的"$f(x) \geqslant 0$"(或"$f(x) \leqslant 0$")改为"$f(x) > 0$"(或"$f(x) < 0$")，则结论仍然是"$A \geqslant 0$"(或"$A \leqslant 0$"). 也就是说，此时仍有可能 $A = 0$. 例如，函数 $f(x) = x^2$ 在点 $x = 0$ 的去心邻域内有 $f(x) > 0$，但是 $\lim\limits_{x \to 0} f(x) = \lim\limits_{x \to 0} x^2 = 0$.

> **性质8**(函数极限与数列极限的关系) 若 $\lim\limits_{x \to x_0} f(x)$ 存在，$\{x_n\}$ 为函数 $f(x)$ 的定义域内任一收敛于 x_0 的数列，且 $x_n \neq x_0 (n \in \mathbf{N}_+)$，则数列 $\{f(x_n)\}$ 也收敛，且 $\lim\limits_{n \to \infty} f(x_n) = \lim\limits_{x \to x_0} f(x)$.

证 设 $\lim\limits_{x \to x_0} f(x) = A$，则由定义，对于任意给定的正数 ε，总存

在正数 δ，使得当 $0<|x-x_0|<\delta$ 时，有 $|f(x)-A|<\varepsilon$. 又因 $\lim\limits_{n\to\infty}x_n=x_0$，故由定义 1.6，对上述 $\delta>0$，存在正整数 N，当 $n>N$ 时，有 $|x_n-x_0|<\delta$. 由于 $x_n\neq x_0(n\in\mathbf{N}_+)$，故当 $n>N$ 时，有 $0<|x_n-x_0|<\delta$，从而 $|f(x_n)-A|<\varepsilon$. 于是，$\lim\limits_{n\to\infty}f(x_n)=A$，即 $\lim\limits_{n\to\infty}f(x_n)=\lim\limits_{x\to x_0}f(x)$. 证毕.

习题 1-2

1. 设 $f(x)=\begin{cases}\mathrm{e}^x & x\leqslant 0,\\ \dfrac{1}{x} & x>0,\end{cases}$ 求 $\lim\limits_{x\to-\infty}f(x)$ 及 $\lim\limits_{x\to+\infty}f(x)$，并说明 $\lim\limits_{x\to\infty}f(x)$ 是否存在.

2. 设 $f(x)=\dfrac{|x|}{x}$，证明 $\lim\limits_{x\to 0}f(x)$ 不存在.

3. 设 $f(x)=\begin{cases}x^2 & -1<x<0,\\ 1 & x=0,\\ 2x & 0<x\leqslant 1,\end{cases}$ 求:

(1) $\lim\limits_{x\to 0}f(x)$;   (2) $\lim\limits_{x\to-1^+}f(x)$;

(3) $\lim\limits_{x\to 1^-}f(x)$.

4. 设 $f(x)=\begin{cases}2x & -1<x<0,\\ -2x & 0\leqslant x<1,\\ x+1 & 1\leqslant x<3,\end{cases}$ 求:

(1) $\lim\limits_{x\to-1^+}f(x)$;   (2) $\lim\limits_{x\to 0}f(x)$;

(3) $\lim\limits_{x\to 1}f(x)$;   (4) $\lim\limits_{x\to 2}f(x)$;

(5) $\lim\limits_{x\to 3^-}f(x)$.

5. 根据函数极限的定义证明:

(1) $\lim\limits_{x\to\infty}\dfrac{x+1}{2x}=\dfrac{1}{2}$;   (2) $\lim\limits_{x\to 1}\dfrac{x^2-1}{x-1}=2$.

6. 证明: $\lim\limits_{x\to\infty}f(x)=A$ 的充分必要条件是 $\lim\limits_{x\to-\infty}f(x)=\lim\limits_{x\to+\infty}f(x)=A$.

7. 证明: $\lim\limits_{x\to x_0}f(x)=A$ 的充分必要条件是 $\lim\limits_{x\to x_0^-}f(x)=\lim\limits_{x\to x_0^+}f(x)=A$.

8. 观察下列数列的变化趋势，指出是收敛还是发散. 如果收敛，写出其极限:

(1) $x_n=\dfrac{(-1)^n}{\sqrt{n}}$;   (2) $x_n=\dfrac{n+1}{2n-1}$;

(3) $x_n=\dfrac{1}{n}\sin\dfrac{\pi}{n}$;   (4) $x_n=[1+(-1)^n]\dfrac{n}{n+1}$;

(5) $x_n=\dfrac{2^n}{n^2}$;   (6) $x_n=\dfrac{2^n+3^n}{3^n}$.

9. 根据数列极限的定义证明:

(1) $\lim\limits_{n\to\infty}\dfrac{1}{n^2}=0$;   (2) $\lim\limits_{n\to\infty}\dfrac{3n-1}{2n+1}=\dfrac{3}{2}$.

10. 证明: $\lim\limits_{n\to\infty}x_n=0$ 当且仅当 $\lim\limits_{n\to\infty}|x_n|=0$.

11. 证明: 若 $\lim\limits_{n\to\infty}x_n=a$，则 $\lim\limits_{n\to\infty}|x_n|=|a|$.

12. 对于数列 $\{x_n\}$，若 $\lim\limits_{k\to\infty}x_{2k-1}=a$，且 $\lim\limits_{k\to\infty}x_{2k}=a$，证明: $\lim\limits_{n\to\infty}x_n=a$.

1.3 函数极限的运算

前面严密地给出了趋于无穷大和趋于有限数的函数极限定义，这些定义都是用初等数学有限数及运算，借助代数的思想来描述的，这就将高等数学中最基础的概念——极限，与初等数学无缝衔接了. 但是，定义给出的判断计算极限的方法应用起来不方便，这是因为不等式方程的求解没有通用的形式化方法，常需要某些技巧. 用定义给出的方法还不是求极限的好工具，只是一个原始工具. 需要进一步研究极限的性质，以求找到求解复杂函数极限的更为方便的数学工具.

复杂函数不外乎是常用函数经四则运算与复合运算组合而得的. 因此, 以用 "ε-δ" 语言求出的常用函数的极限为严密坚实的基础, 再配合极限的四则运算与复合运算的性质, 就可以得到复杂函数的极限. "常用函数的极限" 加上 "极限的基本性质", 就将成为求解复杂函数极限的高效的 "数学工具".

1.3.1　无穷小与无穷大的定义

> **定义 1.9**　若当 $x \to x_0$(或 $x \to \infty$)时函数 $f(x)$ 的极限为零, 则称函数 $f(x)$ 为当 $x \to x_0$(或 $x \to \infty$)时的无穷小.

例如, 因为 $\lim\limits_{x \to 1}(x^2 - 1) = 0$, 所以函数 $f(x) = x^2 - 1$ 为当 $x \to 1$ 时的无穷小; 因为 $\lim\limits_{x \to \infty}\dfrac{1}{x} = 0$, 所以函数 $f(x) = \dfrac{1}{x}$ 为当 $x \to \infty$ 时的无穷小.

如果当 $x \to x_0$(或 $x \to \infty$)时, $|f(x)|$ 无限增大, 则称函数 $f(x)$ 为当 $x \to x_0$(或 $x \to \infty$)时的**无穷大**. **无穷大**定义的精确表达是:

> **定义 1.10**　设函数 $f(x)$ 在点 x_0 的某一去心邻域内(或当 $|x|$ 充分大时)有定义, 若对于任意给定的正数 M(不管它多么大), 总存在正数 δ(或正数 X), 使得当 $0 < |x - x_0| < \delta$(或 $|x| > X$)时, 总有 $|f(x)| > M$, 则称函数 $f(x)$ 为当 $x \to x_0$(或 $x \to \infty$)**时的无穷大**, 记作 $\lim\limits_{x \to x_0} f(x) = \infty$(或 $\lim\limits_{x \to \infty} f(x) = \infty$).

如果当 $x \to x_0$(或 $x \to \infty$)时, $|f(x)|$ 无限增大, 且在点 x_0 的某一去心邻域内(或当 $|x|$ 充分大时)$f(x) > 0$, 则称函数 $f(x)$ 为当 $x \to x_0$(或 $x \to \infty$)**时的正无穷大**, 记作 $\lim\limits_{x \to x_0} f(x) = +\infty$(或 $\lim\limits_{x \to \infty} f(x) = +\infty$).

如果当 $x \to x_0$(或 $x \to \infty$)时, $|f(x)|$ 无限增大, 且在点 x_0 的某一去心邻域内(或当 $|x|$ 充分大时)$f(x) < 0$, 则称函数 $f(x)$ 为当 $x \to x_0$(或 $x \to \infty$)**时的负无穷大**, 记作 $\lim\limits_{x \to x_0} f(x) = -\infty$(或 $\lim\limits_{x \to \infty} f(x) = -\infty$).

只要将定义中的不等式 $|f(x)| > M$ 换成 $f(x) > M$(或 $f(x) < -M$), 便得正无穷大(或负无穷大)的精确定义.

例如, 因为当 $x \to 1$ 时, 函数 $f(x) = \dfrac{1}{x - 1}$ 的绝对值无限增大, 所以函数 $f(x) = \dfrac{1}{x - 1}$ 为当 $x \to 1$ 时的无穷大, 记作 $\lim\limits_{x \to 1}\dfrac{1}{x - 1} = \infty$.

1.3.2　无穷小与无穷大的关系

> **定理 1.2**　在自变量的同一变化过程中，如果 $f(x)$ 为无穷大，则 $\dfrac{1}{f(x)}$ 为无穷小；反之，如果 $f(x)$ 为无穷小且 $f(x) \neq 0$，则 $\dfrac{1}{f(x)}$ 为无穷大.

　　证　设 $\lim\limits_{x \to x_0} f(x) = \infty$．对于任意给定的正数 ε，由无穷大的定义，对于 $M = \dfrac{1}{\varepsilon}$，存在正数 δ，使得当 $0 < |x - x_0| < \delta$ 时，总有 $|f(x)| > M = \dfrac{1}{\varepsilon}$，即 $\left| \dfrac{1}{f(x)} \right| < \varepsilon$，故 $\lim\limits_{x \to x_0} \dfrac{1}{f(x)} = 0$，即 $\dfrac{1}{f(x)}$ 为当 $x \to x_0$ 时的无穷小.

　　反之，设 $\lim\limits_{x \to x_0} f(x) = 0$，且 $f(x) \neq 0$．对于任意给定的正数 M，由无穷小的定义，对于 $\varepsilon = \dfrac{1}{M}$，存在正数 δ，使得当 $0 < |x - x_0| < \delta$ 时，总有 $|f(x)| < \varepsilon = \dfrac{1}{M}$，即 $\left| \dfrac{1}{f(x)} \right| > M$，故 $\dfrac{1}{f(x)}$ 为当 $x \to x_0$ 时的无穷大.

　　类似地可证 $x \to \infty$ 的情形. 证毕.

1.3.3　无穷小与函数极限的关系

> **定理 1.3**　$\lim\limits_{x \to x_0} f(x) = A$（或 $\lim\limits_{x \to \infty} f(x) = A$）的充分必要条件是 $f(x) = A + \alpha(x)$，其中 $\alpha(x)$ 是当 $x \to x_0$（或 $x \to \infty$）时的无穷小.

　　证　必要性. 设 $\lim\limits_{x \to x_0} f(x) = A$，则对于任意给定的正数 ε，存在正数 δ，使得当 $0 < |x - x_0| < \delta$ 时，有 $|f(x) - A| < \varepsilon$. 令 $\alpha(x) = f(x) - A$，则 $\lim\limits_{x \to x_0} \alpha(x) = 0$，即 $\alpha(x)$ 是当 $x \to x_0$ 时的无穷小，且 $f(x) = A + \alpha(x)$.

　　充分性. 设 $f(x) = A + \alpha(x)$，其中 A 是常数，$\alpha(x)$ 是当 $x \to x_0$ 时的无穷小，则对于任意给定的正数 ε，存在正数 δ，使得当 $0 < |x - x_0| < \delta$ 时，有 $|\alpha(x)| < \varepsilon$，即 $|f(x) - A| < \varepsilon$，故 $\lim\limits_{x \to x_0} f(x) = A$. 证毕.

　　例如，$\lim\limits_{x \to 2} \dfrac{5x + 10}{x + 3} = 4$，令 $\alpha(x) = \dfrac{5x + 10}{x + 3} - 4 = \dfrac{x - 2}{x + 3}$，则 $\dfrac{5x + 10}{x + 3} = 4 + \alpha(x)$，且 $\alpha(x)$ 是当 $x \to 2$ 时的无穷小.

1.3.4 无穷小的性质

无穷小具有下列性质:

性质1 有限个无穷小的和仍是无穷小.

证 只需证明,两个无穷小的和仍是无穷小(两个以上的情形同理可证). 为了方便叙述,仅以 $x \to x_0$ 这种自变量变化过程为代表给出证明.

设 $\alpha(x)$ 与 $\beta(x)$ 都是当 $x \to x_0$ 时的无穷小,即 $\lim\limits_{x \to x_0} \alpha(x) = 0$, $\lim\limits_{x \to x_0} \beta(x) = 0$. 据函数极限的定义,对于任意给定的 $\varepsilon > 0$,存在 $\delta_1 > 0$ 与 $\delta_2 > 0$,当 $0 < |x - x_0| < \delta_1$ 时,有 $|\alpha(x)| < \dfrac{\varepsilon}{2}$;当 $0 < |x - x_0| < \delta_2$ 时,有 $|\beta(x)| < \dfrac{\varepsilon}{2}$. 于是,取 $\delta = \min\{\delta_1, \delta_2\}$,则当 $0 < |x - x_0| < \delta$ 时,有 $|\alpha(x)| < \dfrac{\varepsilon}{2}$ 与 $|\beta(x)| < \dfrac{\varepsilon}{2}$ 同时成立,从而

$$|\alpha(x) + \beta(x)| \leqslant |\alpha(x)| + |\beta(x)| < \frac{\varepsilon}{2} + \frac{\varepsilon}{2} = \varepsilon.$$

故 $\lim\limits_{x \to x_0} [\alpha(x) + \beta(x)] = 0$,即 $\alpha(x) + \beta(x)$ 是当 $x \to x_0$ 时的无穷小. 证毕.

性质2 有界函数与无穷小的乘积仍是无穷小.

证 以 $x \to x_0$ 这种自变量变化过程为代表给出证明. 设函数 $f(x)$ 在点 x_0 的某一去心邻域内有界,即存在常数 $M > 0$ 及 $\delta_0 > 0$,使得当 $x \in \mathring{U}(x_0, \delta_0)$ 时,有 $|f(x)| \leqslant M$. 又设 $\alpha(x)$ 是当 $x \to x_0$ 时的无穷小,则对于任意给定的 $\varepsilon > 0$,存在 $\delta > 0$,当 $0 < |x - x_0| < \delta$ 时,有 $|\alpha(x)| < \dfrac{\varepsilon}{M}$. 取 $\delta^* = \min\{\delta_0, \delta\}$,则当 $0 < |x - x_0| < \delta^*$ 时,有 $|f(x)| \leqslant M$ 与 $|\alpha(x)| < \dfrac{\varepsilon}{M}$ 同时成立,从而

$$|f(x)\alpha(x)| = |f(x)| \cdot |\alpha(x)| < M \frac{\varepsilon}{M} = \varepsilon.$$

故 $\lim\limits_{x \to x_0} f(x)\alpha(x) = 0$,即 $f(x)\alpha(x)$ 是当 $x \to x_0$ 的无穷小. 证毕.

推论1 常数与无穷小的乘积仍为无穷小.

推论2 有限个无穷小的乘积仍是无穷小.

性质 2 提供了求一类极限的方法.

例 1   求下列极限：

（1）$\lim\limits_{x \to 0} x^2 \sin \dfrac{1}{x}$；   （2）$\lim\limits_{n \to \infty} \dfrac{(-1)^n}{n}$.

解   （1）因为当 $x \to 0$ 时，函数 x^2 是无穷小，而且 $\sin \dfrac{1}{x}$ 是有界函数，所以由无穷小的性质得

$$\lim\limits_{x \to 0} x^2 \sin \dfrac{1}{x} = 0.$$

（2）因为当 $x \to 0$ 时，数列 $\left\{\dfrac{1}{n}\right\}$ 是无穷小，而且 $\{(-1)^n\}$ 是有界数列，所以由无穷小的性质得

$$\lim\limits_{n \to \infty} \dfrac{(-1)^n}{n} = \lim\limits_{n \to \infty} (-1)^n \dfrac{1}{n} = 0.$$

前面介绍了在自变量的各种变化过程中函数极限的定义，它们在理论上是重要的. 但极限的定义并没有给出求极限的方法，而只能用来验证极限的正确性. 从这一节开始，要讨论极限的求法，本节先介绍极限的四则运算法则和复合函数的极限运算法则.

在本节及以后的讨论中约定，记号"lim"若不标明自变量的变化过程，表示对自变量的各种变化过程都是成立的. 当然，在同一问题中，自变量的变化过程是相同的.

1.3.5 极限的四则运算法则

定理 1.4（函数极限的四则运算法则）   若 $\lim f(x)$ 与 $\lim g(x)$ 都存在，则

（1）$\lim[f(x) \pm g(x)] = \lim f(x) \pm \lim g(x)$；

（2）$\lim[f(x) \cdot g(x)] = \lim f(x) \cdot \lim g(x)$；

（3）$\lim \dfrac{f(x)}{g(x)} = \dfrac{\lim f(x)}{\lim g(x)}$（当 $\lim g(x) \neq 0$ 时）.

证   为了方便叙述，以 $x \to x_0$ 这种自变量变化过程为代表给出证明.

（1）设 $\lim\limits_{x \to x_0} f(x) = A$，$\lim\limits_{x \to x_0} g(x) = B$，则据定理 1.3 得

$$f(x) = A + \alpha(x)，\quad g(x) = B + \beta(x)，$$

其中 $\alpha(x)$ 及 $\beta(x)$ 为当 $x \to x_0$ 时的无穷小. 于是，

$$f(x) \pm g(x) = [A + \alpha(x)] \pm [B + \beta(x)] = (A \pm B) + [\alpha(x) \pm \beta(x)].$$

由无穷小的性质 1 得 $\alpha(x) \pm \beta(x)$ 仍是当 $x \to x_0$ 时的无穷小，所以据

定理 1.3 得

$$\lim_{x \to x_0}[f(x) \pm g(x)] = A \pm B = \lim_{x \to x_0}f(x) \pm \lim_{x \to x_0}g(x).$$

（2）与（1）的证法类似，这里从略.

（3）设 $\lim\limits_{x \to x_0}f(x) = A$，$\lim\limits_{x \to x_0}f(x) = B \neq 0$，则据定理 1.3 得

$$f(x) = A + \alpha(x), \quad g(x) = B + \beta(x),$$

其中 $\alpha(x)$ 及 $\beta(x)$ 均为当 $x \to x_0$ 时的无穷小. 于是，

$$\frac{f(x)}{g(x)} - \frac{A}{B} = \frac{A + \alpha(x)}{B + \beta(x)} - \frac{A}{B} = \frac{1}{B[B + \beta(x)]}[B\alpha(x) - A\beta(x)].$$

由于 $\lim\limits_{x \to x_0}\beta(x) = 0$，且 $B = \lim\limits_{x \to x_0}g(x) \neq 0$，因此由函数极限的定义，对于 $\varepsilon = \dfrac{|B|}{2} > 0$，存在点 x_0 的某个去心邻域 $\overset{\circ}{U}(x_0)$，当 $x \in \overset{\circ}{U}(x_0)$ 时，有 $|\beta(x)| < \dfrac{|B|}{2}$，故

$$|B + \beta(x)| \geq |B| - |\beta(x)| > |B| - \frac{|B|}{2} = \frac{|B|}{2},$$

从而 $\left|\dfrac{1}{B[B + \beta(x)]}\right| < \dfrac{2}{B^2}$，故在 $\overset{\circ}{U}(x_0)$ 内函数 $\dfrac{1}{B[B + \beta(x)]}$ 有界. 又由无穷小的性质得 $B\alpha(x) - A\beta(x)$ 是当 $x \to x_0$ 时的无穷小，所以再由无穷小的性质 2 得

$$\gamma(x) = \frac{1}{B[B + \beta(x)]}[B\alpha(x) - A\beta(x)]$$

也是当 $x \to x_0$ 时的无穷小. 注意到 $\dfrac{f(x)}{g(x)} = \dfrac{A}{B} + \gamma(x)$，于是据定理 1.3 得

$$\lim_{x \to x_0}\frac{f(x)}{g(x)} = \frac{A}{B} = \frac{\lim\limits_{x \to x_0}f(x)}{\lim\limits_{x \to x_0}g(x)}.$$

证毕.

需要强调的是，运用极限的四则运算法则求极限时，必须要求参与运算的每个函数都存在极限，并且在运用商的运算法则时还要求以分母的极限不为零为前提. 此外，法则（1）、法则（2）还可推广到有限个函数的情形，但对无限多个函数未必成立.

推论 1 若 $\lim f(x)$ 存在，C 为常数，n 为正整数，则

（1）$\lim[Cf(x)] = C\lim f(x)$；

（2）$\lim[f(x)]^n = [\lim f(x)]^n$.

推论 2 设 $P(x)$ 与 $Q(x)$ 均为多项式，且 $Q(x_0) \neq 0$，则

（1）$\lim\limits_{x \to x_0} P(x) = P(x_0)$；

（2）$\lim\limits_{x \to x_0} \dfrac{P(x)}{Q(x)} = \dfrac{P(x_0)}{Q(x_0)}$.

推论 3 设 $a_0, a_1, \cdots, a_m$；$b_0, b_1, \cdots, b_n$ 均为常数，且 $a_0 \neq 0$，$b_0 \neq 0$，m 与 n 为正整数，则

$$\lim_{x \to \infty} \frac{a_0 x^m + a_1 x^{m-1} + \cdots + a_m}{b_0 x^n + b_1 x^{n-1} + \cdots + b_n} = \begin{cases} 0 & m < n, \\ \dfrac{a_0}{b_0} & m = n, \\ \infty & m > n. \end{cases}$$

推论 3 中的极限是两个无穷大的商的形式，通常把这种极限称为 $\dfrac{\infty}{\infty}$ **型未定式**. 注意到这种极限可能存在，也可能不存在. 推论 3 的证明方法是求极限的方法之一，这种在求 $x \to \infty$ 时的 $\dfrac{\infty}{\infty}$ 型未定式时，以自变量的最高次幂除分子与分母，使之化出无穷小，从而求得极限值的方法称为**无穷小化出法**.

例 2 求下列极限：

（1）$\lim\limits_{x \to 2} \dfrac{x^2 - 3x + 2}{x^2 - 4}$；（2）$\lim\limits_{x \to 1} \dfrac{x^2 - 1}{(x-1)^3}$.

解 （1）由于当 $x \to 2$ 时，分子与分母的极限都是零，故不能运用商的极限运算法则. 因分子、分母有公因子 $x - 2$，而当 $x \to 2$ 时，$x \neq 2$，即 $x - 2 \neq 0$，所以求极限时可约去这个公因子. 于是，

$$\lim_{x \to 2} \frac{x^2 - 3x + 2}{x^2 - 4} = \lim_{x \to 2} \frac{x-1}{x+2} = \frac{1}{4}.$$

（2）因为

$$\lim_{x \to 1} \frac{(x-1)^3}{x^2 - 1} = \lim_{x \to 1} \frac{(x-1)^2}{x+1} = 0,$$

且当 $x \in \mathring{U}(1, 2)$ 时，$\dfrac{(x-1)^2}{x+1} > 0$，所以由无穷小与无穷大的关系得

$$\lim_{x \to 1} \frac{x^2 - 1}{(x-1)^3} = \lim_{x \to 1} \frac{x+1}{(x-1)^2} = +\infty.$$

本例中的两个极限，分子分母都趋向于零，因而是两个无穷小的商的形式，它们也是一种未定式，称为 $\dfrac{0}{0}$ **型未定式**.

例 3　求 $\lim\limits_{x\to 1}\left(\dfrac{1}{x-1}-\dfrac{2}{x^2-1}\right)$.

因为当 $x\to 1$ 时，$\dfrac{1}{x-1}$ 与 $\dfrac{2}{x^2-1}$ 都是无穷大（这种类型的极限称为 **$\infty-\infty$ 型未定式**），而"无穷大"属于极限不存在的情形，所以不能直接运用极限的四则运算法则. 本题可用通分的办法使函数变形，将其转化为 $\dfrac{0}{0}$ 型未定式，再用约去无穷小公因子法转化为定式极限.

解
$$\lim_{x\to 1}\left(\frac{1}{x-1}-\frac{2}{x^2-1}\right)=\lim_{x\to 1}\frac{x-1}{x^2-1}=\lim_{x\to 1}\frac{1}{x+1}=\frac{1}{2}.$$

例 4　设 $f(x)=\begin{cases}\dfrac{x^3-2x+2}{x^4+x^2+1} & x<0,\\ 1 & x=0,\\ \dfrac{2x^3-x+4}{3x^3+5x^2+2} & x>0,\end{cases}$ 试求：

（1）$\lim\limits_{x\to 0}f(x)$；

（2）$\lim\limits_{x\to -\infty}f(x)$ 及 $\lim\limits_{x\to +\infty}f(x)$，并说明 $\lim\limits_{x\to \infty}f(x)$ 是否存在.

解　（1）由定理 1.4 推论 2 得
$$\lim_{x\to 0^-}f(x)=\lim_{x\to 0^-}\frac{x^3-2x+2}{x^4+x^2+1}=2;$$
$$\lim_{x\to 0^+}f(x)=\lim_{x\to 0^+}\frac{2x^3-x+4}{3x^3+5x^2+2}=2.$$
所以 $\lim\limits_{x\to 0^-}f(x)=\lim\limits_{x\to 0^+}f(x)=2$，从而得 $\lim\limits_{x\to 0}f(x)=2$.

（2）由定理 1.4 推论 3 得
$$\lim_{x\to -\infty}f(x)=\lim_{x\to -\infty}\frac{x^3-2x+2}{x^4+x^2+1}=0;$$
$$\lim_{x\to +\infty}f(x)=\lim_{x\to +\infty}\frac{2x^3-x+4}{3x^3+5x^2+2}=\frac{2}{3}.$$
所以 $\lim\limits_{x\to -\infty}f(x)\neq\lim\limits_{x\to +\infty}f(x)$，从而由定理 1.1 得 $\lim\limits_{x\to \infty}f(x)$ 不存在.

例 5　求 $\lim\limits_{n\to\infty}\dfrac{2^{n+1}+3^{n+1}}{2^n+3^n}$.

解　$\lim\limits_{n\to\infty}\dfrac{2^{n+1}+3^{n+1}}{2^n+3^n}=\lim\limits_{n\to\infty}\dfrac{2\left(\frac{2}{3}\right)^n+3}{\left(\frac{2}{3}\right)^n+1}=3.$

例 6 求 $\lim\limits_{n\to\infty}\left(\dfrac{1}{n^2}+\dfrac{2}{n^2}+\cdots+\dfrac{n}{n^2}\right)$.

解 当 $n\to\infty$ 时，项数也趋于无穷，是无穷多项和的形式，故不能用和的极限运算法则，现先求和使数列通项变形，再求极限.

$$\lim_{n\to\infty}\left(\frac{1}{n^2}+\frac{2}{n^2}+\cdots+\frac{n}{n^2}\right)=\lim_{n\to\infty}\frac{\dfrac{1}{2}n(n+1)}{n^2}=\frac{1}{2}\lim_{n\to\infty}\left(1+\frac{1}{n}\right)=\frac{1}{2}.$$

由极限的四则运算法则还可证明函数极限的又一个性质——函数极限的保序性.

定理 1.5（函数极限的保序性） （1）若 $\lim\limits_{x\to x_0}f(x)$ 与 $\lim\limits_{x\to x_0}g(x)$ 都存在，且在点 x_0 的某一去心邻域内，有 $f(x)\geqslant g(x)$，则 $\lim\limits_{x\to x_0}f(x)\geqslant\lim\limits_{x\to x_0}g(x)$.

（2）若 $\lim\limits_{x\to\infty}f(x)$ 与 $\lim\limits_{x\to\infty}g(x)$ 都存在，且当 $|x|$ 充分大时，有 $f(x)\geqslant g(x)$，则 $\lim\limits_{x\to\infty}f(x)\geqslant\lim\limits_{x\to\infty}g(x)$.

证 （1）令 $\varphi(x)=f(x)-g(x)$，则在点 x_0 的某一去心邻域内 $\varphi(x)\geqslant0$. 由于 $\lim\limits_{x\to x_0}f(x)$ 与 $\lim\limits_{x\to x_0}g(x)$ 都存在，故由定理 1.4 得

$$\lim_{x\to x_0}\varphi(x)=\lim_{x\to x_0}[f(x)-g(x)]=\lim_{x\to x_0}f(x)-\lim_{x\to x_0}g(x).$$

再由 1.2.2 节性质 7 推论得 $\lim\limits_{x\to x_0}\varphi(x)\geqslant0$，故 $\lim\limits_{x\to x_0}f(x)\geqslant\lim\limits_{x\to x_0}g(x)$.

（2）证法与（1）类似，这里从略. 证毕.

1.3.6 复合函数的极限运算法则

定理 1.6（复合函数的极限运算法则） 设函数 $y=f(\varphi(x))$ 由函数 $y=f(u)$ 与 $u=\varphi(x)$ 复合而成.

（1）若 $\lim\limits_{x\to x_0}\varphi(x)=a$，且在点 x_0 的某去心邻域内 $\varphi(x)\neq a$，又 $\lim\limits_{u\to a}f(u)=A$，则

$$\lim_{x\to x_0}f(\varphi(x))=\lim_{u\to a}f(u)=A.$$

（2）若 $\lim\limits_{x\to x_0}\varphi(x)=\infty$，且 $\lim\limits_{u\to\infty}f(u)=A$，则

$$\lim_{x\to x_0}f(\varphi(x))=\lim_{u\to\infty}f(u)=A.$$

证 （1）由于 $\lim\limits_{u\to a}f(u)=A$，故对于任意给定的正数 ε，存在正

数 η, 当 $0 < |u-a| < \eta$ 时, 有 $|f(u)-A| < \varepsilon$. 又由于 $\lim\limits_{x \to x_0} \varphi(x) = a$, 故对上面的正数 η, 存在正数 δ_1, 当 $0 < |x-x_0| < \delta_1$ 时, 有 $|\varphi(x) - a| < \eta$. 由假设, 在点 x_0 的某去心邻域内 $\varphi(x) \neq a$, 设该去心邻域的半径为 δ_0. 取 $\delta = \min\{\delta_0, \delta_1\}$, 则当 $0 < |x-x_0| < \delta$ 时, 有 $0 < |\varphi(x) - a| < \eta$, 从而有 $|f(\varphi(x)) - A| < \varepsilon$. 故 $\lim\limits_{x \to x_0} f(\varphi(x)) = A = \lim\limits_{u \to a} f(u)$.

(2) 由于 $\lim\limits_{u \to \infty} f(u) = A$, 故对于任意给定的正数 ε, 存在正数 M, 当 $|u| > M$ 时, 有 $|f(u)-A| < \varepsilon$. 又由于 $\lim\limits_{x \to x_0} \varphi(x) = \infty$, 故对上面的正数 M, 存在正数 δ_1, 当 $0 < |x-x_0| < \delta_1$ 时, 有 $|\varphi(x)| > M$. 于是, 取 $\delta = \delta_1$, 则当 $0 < |x-x_0| < \delta$ 时, 有 $|\varphi(x)| > M$, 从而有 $|f(\varphi(x)) - A| < \varepsilon$. 故 $\lim\limits_{x \to x_0} f(\varphi(x)) = A = \lim\limits_{u \to \infty} f(u)$. 证毕.

定理 1.6 表明: 如果函数 $f(x)$ 与 $g(x)$ 满足该定理条件, 那么在求复合函数的极限 $\lim\limits_{x \to x_0} f(\varphi(x))$ 时, 可作变量代换 $u = \varphi(x)$, 使之转化为 $\lim\limits_{u \to a} f(u)$, 这里 $a = \lim\limits_{x \to x_0} \varphi(x)$.

对于自变量的其他变化过程也有类似的复合函数的极限运算法则, 只需将条件做适当修改.

例 7 求 $\lim\limits_{x \to 1} \sqrt{\dfrac{x^2-1}{x-1}}$.

解 由于 $\lim\limits_{x \to 1} \dfrac{x^2-1}{x-1} = \lim\limits_{x \to 1}(x+1) = 2$, 令 $u = \dfrac{x^2-1}{x-1}$, 则由定理 1.6 得

$$\lim\limits_{x \to 1} \sqrt{\dfrac{x^2-1}{x-1}} = \lim\limits_{u \to 2} \sqrt{u} = \sqrt{2}.$$

1.3.7 极限存在准则

1. 夹逼准则及应用

> **准则 I** 对于数列 $\{x_n\}$、$\{y_n\}$ 及 $\{z_n\}$, 若存在正整数 N_0, 当 $n > N_0$ 时, 有 $y_n \leqslant x_n \leqslant z_n$, 且 $\lim\limits_{n \to \infty} y_n = \lim\limits_{n \to \infty} z_n = a$, 则 $\lim\limits_{n \to \infty} x_n = a$.

证 因为 $\lim\limits_{n \to \infty} y_n = a$, $\lim\limits_{n \to \infty} z_n = a$, 所以 $\forall \varepsilon > 0$, 存在正整数 N_1 及 N_2, 使得当 $n > N_1$ 时, 有 $|y_n - a| < \varepsilon$; 当 $n > N_2$ 时, 有 $|z_n - a| < \varepsilon$. 取 $N = \max\{N_0, N_1, N_2\}$, 则当 $n > N$ 时, 有

$$|y_n - a| < \varepsilon, \ |z_n - a| < \varepsilon \ \text{及} \ y_n \leqslant x_n \leqslant z_n$$

同时成立, 即

$$a-\varepsilon<y_n<a+\varepsilon, \quad a-\varepsilon<z_n<a+\varepsilon, \quad y_n\leqslant x_n\leqslant z_n$$

同时成立. 于是,

$$a-\varepsilon<y_n\leqslant x_n\leqslant z_n<a+\varepsilon,$$

从而当 $n>N$ 时, 有 $|x_n-a|<\varepsilon$. 故 $\lim\limits_{x\to\infty}x_n=a$. 证毕.

对于函数极限也有类似的夹逼准则.

> **准则 I′**
>
> （1）若在点 x_0 的某一去心邻域内, 有 $g(x)\leqslant f(x)\leqslant h(x)$, 且 $\lim\limits_{x\to x_0}g(x)=\lim\limits_{x\to x_0}h(x)=A$, 则 $\lim\limits_{x\to x_0}f(x)=A$.
>
> （2）若当 $|x|$ 充分大时, 有 $g(x)\leqslant f(x)\leqslant h(x)$, 且 $\lim\limits_{x\to\infty}g(x)=\lim\limits_{x\to\infty}h(x)=A$, 则 $\lim\limits_{x\to\infty}f(x)=A$.

重要极限：$\lim\limits_{x\to 0}\dfrac{\sin x}{x}=1.$

下面利用夹逼准则证明这个极限.

令 $0<x<\dfrac{\pi}{2}$, 作一单位圆（见图 1-1）, 设圆心角 $\angle AOB=x$, 过点 A 作圆的切线与 OB 的延长线交于点 D, 自点 B 作 BC 垂直 OA 于 C, 则

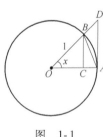

图　1-1

$$\sin x=CB, \quad x=\widehat{AB}, \quad \tan x=AD.$$

因为

$$\triangle AOB \text{ 的面积}<\text{扇形 } AOB \text{ 的面积}<\triangle AOD \text{ 的面积},$$

所以

$$\frac{1}{2}\sin x<\frac{1}{2}x<\frac{1}{2}\tan x,$$

即

$$\sin x<x<\tan x,$$

用 $\sin x$ 除不等式的每一边, 得

$$1<\frac{x}{\sin x}<\frac{1}{\cos x},$$

从而

$$\cos x<\frac{\sin x}{x}<1.$$

由于

$$\cos x=1-2\sin^2\frac{x}{2}>1-2\cdot\left(\frac{x}{2}\right)^2=1-\frac{1}{2}x^2,$$

所以

$$1-\frac{1}{2}x^2<\frac{\sin x}{x}<1.$$

上述不等式是当 $0<x<\frac{\pi}{2}$ 时得到的. 因为用 $-x$ 代替 x 时上述不等式各项都不变号, 所以当 $-\frac{\pi}{2}<x<0$ 时, 这个不等式也成立.

由于 $\lim\limits_{x\to 0}\left(1-\frac{1}{2}x^2\right)=1$, 所以由夹逼准则, 得 $\lim\limits_{x\to 0}\frac{\sin x}{x}=1$.

例 8 求下列极限:

(1) $\lim\limits_{x\to 0}\frac{\tan x}{x}$;   (2) $\lim\limits_{x\to 0}\frac{1-\cos x}{x^2}$;   (3) $\lim\limits_{x\to\infty}x\sin\frac{2}{x}$.

解 (1) $\lim\limits_{x\to 0}\frac{\tan x}{x}=\lim\limits_{x\to 0}\left(\frac{\sin x}{x}\cdot\frac{1}{\cos x}\right)=\lim\limits_{x\to 0}\frac{\sin x}{x}\cdot\lim\limits_{x\to 0}\frac{1}{\cos x}=1.$

$$(2)\ \lim\limits_{x\to 0}\frac{1-\cos x}{x^2}=\lim\limits_{x\to 0}\frac{2\sin^2\frac{x}{2}}{x^2}=\frac{1}{2}\lim\limits_{x\to 0}\frac{\sin^2\frac{x}{2}}{\left(\frac{x}{2}\right)^2}=\frac{1}{2}\lim\limits_{x\to 0}\left(\frac{\sin\frac{x}{2}}{\frac{x}{2}}\right)^2$$

$$=\frac{1}{2}\times 1^2=\frac{1}{2}.$$

$$(3)\ \lim\limits_{x\to\infty}x\sin\frac{2}{x}=2\lim\limits_{x\to\infty}\frac{\sin\frac{2}{x}}{\frac{2}{x}}=2\times 1=2.$$

2. 单调有界准则及应用

准则 Ⅱ 单调且有界的数列必有极限.

在 1.2.1 节性质 2 中, 曾指出, 有界数列不一定收敛. 现在准则 Ⅱ 表明: 如果数列不仅有界而且单调, 那么该数列必定收敛.

对准则 Ⅱ, 不作证明, 仅给出如下的几何解释:

从数轴上看, 对应于单调数列的动点 x_n 随 n 的增大只可能向一个方向移动, 所以只有两种可能情形: 或者点 x_n 沿数轴移向无穷远($x_n\to-\infty$ 或 $x_n\to+\infty$); 或者点 x_n 无限趋近于某一定点 A, 也就是数列 $\{x_n\}$ 有极限. 但现在假定数列 $\{x_n\}$ 有界. 因此, 上述第一种情形不可能发生. 于是数列 $\{x_n\}$ 必有极限.

对于函数的单侧极限, 也有类似的单调有界准则.

准则 Ⅱ′

(1) 若函数 $f(x)$ 在点 x_0 的某个左邻域(或右邻域)内单调且有界, 则 $\lim\limits_{x\to x_0^-}f(x)$ ($\lim\limits_{x\to x_0^+}f(x)$) 必定存在.

（2）若存在 $X_0 > 0$，函数 $f(x)$ 在区间 $(-\infty, -X_0)$（或 $(X_0, +\infty)$）内单调且有界，则 $\lim\limits_{x \to -\infty} f(x)$（或 $\lim\limits_{x \to +\infty} f(x)$）必定存在.

重要极限：$\lim\limits_{x \to \infty}\left(1+\dfrac{1}{x}\right)^x = \mathrm{e}$.

重要极限 $\lim\limits_{x \to \infty}\left(1+\dfrac{1}{x}\right)^x = \mathrm{e}$ 是一种 1^∞ 型未定式. 一般地，若 $\lim f(x) = 1$，$\lim g(x) = \infty$，则极限 $\lim[f(x)]^{g(x)}$ 称为 1^∞ **型未定式**.

例 9   求下列极限：

（1）$\lim\limits_{x \to \infty}\left(1+\dfrac{2}{x}\right)^{3x}$；   （2）$\lim\limits_{x \to 0}(1-2x)^{\frac{1}{x}}$；   （3）$\lim\limits_{x \to \infty}\left(\dfrac{x^2+1}{x^2-1}\right)^{x^2}$.

解   （1）$\lim\limits_{x \to \infty}\left(1+\dfrac{2}{x}\right)^{3x} = \lim\limits_{x \to \infty}\left[\left(1+\dfrac{2}{x}\right)^{\frac{x}{2}}\right]^6 = \left[\lim\limits_{x \to \infty}\left(1+\dfrac{2}{x}\right)^{\frac{x}{2}}\right]^6 = \mathrm{e}^6$.

（2）$\lim\limits_{x \to 0}(1-2x)^{\frac{1}{x}} = \lim\limits_{x \to 0}\left\{\left[1+(-2x)\right]^{\frac{1}{-2x}}\right\}^{-2}$

$$= \dfrac{1}{\left\{\lim\limits_{x \to 0}\left[1+(-2x)\right]^{\frac{1}{-2x}}\right\}^2} = \dfrac{1}{\mathrm{e}^2}.$$

（3）$\lim\limits_{x \to \infty}\left(\dfrac{x^2+1}{x^2-1}\right)^{x^2} = \lim\limits_{x \to \infty}\left\{\left[\left(1+\dfrac{2}{x^2-1}\right)^{\frac{x^2-1}{2}}\right]^2\left(1+\dfrac{2}{x^2-1}\right)\right\}$

$$= \left[\lim\limits_{x \to \infty}\left(1+\dfrac{2}{x^2-1}\right)^{\frac{x^2-1}{2}}\right]^2 \cdot \lim\limits_{x \to \infty}\left(1+\dfrac{2}{x^2-1}\right)$$

$$= \mathrm{e}^2 \times 1 = \mathrm{e}^2.$$

1.3.8 无穷小的比较

我们知道，两个无穷小的和、差、积仍是无穷小. 然而，两个无穷小的商却会出现各种不同的情形. 例如，当 $x \to 0$ 时，x，x^2，$\sin x$，$1-\cos x$ 均为无穷小，而

$$\lim\limits_{x \to 0}\dfrac{x^2}{x} = 0,\ \lim\limits_{x \to 0}\dfrac{x}{x^2} = \infty,\ \lim\limits_{x \to 0}\dfrac{\sin x}{x} = 1,\ \lim\limits_{x \to 0}\dfrac{1-\cos x}{x^2} = \dfrac{1}{2}.$$

两个无穷小的商的极限有多种不同情况，这反映了不同无穷小趋于零的速度是有"快慢"之分的. 为了描述无穷小趋于零的"快慢"程度，引入无穷小的阶的概念.

定义 1.11   设当 $x \to x_0$ 时，α 及 β 均是无穷小，

（1）若 $\lim\limits_{x \to x_0}\dfrac{\beta}{\alpha} = 0$，则称当 $x \to x_0$ 时 β 是比 α 高阶的无穷小，记作 $\beta = o(\alpha)\ (x \to x_0)$；

（2）若 $\lim\limits_{x\to x_0}\dfrac{\beta}{\alpha}=\infty$，则称当 $x\to x_0$ 时 β 是比 α 低阶的无穷小；

（3）若 $\lim\limits_{x\to x_0}\dfrac{\beta}{\alpha}=C\neq 0$，则称当 $x\to x_0$ 时 β 与 α 是同阶无穷小，

特别地，若 $\lim\limits_{x\to x_0}\dfrac{\beta}{\alpha}=1$，则称当 $x\to x_0$ 时 β 与 α 是等价无穷小，记

作 $\alpha\sim\beta(x\to x_0)$；

（4）若 $\lim\limits_{x\to x_0}\dfrac{\beta}{\alpha^k}=C\neq 0$，$k>0$，则称当 $x\to x_0$ 时 β 是关于 α 的 k

阶无穷小.

对于自变量的其他五种变化趋势以及数列也有类似的定义.

有了无穷小的阶的概念，再来考察本节开头讨论的几个无穷小.

因为 $\lim\limits_{x\to 0}\dfrac{x^2}{x}=0$，所以当 $x\to 0$ 时，x^2 是比 x 高阶的无穷小，即 $x^2=o(x)(x\to 0)$.

因为 $\lim\limits_{x\to 0}\dfrac{x}{x^2}=\infty$，所以当 $x\to 0$ 时，x 是比 x^2 低阶的无穷小.

因为 $\lim\limits_{x\to 0}\dfrac{\sin x}{x}=1$，所以当 $x\to 0$ 时，$\sin x$ 与 x 是等价无穷小，即 $\sin x\sim x(x\to 0)$.

因为 $\lim\limits_{x\to 0}\dfrac{1-\cos x}{x^2}=\dfrac{1}{2}$，所以当 $x\to 0$ 时，$1-\cos x$ 与 x^2 是同阶无穷小；同时，$1-\cos x$ 也是 x 的 2 阶无穷小.

例 10　　证明：当 $x\to 0$ 时，$\sqrt[n]{1+x}-1\sim\dfrac{1}{n}x$.

证　因为 $\lim\limits_{x\to 0}\dfrac{\sqrt[n]{1+x}-1}{\dfrac{1}{n}x}=\lim\limits_{x\to 0}\dfrac{(\sqrt[n]{1+x})^n-1}{\dfrac{1}{n}x[(\sqrt[n]{1+x})^{n-1}+(\sqrt[n]{1+x})^{n-2}+\cdots+1]}$

$$=\lim\limits_{x\to 0}\dfrac{n}{(\sqrt[n]{1+x})^{n-1}+(\sqrt[n]{1+x})^{n-2}+\cdots+1}$$

$$=\dfrac{n}{n}=1,$$

所以　$\sqrt[n]{1+x}-1\sim\dfrac{1}{n}x(x\to 0)$.

关于等价无穷小有下面两个重要性质：

> **定理 1.7**　设 α 与 β 是同一变化过程中的无穷小，则 $\alpha \sim \beta$ 的充分必要条件是
> $$\beta = \alpha + o(\alpha).$$

证　$\alpha \sim \beta \Leftrightarrow \lim \dfrac{\beta}{\alpha} = 1$

$$\Leftrightarrow \lim \frac{\beta - \alpha}{\alpha} = \lim \left(\frac{\beta}{\alpha} - 1 \right) = 0$$

$$\Leftrightarrow \beta - \alpha = o(\alpha) \Leftrightarrow \beta = \alpha + o(\alpha). \quad 证毕.$$

> **定理 1.8**　设 α，α^*，β，β^* 都是同一变化过程中的无穷小，若 $\alpha \sim \alpha^*$，$\beta \sim \beta^*$，且 $\lim \dfrac{\beta^*}{\alpha^*}$ 存在或为无穷大，则有
> $$\lim \frac{\beta}{\alpha} = \lim \frac{\beta^*}{\alpha^*}.$$

证　若 $\lim \dfrac{\beta^*}{\alpha^*}$ 存在，则

$$\lim \frac{\beta}{\alpha} = \lim \left(\frac{\beta}{\beta^*} \cdot \frac{\beta^*}{\alpha^*} \cdot \frac{\alpha^*}{\alpha} \right) = \lim \frac{\beta}{\beta^*} \cdot \lim \frac{\beta^*}{\alpha^*} \cdot \lim \frac{\alpha^*}{\alpha} = \lim \frac{\beta^*}{\alpha^*}.$$

若 $\lim \dfrac{\beta^*}{\alpha^*} = \infty$，则 $\lim \dfrac{\alpha^*}{\beta^*} = 0$. 由上面的讨论得

$$\lim \frac{\alpha}{\beta} = \lim \frac{\alpha^*}{\beta^*} = 0,$$

从而 $\lim \dfrac{\beta}{\alpha} = \infty$. 故

$$\lim \frac{\beta}{\alpha} = \lim \frac{\beta^*}{\alpha^*}.$$

证毕.

定理 1.8 表明：在求 $\dfrac{0}{0}$ 型未定式极限时，分子与分母的无穷小因子都可用其等价无穷小代换，使计算简化. 这种求极限的方法称为**等价无穷小代换法**.

常用的等价无穷小有：

（1）$\sin x \sim x (x \to 0)$；　　　（2）$\tan x \sim x (x \to 0)$；

（3）$\arcsin x \sim x (x \to 0)$；　　（4）$\arctan x \sim x (x \to 0)$；

（5）$1 - \cos x \sim \dfrac{1}{2} x^2 (x \to 0)$；　（6）$\sqrt[n]{1+x} - 1 \sim \dfrac{1}{n} x (x \to 0)$；

（7）$\ln(1+x) \sim x (x \to 0)$；　　（8）$\mathrm{e}^x - 1 \sim x (x \to 0)$.

例 11 求下列极限：

(1) $\lim\limits_{x\to 0}\dfrac{\sin 2x}{\arctan 3x}$；　　(2) $\lim\limits_{x\to 0}\dfrac{\cos x-1}{\sqrt[3]{1-x^2}-1}$；

(3) $\lim\limits_{x\to 0}\dfrac{\tan x-\sin x}{x^2 \mathrm{e}^x-x^2}$；　　(4) $\lim\limits_{x\to\infty}x^2\left[\ln(2+x^2)-\ln(1+x^2)\right]$.

解 (1) 因为当 $x\to 0$ 时，$\sin 2x\sim 2x$，$\arctan 3x\sim 3x$，所以

$$\lim_{x\to 0}\frac{\sin 2x}{\arctan 3x}=\lim_{x\to 0}\frac{2x}{3x}=\frac{2}{3}.$$

(2) 因为当 $x\to 0$ 时，

$$\cos x-1=-(1-\cos x)\sim -\frac{1}{2}x^2,\quad \sqrt[3]{1-x^2}-1=\sqrt[3]{1+(-x^2)}-1\sim -\frac{1}{3}x^2,$$

所以

$$\lim_{x\to 0}\frac{\cos x-1}{\sqrt[3]{1-x^2}-1}=\lim_{x\to 0}\frac{-\dfrac{1}{2}x^2}{-\dfrac{1}{3}x^2}=\frac{3}{2}.$$

(3) 因为当 $x\to 0$ 时，$\tan x\sim x$，$1-\cos x\sim\dfrac{1}{2}x^2$，$\mathrm{e}^x-1\sim x$，所以

$$\lim_{x\to 0}\frac{\tan x-\sin x}{x^2 \mathrm{e}^x-x^2}=\lim_{x\to 0}\frac{\tan x(1-\cos x)}{x^2(\mathrm{e}^x-1)}=\lim_{x\to 0}\frac{x\cdot\dfrac{1}{2}x^2}{x^2\cdot x}=\frac{1}{2}.$$

(4) 因为当 $x\to 0$ 时，$\ln(1+x)\sim x$，所以当 $x\to\infty$ 时，

$$\ln\left(1+\frac{1}{1+x^2}\right)\sim\frac{1}{1+x^2}.$$

于是，

$$\lim_{x\to\infty}x^2\left[\ln(2+x^2)-\ln(1+x^2)\right]=\lim_{x\to\infty}x^2\ln\left(1+\frac{1}{1+x^2}\right)=\lim_{x\to\infty}\frac{x^2}{1+x^2}=1.$$

习题 1-3

1. 下列函数在其自变量的指定变化过程中哪些是无穷小？哪些是无穷大(包括正无穷大与负无穷大)？哪些既不是无穷小也不是无穷大？

(1) $f(x)=\dfrac{x-1}{x}$，当 $x\to 0$ 时；

(2) $f(x)=\dfrac{2x+1}{x^2}$，当 $x\to\infty$ 时；

(3) $f(x)=\dfrac{x+1}{x^2}$，当 $x\to 0$ 时；

(4) $f(x)=\dfrac{x}{(x+1)^2}$，当 $x\to -1$ 时；

(5) $f(x)=\mathrm{e}^x$，当 $x\to\infty$ 时；

(6) $f(x)=x^2+x+1$，当 $x\to -\infty$ 时；

(7) $f(x)=\dfrac{\sin x}{x}$，当 $x\to\infty$ 时；

(8) $f(x)=\sin x$，当 $x\to\infty$ 时.

2. 下列函数在自变量的哪些变化过程中为无穷小？在自变量的哪些变化过程中为无穷大(包括正

无穷大与负无穷大）？

（1）$f(x)=\dfrac{x+1}{x^3}$；　　　（2）$f(x)=\dfrac{x^3-x}{x^2-3x+2}$；

（3）$f(x)=\ln x$.

3. 利用无穷小的性质求下列极限：

（1）$\lim\limits_{x\to\infty}\dfrac{\arctan x}{x}$；　　　（2）$\lim\limits_{x\to\infty}\dfrac{(x+1)\sin x}{x^2}$；

（3）$\lim\limits_{x\to\infty}\dfrac{1+\cos x}{x}$；　　　（4）$\lim\limits_{x\to 0}\dfrac{x\sin x}{|x|}$；

（5）$\lim\limits_{x\to\infty}\dfrac{x^2}{2x+1}$；　　　（6）$\lim\limits_{x\to\infty}(x^3-x-1)$；

（7）$\lim\limits_{x\to\infty}\dfrac{x}{\sin x+\cos x}$；　　　（8）$\lim\limits_{x\to 1}\dfrac{x^2+2x}{(x-1)^2}$.

4. 函数 $y=x\sin x$ 在 $(-\infty,+\infty)$ 内是否有界？当 $x\to\infty$ 时此函数是否为无穷大？

5. 求下列极限：

（1）$\lim\limits_{x\to 2}\dfrac{x^2-4}{x-2}$；　　　（2）$\lim\limits_{x\to 0}\dfrac{x^2-x}{x^3+x}$；

（3）$\lim\limits_{x\to 0}x\left(x+\dfrac{1}{x}\right)$；　　　（4）$\lim\limits_{x\to 4}\dfrac{x^2-6x+8}{x^2-3x-4}$；

（5）$\lim\limits_{x\to 1}\left(\dfrac{1}{1-x}-\dfrac{3}{1-x^3}\right)$；　　（6）$\lim\limits_{x\to 2}\left(\dfrac{4}{x^2-4}-\dfrac{1}{x-2}\right)$；

（7）$\lim\limits_{x\to\infty}\left(\dfrac{x^3}{2x^2-1}-\dfrac{x^2}{2x+1}\right)$；

（8）$\lim\limits_{n\to\infty}\dfrac{(n+2)(2n+3)(3n+4)}{n^3}$；

（9）$\lim\limits_{n\to\infty}\left(1+\dfrac{1}{2}+\dfrac{1}{4}+\cdots+\dfrac{1}{2^n}\right)$；

（10）$\lim\limits_{n\to\infty}\dfrac{2^n+1}{3^n-1}$；

（11）$\lim\limits_{x\to\infty}\dfrac{x+\sin x}{x-\sin x}$；

（12）$\lim\limits_{x\to\infty}\dfrac{x^2+x\arctan x}{2x^2+3x+1}$.

6. 设

$$f(x)=\begin{cases}\dfrac{x^3-x^2+2x-2}{x-1} & x<1,\\[2mm]\dfrac{3-3x}{x^2-3x+2} & 1<x<2,\\[2mm]\dfrac{x-2}{x^2-x-2} & x>2,\end{cases}$$

试分别求 $f(x)$ 在点 $x=1$ 及 $x=2$ 处的左右极限，并说明 $\lim\limits_{x\to 1}f(x)$ 与 $\lim\limits_{x\to 2}f(x)$ 是否存在.

7. 设

$$f(x)=\begin{cases}\dfrac{2x^3+3x+1}{x^3+2x} & x<0,\\[2mm]\dfrac{3x^4+4x^3+2x}{x^4+4x+1} & x\geqslant 0,\end{cases}$$

求 $\lim\limits_{x\to-\infty}f(x)$ 及 $\lim\limits_{x\to+\infty}f(x)$，并说明 $\lim\limits_{x\to\infty}f(x)$ 是否存在.

8. 设 $f(x)=\dfrac{4x^2+3}{x-1}+ax+b$，若已知：

（1）$\lim\limits_{x\to\infty}f(x)=0$；　　　（2）$\lim\limits_{x\to\infty}f(x)=2$；

（3）$\lim\limits_{x\to\infty}f(x)=\infty$，

试分别求这三种情形下常数 a 与 b 的值.

9. 已知 $\lim\limits_{x\to 3}\dfrac{x^2-2x+k}{x-3}$ 存在且等于 a，求常数 k 与 a 的值.

10. 已知 $\lim\limits_{x\to\infty}\left(\dfrac{x^2+1}{x+1}-kx\right)$ 存在且等于 a，求常数 k 与 a 的值.

11. 设 $\{a_n\}$，$\{b_n\}$，$\{c_n\}$ 均为非负数列，且 $\lim\limits_{n\to\infty}a_n=0$，$\lim\limits_{n\to\infty}b_n=1$，$\lim\limits_{n\to\infty}c_n=\infty$. 指出下列陈述哪些是正确的，哪些是错误的. 如果是正确的，说明理由；如果是错误的，给出反例.

（1）$a_n<b_n(\forall n\in\mathbf{N}_+)$；　（2）$b_n<c_n(\forall n\in\mathbf{N}_+)$；

（3）$\lim\limits_{n\to\infty}a_nc_n=0$；　　　（4）$\lim\limits_{n\to\infty}a_nc_n=\infty$；

（5）$\lim\limits_{n\to\infty}a_nc_n$ 不存在；　（6）$\lim\limits_{n\to\infty}b_nc_n$ 不存在.

12. 求下列极限：

（1）$\lim\limits_{n\to\infty}\left[\dfrac{n^2+1}{n^3}+\dfrac{n^2+1}{n^3+n}+\dfrac{n^2+1}{n^3+2n}+\cdots+\dfrac{n^2+1}{n^3+(n-1)n}\right]$；

（2）$\lim\limits_{x\to+\infty}\left(\dfrac{2^x+3^x+4^x}{3}\right)^{\frac{1}{x}}$；

（3）$\lim\limits_{n\to\infty}\left(\dfrac{1}{\sqrt{n^2+\pi}}+\dfrac{1}{\sqrt{n^2+2\pi}}+\cdots+\dfrac{1}{\sqrt{n^2+n\pi}}\right)$；

（4）$\lim\limits_{n\to\infty}\sqrt[n]{1+2^n+3^n}$.

13. 利用极限存在准则证明：

（1）$\lim\limits_{n\to\infty}\dfrac{n!}{n^n}=0$；　　（2）$\lim\limits_{n\to\infty}\dfrac{a^n}{n!}=0(a>0)$；

（3）$\lim\limits_{n\to\infty}\left(1+\dfrac{1}{2^2}+\dfrac{1}{3^2}+\cdots+\dfrac{1}{n^2}\right)$ 存在.

14. 设 $b>1$，$x_1=\sqrt{b}$，$x_2=\sqrt{b+\sqrt{b}}$，$x_3=\sqrt{b+\sqrt{b+\sqrt{b}}}$，$\cdots$，$x_n=\sqrt{b+x_{n-1}}$，证明 $\lim\limits_{n\to\infty}x_n$ 存在，并求极限.

15. 求下列极限:

(1) $\lim\limits_{n\to\infty} n\sin\dfrac{\pi}{n}$;

(2) $\lim\limits_{x\to 0}\dfrac{\sin 2x}{\tan 3x}$;

(3) $\lim\limits_{x\to 1}\dfrac{\sin(x-1)}{x^3-1}$;

(4) $\lim\limits_{x\to\frac{\pi}{2}}\dfrac{\cos x}{2x-\pi}$;

(5) $\lim\limits_{x\to\pi}\dfrac{\sin x}{\tan x}$;

(6) $\lim\limits_{x\to 0}\dfrac{\sec x-\cos x}{x^2}$;

(7) $\lim\limits_{x\to 0^-}\dfrac{x}{\sqrt{1-\cos x}}$;

(8) $\lim\limits_{x\to 0}\dfrac{1-\cos 4x}{x\sin x}$.

16. 求下列极限:

(1) $\lim\limits_{x\to\infty}\left(1-\dfrac{3}{x}\right)^x$;

(2) $\lim\limits_{x\to\infty}\left(\dfrac{x+1}{x}\right)^{2x}$;

(3) $\lim\limits_{x\to 0}(1-\tan x)^{\cot x}$;

(4) $\lim\limits_{x\to 1}(3-2x)^{\frac{3}{x-1}}$;

(5) $\lim\limits_{x\to 0}(\cos 2x)^{\csc^2 x}$;

(6) $\lim\limits_{x\to\infty}\left(\dfrac{x+2}{x-2}\right)^x$;

(7) $\lim\limits_{x\to\infty}\left(\dfrac{2x-4}{2x+1}\right)^{2x}$;

(8) $\lim\limits_{n\to\infty}\left(\dfrac{n^2+3}{n^2+1}\right)^{n^2}$.

17. 当 $x\to 0$ 时, $x-x^2$ 与 x^2-x^3 相比, 哪一个是高阶无穷小?

18. 当 $x\to 1$ 时, 无穷小 $x-1$ 与下列无穷小是否同阶? 是否等价?

(1) x^2-1;

(2) $2(\sqrt{x}-1)$;

(3) $\dfrac{1}{x}-1$;

(4) $\ln x$.

19. 设当 $x\to 0$ 时, $\sec x-\cos x$ 与 $\sqrt{a+x^n}-\sqrt{a}$ 是等价无穷小, 求常数 a 与 n.

20. 设当 $x\to 0$ 时, $1-\cos x^2$ 是 $x\sin^n x$ 的高阶无穷小, 而 $x\sin^n x$ 又是 $e^{x^2}-1$ 的高阶无穷小, 求正整数 n.

21. 已知当 $x\to 0$ 时, $\ln\sqrt{\cos x}$ 是 x 的 k 阶无穷小, 求常数 k.

22. 利用等价无穷小代换法求下列极限:

(1) $\lim\limits_{x\to 0}\dfrac{\arctan 2x}{\arcsin 3x}$;

(2) $\lim\limits_{x\to 0}\dfrac{\sqrt{1+x^2}-1}{e^{x^2}-1}$;

(3) $\lim\limits_{x\to 0}\dfrac{x\sin^2 x}{\tan x^3}$;

(4) $\lim\limits_{x\to 0}\dfrac{x\ln(1-2x)}{1-\sec x}$;

(5) $\lim\limits_{x\to 0}\dfrac{\sin x-\tan x}{x\ln(1+x^2)}$;

(6) $\lim\limits_{x\to 1}\dfrac{e^x-e}{\ln x}$;

(7) $\lim\limits_{x\to\infty}x\ln\dfrac{x+1}{x}$;

(8) $\lim\limits_{x\to 0}\dfrac{\sin x^m}{\sin^n x}\ (m,n\in\mathbf{N}_+)$.

1.4　函数的连续性

1.4.1　函数连续的概念

给了一个函数 $y=f(x)$, 当自变量 x 连续变化时, 其函数值 y 是否会连续变化? 这是函数连续性问题. 函数连续性是一个很直白、其重要性常常让人忽视的函数性质. 它的直白在于, 画出它的函数图像, 似乎就可以看出它是否连续, 但这不严密, 不是"数学意义"上的连续性. 怎样在"数学意义"上严密刻画连续性?

自然界中有许多现象都是连续地变化的, 如动植物的生长、气温的变化、物体的热胀冷缩等. 其共同特点是, 这些现象所涉及的变量都是与时间有关的, 可看作时间的函数, 而且当时间变化很微小时, 这些变量的变化也很微小. 这种特点在数学上就是所谓函数的连续性.

为了给出函数连续的严格定义, 先引入函数增量的概念.

对于函数 $y=f(x)$, 如果自变量 x 从 x_0 变到 $x_1(x_1>x_0$ 或 $x_1<x_0)$, 则称 x_1-x_0 为**自变量 x 在点 x_0 处取得的增量**, 记为 Δx, 即 $\Delta x=x-x_0$.

假设函数 $y=f(x)$ 在点 x_0 的某一邻域 $U(x_0)$ 内有定义, 且 x_0+

$\Delta x \in U(x_0)$，则称 $f(x_0+\Delta x)-f(x_0)$ 为**函数 $y=f(x)$ 在点 x_0 处相应于自变量增量 Δx 的增量**，记为 Δy，即

$$\Delta y = f(x_0+\Delta x)-f(x_0).$$

函数 $y=f(x)$ 在点 x_0 处的增量 Δy 的几何解释如图 1-2 所示.

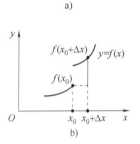

图　1-2

一般地说，如果固定 x_0 而让自变量增量 Δx 变动，那么函数的对应增量 Δy 也要随之变动. 在图 1-2a 中，当 Δx 趋近于零时，Δy 也趋近于零；而在图 1-2b 中，当 Δx 趋近于零时，Δy 不趋近于零. 从几何上直观地看到：图 1-2a 中的曲线在点 $(x_0,f(x_0))$ 处 "连着"（即 "连续"）；而图 1-2b 中的曲线在点 $(x_0,f(x_0))$ 处 "断开"（即 "不连续"）. 因此，对函数在某点连续的概念定义如下：

> **定义 1.12**　设函数 $y=f(x)$ 在点 x_0 的某一邻域内有定义，若
> $$\lim_{\Delta x \to 0}\Delta y = \lim_{\Delta x \to 0}[f(x_0+\Delta x)-f(x_0)]=0,$$
> 则称函数 $y=f(x)$ **在点 x_0 处连续**，并称点 x_0 是函数 $f(x)$ 的**连续点**.

在上面的定义中，如果令 $x=x_0+\Delta x$，则 $\Delta y=f(x)-f(x_0)$，且 $\Delta x\to 0$ 即为 $x\to x_0$. 于是，

$$\lim_{\Delta x \to 0}\Delta y = \lim_{\Delta x \to 0}[f(x_0+\Delta x)-f(x_0)]=0 \Leftrightarrow \lim_{x \to x_0}f(x)=f(x_0).$$

因而定义 1.12 又可等价地表述如下：

> **定义 1.12′**　设函数 $y=f(x)$ 在点 x_0 的某一邻域内有定义，若
> $$\lim_{x \to x_0}f(x)=f(x_0),$$
> 则称函数 $y=f(x)$ **在点 x_0 处连续**，并称点 x_0 是函数 $f(x)$ 的**连续点**.

由函数极限的定义可知，上述函数在一点处连续的定义也可用 "ε-δ" 语言叙述如下：

> **定义 1.12″**　设函数 $y=f(x)$ 在点 x_0 的某一邻域内有定义，若对于任意给定的正数 ε，总存在正数 δ，使得当 $|x-x_0|<\delta$ 时，有 $|f(x)-f(x_0)|<\varepsilon$，则称函数 $y=f(x)$ **在点 x_0 处连续**，并称点 x_0 是函数 $f(x)$ 的**连续点**.

由于连续性概念是由极限来定义的，而极限又有双侧极限与单侧极限之分，所以连续也有双侧连续与单侧连续之分.

> **定义 1.13**　设函数 $y=f(x)$ 在点 x_0 及其某一左邻域（或右邻域）内有定义，若
> $$\lim_{x \to x_0^-}f(x)=f(x_0) \quad (\text{或} \lim_{x \to x_0^+}f(x)=f(x_0)),$$

则称函数 $y=f(x)$ 在点 x_0 处左连续(或右连续),并称点 x_0 是函数 $f(x)$ 的左连续点(或右连续点).

左连续与右连续统称为**单侧连续**. 相应地,也称定义 1.12 所定义的连续为**双侧连续**.

由定义 1.12、定义 1.13 容易证明双侧连续与单侧连续有如下关系:

定理 1.9 函数 $y=f(x)$ 在点 x_0 处连续的充分必要条件是 $f(x)$ 在点 x_0 处既左连续又右连续.

如果函数 $f(x)$ 在某区间 I 内每一点都连续,那么就称**函数 $f(x)$ 在区间 I 内连续**,并称 $f(x)$ 是区间 I 内的**连续函数**,又称区间 I **为函数 $f(x)$ 的连续区间**. 如果区间包括端点,那么函数在左端点连续是指右连续,在右端点连续是指左连续.

例 1

讨论函数 $f(x)=\begin{cases} x\sin\dfrac{1}{x} & x\neq 0, \\ 1 & x=0 \end{cases}$ 在点 $x=0$ 处的连续性.

解 因为 $\lim\limits_{x\to 0} f(x)=\lim\limits_{x\to 0} x\sin\dfrac{1}{x}=0$,但 $f(0)=1$,所以

$$\lim\limits_{x\to 0} f(x)\neq f(0),$$

故 $f(x)$ 在点 $x=0$ 处不连续.

例 2

讨论函数 $f(x)=\begin{cases} \dfrac{\sin(x^2-1)}{x-1} & x<1, \\ 2 & x=1, \\ \dfrac{2\ln x}{x-1} & x>1 \end{cases}$ 在点 $x=1$ 处的连续性.

解 因为

$$\lim\limits_{x\to 1^-} f(x)=\lim\limits_{x\to 1^-}\frac{\sin(x^2-1)}{x-1}=\lim\limits_{x\to 1^-}\frac{x^2-1}{x-1}=\lim\limits_{x\to 1^-}(x+1)=2,$$

$$\lim\limits_{x\to 1^+} f(x)=\lim\limits_{x\to 1^+}\frac{2\ln x}{x-1}=\lim\limits_{x\to 1^+}\frac{2\ln[1+(x-1)]}{x-1}=\lim\limits_{x\to 1^+}\frac{2(x-1)}{x-1}=2,$$

而且 $f(1)=2$,所以

$$\lim\limits_{x\to 1^-} f(x)=\lim\limits_{x\to 1^+} f(x)=f(1),$$

从而 $f(x)$ 在点 $x=1$ 处连续.

1.4.2　连续函数的运算性质

函数连续的概念是由极限来定义的. 利用极限的四则运算法则和复合函数的极限运算法则可以导出下列连续函数的运算性质, 这些性质的具体证明一并从略.

> **定理 1.10**（连续函数的和、差、积、商的连续性）　设函数 $f(x)$ 和 $g(x)$ 都在点 x_0 处连续, 则 $f(x) \pm g(x)$、$f(x)g(x)$ 及 $\dfrac{f(x)}{g(x)}$（当 $g(x_0) \neq 0$ 时）也都在点 x_0 处连续.

> **定理 1.11**（反函数的连续性）　如果函数 $y = f(x)$ 在区间 I_x 上单调增加（或单调减少）且连续, 那么它的反函数 $x = \varphi(y)$ 也在对应区间 $I_y = \{y \mid y = f(x), x \in I_x\}$ 上单调增加（或单调减少）且连续.

> **定理 1.12**（复合函数的连续性）　设函数 $y = f(g(x))$ 由函数 $y = f(u)$ 与函数 $u = g(x)$ 复合而成, 若函数 $u = g(x)$ 在 $x = x_0$ 处连续, 且 $g(x_0) = u_0$, 而函数 $y = f(u)$ 在 $u = u_0$ 处连续, 则复合函数 $y = f(g(x))$ 在 $x = x_0$ 处也连续.

> **定理 1.13**　设函数 $y = f(g(x))$ 由函数 $y = f(u)$ 与函数 $u = g(x)$ 复合而成, 若 $\lim g(x) = u_0$, 而函数 $y = f(u)$ 在 $u = u_0$ 处连续, 则
> $$\lim f(g(x)) = f(\lim g(x)) = f(u_0).$$

定理 1.13 表明：如果复合函数 $y = f(g(x))$ 满足定理的条件, 那么求复合函数的极限 $\lim f(g(x))$ 时, 极限号"$\lim$"与函数号"f"可以交换次序. 因此, 定理 1.13 称为**极限号与函数号换序定理**.

例 3　　证明：当 $x \to 0$ 时, （1）$\ln(1+x) \sim x$；（2）$e^x - 1 \sim x$.

证　（1）由定理 1.13 得

$$\lim_{x \to 0} \frac{\ln(1+x)}{x} = \lim_{x \to 0} \ln(1+x)^{\frac{1}{x}} = \ln\left[\lim_{x \to 0}(1+x)^{\frac{1}{x}}\right] = \ln e = 1,$$

所以当 $x \to 0$ 时, $\ln(1+x) \sim x$.

（2）令 $e^x - 1 = t$, 则 $x = \ln(1+t)$, 且当 $x \to 0$ 时, $t \to 0$. 于是, 由（1）得

$$\lim_{x \to 0} \frac{e^x - 1}{x} = \lim_{t \to 0} \frac{t}{\ln(1+t)} = 1,$$

所以当 $x \to 0$ 时, $e^x - 1 \sim x$.

1.4.3　初等函数的连续性

利用函数连续的定义及连续函数的运算性质可以证明：基本初等函数在其定义域内都是连续的. 再由初等函数的定义及连续函数的运算性质可得下列重要结论：

> **定理 1.14**　一切初等函数在其定义区间内都是连续的.

所谓定义区间，就是包含在定义域内的区间，也就是说，如果定义域中含有"孤立点"（函数在该点有定义，但在该点的邻近无定义），那么定义区间就是定义域除去"孤立点"的部分. 基本初等函数的定义域中一定没有"孤立点".

定理 1.14 表明：初等函数的连续区间就是其定义区间. 定理 1.14 还提供了求极限的一个简单而又重要的方法，这就是：如果 $f(x)$ 是初等函数，且 x_0 是 $f(x)$ 的定义区间内的点，则 $\lim\limits_{x \to x_0} f(x) == f(x_0)$.

> **例 4**　求下列极限：

$$(1)\ \lim\limits_{x \to 0} \ln \frac{\sin x}{x}; \qquad (2)\ \lim\limits_{x \to +\infty} (\sqrt{x^2+x}-x); \qquad (3)\ \lim\limits_{x \to 4} \frac{\sqrt{2x+1}-3}{\sqrt{x}-2}.$$

解　$(1)\ \lim\limits_{x \to 0} \ln \frac{\sin x}{x} = \ln\left(\lim\limits_{x \to 0} \frac{\sin x}{x}\right) = \ln 1 = 0.$

$(2)\ \lim\limits_{x \to +\infty} (\sqrt{x^2+x}-x) = \lim\limits_{x \to +\infty} \frac{x}{\sqrt{x^2+x}+x} = \lim\limits_{x \to +\infty} \frac{1}{\sqrt{1+\dfrac{1}{x}}+1}$

$$= \frac{1}{\sqrt{\lim\limits_{x \to +\infty}\left(1+\dfrac{1}{x}\right)}+1} = \frac{1}{2}.$$

$(3)\ \lim\limits_{x \to 4} \frac{\sqrt{2x+1}-3}{\sqrt{x}-2} = \lim\limits_{x \to 4} \frac{(2x-8)(\sqrt{x}+2)}{(x-4)(\sqrt{2x+1}+3)} = \lim\limits_{x \to 4} \frac{2(\sqrt{x}+2)}{\sqrt{2x+1}+3} = \frac{4}{3}.$

> **例 5**　求 $\lim\limits_{x \to 0}(1+\sin 2x)^{\frac{1}{3x}}$.

解　$\lim\limits_{x \to 0}(1+\sin 2x)^{\frac{1}{3x}} = \lim\limits_{x \to 0} e^{\frac{1}{3x}\ln(1+\sin 2x)} = e^{\lim\limits_{x \to 0} \frac{1}{3x}\ln(1+\sin 2x)}$

$$= e^{\lim\limits_{x \to 0} \frac{\sin 2x}{3x}} = e^{\lim\limits_{x \to 0} \frac{2x}{3x}} = e^{\frac{2}{3}}.$$

1.4.4　函数的间断点及其分类

> **定义 1.14**　若函数 $f(x)$ 在点 x_0 的某一去心邻域内有定义，但在点 x_0 处不连续，则称点 x_0 为函数 $f(x)$ 的**不连续点**或**间断点**.

由上述间断点的定义，点 x_0 成为函数 $f(x)$ 的间断点有下列三种情形：

（1）$f(x)$ 在点 x_0 的某一去心邻域内有定义但在点 x_0 处无定义；

（2）虽然 $f(x)$ 在点 x_0 的某一邻域有定义，但 $\lim\limits_{x \to x_0} f(x)$ 不存在；

（3）虽然 $f(x)$ 在点 x_0 的某一邻域有定义，且 $\lim\limits_{x \to x_0} f(x)$ 存在，但 $\lim\limits_{x \to x_0} f(x) \neq f(x_0)$．

通常，把间断点分为两类．设 x_0 是函数 $f(x)$ 的间断点，若 $\lim\limits_{x \to x_0^-} f(x)$ 与 $\lim\limits_{x \to x_0^+} f(x)$ 都存在，则称 x_0 是函数 $f(x)$ 的**第一类间断点**；若 $\lim\limits_{x \to x_0^-} f(x)$ 与 $\lim\limits_{x \to x_0^+} f(x)$ 至少有一个不存在，则称 x_0 是函数 $f(x)$ 的**第二类间断点**．显然，不是第一类间断点的间断点都是第二类间断点．

在第一类间断点中，如果左右极限都存在但不相等，则又称这种间断点为**跳跃间断点**；如果左右极限都存在且相等（此时极限存在，但函数在该点无定义，或虽有定义但极限值不等于函数值），则又称这种间断点为**可去间断点**．在第二类间断点中，如果左右极限中至少有一个为无穷大，则又称这种间断点为**无穷间断点**．

例 6　研究下列函数的连续性，若有间断点，指出其类型．

（1）$f(x) = \dfrac{x-1}{x^2-x}$；　　（2）$f(x) = \begin{cases} x+1 & x<0, \\ x-1 & 0 \leq x < 1, \\ x^2-1 & x>1; \end{cases}$

（3）$y = \sin \dfrac{1}{x}$．

解　（1）$f(x)$ 为初等函数，其定义域为 $(-\infty,0) \cup (0,1) \cup (1,+\infty)$．由定理 1.14，函数 $f(x)$ 在其定义区间 $(-\infty,0)$，$(0,1)$，$(1,+\infty)$ 内连续，而点 $x=0$ 及 $x=1$ 为间断点．

因为

$$\lim_{x \to 0} f(x) = \lim_{x \to 0} \frac{x-1}{x^2-x} = \lim_{x \to 0} \frac{1}{x} = \infty,$$

所以点 $x=0$ 是 $f(x)$ 的第二类间断点，且是无穷间断点．

因为

$$\lim_{x \to 1} f(x) = \lim_{x \to 1} \frac{x-1}{x^2-x} = \lim_{x \to 1} \frac{1}{x} = 1,$$

所以 $x=1$ 是 $f(x)$ 的第一类间断点，且是可去间断点．

（2）$f(x)$ 为分段函数．显然 $f(x)$ 在区间 $(-\infty,0)$，$(0,1)$，$(1,+\infty)$ 内连续．

因为
$$\lim_{x\to 0^-}f(x)=\lim_{x\to 0^-}(x+1)=1,$$
$$\lim_{x\to 0^+}f(x)=\lim_{x\to 0^+}(x-1)=-1,$$
$$\lim_{x\to 0^-}f(x)\neq\lim_{x\to 0^+}f(x),$$
所以 $x=0$ 是 $f(x)$ 的第一类间断点, 且是跳跃间断点.

因为
$$\lim_{x\to 1^-}f(x)=\lim_{x\to 1^-}(x-1)=0,$$
$$\lim_{x\to 1^+}f(x)=\lim_{x\to 1^+}(x^2-1)=0,$$
$$\lim_{x\to 0^-}f(x)=\lim_{x\to 0^+}f(x)=0,$$
但 $f(x)$ 在 $x=1$ 处无定义, 所以 $x=1$ 是 $f(x)$ 的第一类间断点, 且是可去间断点.

（3）函数 $y=\sin\dfrac{1}{x}$ 为初等函数, 其定义域为 $(-\infty,0)\cup(0,+\infty)$. 由定理 1.14, 函数 y 在其定义区间 $(-\infty,0),(0,+\infty)$ 内连续, 而点 $x=0$ 为间断点.

因为 $\lim\limits_{x\to 0^-}y=\lim\limits_{x\to 0^-}\sin\dfrac{1}{x}$ 不存在（$\lim\limits_{x\to 0^+}y=\lim\limits_{x\to 0^+}\sin\dfrac{1}{x}$ 也不存在）, 所以 $x=0$ 是函数 y 的第二类间断点.

由于当 $x\to 0$ 时, 函数 $y=\sin\dfrac{1}{x}$ 的值在 -1 与 1 之间变动无限多次, 因此又称 $x=0$ 为**振荡间断点**.

1.4.5　闭区间上连续函数的性质

闭区间上的连续函数具有一些重要的性质. 从几何上看, 这些性质都是十分明显的. 但要严格证明它们, 需要严密的实数理论, 这已超出了本课程的范围. 故在本节中仅逐一叙述这些性质, 其严格证明全部略去.

作为本节的预备知识, 先说明函数的最大值、最小值的概念以及函数零点的概念.

设函数 $f(x)$ 在区间 I 上有定义, 若存在 $x_0\in I$, 使得 $\forall x\in I$, 有
$$f(x)\leqslant f(x_0)\,(\text{或}\,f(x)\geqslant f(x_0)),$$
则称 $f(x_0)$ 是函数 $f(x)$ 在区间 I 上的**最大值**（或**最小值**）.

对于函数 $f(x)$, 若 $f(x_0)=0$, 则称点 x_0 为**函数 $f(x)$ 的零点**.

显然, 函数 $f(x)$ 的零点也就是方程 $f(x)=0$ 的实根.

性质 1（有界性定理） 闭区间$[a,b]$上连续的函数必在$[a,b]$上有界.

性质 2（最值定理） 闭区间$[a,b]$上的连续函数必在$[a,b]$上取得它的最大值和最小值.

具体地说，如果函数$f(x)$在闭区间$[a,b]$上连续，则至少存在两点$\xi_1,\xi_2\in[a,b]$，使得$\forall x\in[a,b]$，有$f(\xi_1)\leqslant f(x)\leqslant f(\xi_2)$.

性质 3（介值定理） 闭区间$[a,b]$上的连续函数必能取得介于最大值与最小值之间的任何值.

这就是说，如果函数$f(x)$在闭区间$[a,b]$上连续，则由性质 2，$f(x)$在$[a,b]$上取得它的最大值M和最小值m，对于介于M和m之间的任意常数C，在开区间(a,b)内至少有一点ξ，使得$f(\xi)=C$.

介值定理的几何解释是：设M和m分别是连续曲线弧$y=f(x)(a\leqslant x\leqslant b)$的最高点与最低点的纵坐标，则该曲线弧与水平直线$y=C(m<C<M)$至少有一个交点.

性质 4（零点定理） 若函数$f(x)$在闭区间$[a,b]$上连续，且$f(a)$与$f(b)$异号（即$f(a)\cdot f(b)<0$），则函数$f(x)$在开区间(a,b)内至少有一零点，即在开区间(a,b)内至少有一点ξ，使$f(\xi)=0$.

零点定理的几何解释是：如果连续曲线弧$y=f(x)(a\leqslant x\leqslant b)$的两个端点位于$x$轴的不同侧，那么这段曲线弧与$x$轴至少有一个交点.

必须指出，对于上面给出的这些性质，"函数在闭区间上连续"这一条件是重要的，"闭区间"与"连续"缺一不可. 如果函数在开区间内连续或在闭区间上有间断点，那么这些性质均不一定成立. 例如，函数$f(x)=\dfrac{1}{x}$在开区间$(0,1)$内连续，但它在$(0,1)$内无界，且既无最大值也无最小值. 又如，函数$f(x)=\begin{cases}x+2 & -1\leqslant x\leqslant 0,\\ x-2 & 0<x\leqslant 1\end{cases}$在闭区间$[-1,1]$上有间断点$x=0$，它在$[-1,1]$上取不到最小值，而且虽然有$f(-1)\cdot f(1)<0$，但$f(x)$在$(-1,1)$内没有零点.

例 7　证明方程 $xe^x = 2$ 至少有一个小于 1 的正根.

证　令 $f(x) = xe^x - 2$，则 $f(x)$ 在闭区间 $[0,1]$ 上连续，且

$$f(0) = -2 < 0, \quad f(1) = e - 2 > 0,$$

由零点定理得，函数 $f(x)$ 在 $(0,1)$ 内至少有一零点，即方程 $xe^x = 2$ 至少有一个小于 1 的正根.

习题 1-4

1. 研究下列函数在指定点处的连续性：

(1) $f(x) = \begin{cases} (1-x)^{\frac{1}{x}} & x \neq 0, \\ e & x = 0, \end{cases}$ $x = 0$；

(2) $f(x) = \begin{cases} \dfrac{\sin x}{x} & x \neq 0, \\ 1 & x = 0, \end{cases}$ $x = 0$；

(3) $f(x) = \begin{cases} x^2 & x < 0, \\ 2x & 0 < x < 1, \\ 1-x & x \geq 1, \end{cases}$ $x = 0, \ x = 1.$

2. 讨论下列函数的连续性，若有间断点，指出其类型：

(1) $f(x) = \dfrac{x^2-1}{x^2-3x+2}$；

(2) $f(x) = \dfrac{x^2-x}{|x|(x^2-1)}$；

(3) $f(x) = \begin{cases} e^{\frac{1}{x}} & x < 0, \\ 1 & x = 0, \\ \dfrac{e^{x^2}-1}{x} & x > 0; \end{cases}$

(4) $f(x) = \begin{cases} \ln x & 0 < x < 1, \\ (x-1)^2 & 1 \leq x \leq 2, \\ \dfrac{x-2}{\sqrt{x+2}-2} & x > 2. \end{cases}$

3. 求函数 $f(x) = \sqrt{\dfrac{x^2-x-2}{x^2+x-6}}$ 的连续区间，并求 $\lim\limits_{x \to 2} f(x)$.

4. 设

$$f(x) = \begin{cases} \dfrac{1-\cos x}{x^2} & x < 0, \\ b & x = 0, \quad (a > 0), \\ \dfrac{\sqrt{a+x}-\sqrt{a}}{x} & x > 0 \end{cases}$$

当常数 a, b 为何值时，

(1) $x = 0$ 是函数 $f(x)$ 的连续点？

(2) $x = 0$ 是函数 $f(x)$ 的可去间断点？

(3) $x = 0$ 是函数 $f(x)$ 的跳跃间断点？

5. 求函数 $f(x) = \lim\limits_{n \to \infty} \dfrac{x-x^{2n+1}}{1+x^{2n}}$ 的间断点，并判别间断点的类型.

6. 求下列极限：

(1) $\lim\limits_{x \to 1} \sqrt{\dfrac{\sin(\ln x)}{\ln x}}$；　(2) $\lim\limits_{x \to \infty} \dfrac{2x^2-3x-4}{\sqrt{x^4+1}}$；

(3) $\lim\limits_{x \to 2} \sqrt{\dfrac{x^2-4}{x-2}}$；　(4) $\lim\limits_{x \to 0} (\cos x)^{\csc^2 x}$；

(5) $\lim\limits_{x \to 0} (1+xe^x)^{\frac{x+1}{x}}$；　(6) $\lim\limits_{x \to \infty} \left(\dfrac{x^2+x+1}{x^2+x}\right)^{2x^2}$；

(7) $\lim\limits_{x \to +\infty} x(\sqrt{x^2+1}-x)$；

(8) $\lim\limits_{x \to 0} \dfrac{\sqrt{1+\tan x}-\sqrt{1+\sin x}}{\sqrt{1+x\sin^2 x}-1}$.

7. 证明方程 $x^5 - 3x^3 - 1 = 0$ 至少有一个介于 1 与 2 之间的实根.

8. 证明方程 $x^3 - 3x^2 + 1 = 0$ 至少有一个小于 1 的正根.

9. 证明方程 $x = a\sin x + b \ (a > 0, b > 0)$ 至少有一个不超过 $a+b$ 的正根.

10. 设函数 $f(x)$ 在闭区间 $[0,1]$ 上连续，且对 $\forall x \in [0,1]$，有 $0 \leq f(x) \leq 1$. 证明：至少存在一点 $x_0 \in [0,1]$，使得 $f(x_0) = x_0$.

11. 设函数 $f(x)$ 在闭区间 $[a,b]$ 上连续，且 $a < x_1 < x_2 < \cdots < x_n < b \ (n \geq 2)$，证明：至少存在一点 $\xi \in [x_1, x_n]$，使得

$$f(\xi) = \dfrac{f(x_1) + f(x_2) + \cdots + f(x_n)}{n}.$$

总习题一

1. 选择题

(1) 设 $0<a<b$，则 $\lim\limits_{n\to\infty}\sqrt[n]{a^n+b^n}=($).

A. 1   B. 2

C. a D. b

(2) 设 $f(x)=\dfrac{\sqrt{1+x^2}}{x}$，则 $\lim\limits_{x\to\infty}f(x)($).

A. 等于 1   B. 等于 0

C. 等于 -1   D. 不存在

(3) 若 $\lim\limits_{x\to x_0}f(x)$ 存在，$\lim\limits_{x\to x_0}g(x)$ 不存在，则下列命题正确的是(   ).

A. $\lim\limits_{x\to x_0}[f(x)+g(x)]$ 与 $\lim\limits_{x\to x_0}[f(x)\cdot g(x)]$ 都存在

B. $\lim\limits_{x\to x_0}[f(x)+g(x)]$ 与 $\lim\limits_{x\to x_0}[f(x)\cdot g(x)]$ 都不存在

C. $\lim\limits_{x\to x_0}[f(x)+g(x)]$ 必不存在，而 $\lim\limits_{x\to x_0}[f(x)\cdot g(x)]$ 可能存在

D. $\lim\limits_{x\to x_0}[f(x)+g(x)]$ 可能存在，而 $\lim\limits_{x\to x_0}[f(x)\cdot g(x)]$ 必不存在

(4) 当 $x\to 0$ 时，下列四个无穷小中，比其他三个更高阶的无穷小是(   ).

A. $1-\cos x^2$ B. $e^{x^2}-1$

C. $\sqrt{1+x^2}-1$ D. $\sin x-\tan x$

(5) 当 $x\to 0$ 时，函数 $f(x)=2^x+3^x-2$ 是 x 的(   ).

A. 高阶无穷小   B. 低阶无穷小

C. 同阶无穷小   D. 等价无穷小

(6) 设当 $x\to 0$ 时，函数 $f(x)=\sin 2x-2\sin x$ 是 x 的 k 阶无穷小，则 $k=($).

A. 1   B. 2

C. 3   D. 4

(7) 函数 $f(x)=\dfrac{|x|(x^2-5x+6)}{x^3-3x^2+2x}$ 的第一类间断点共有(   ).

A. 0 个   B. 1 个

C. 2 个   D. 3 个

(8) $x=0$ 是函数 $f(x)=\begin{cases}\dfrac{e^{\frac{1}{x}}-1}{e^{\frac{1}{x}}+1} & x\neq 0,\\ 1 & x=0\end{cases}$ 的(   ).

A. 可去间断点   B. 跳跃间断点

C. 无穷间断点   D. 连续点

(9) 设函数 $f(x)$ 在 $(-\infty,+\infty)$ 上连续，且 $f(x)\neq 0$，函数 $\varphi(x)$ 在 $(-\infty,+\infty)$ 上有定义，且有间断点，则必有间断点的函数是(   ).

A. $f(\varphi(x))$ B. $\varphi(f(x))$

C. $(\varphi(x))^2$ D. $\dfrac{\varphi(x)}{f(x)}$

(10) 函数 $f(x)=\dfrac{\sqrt{4-x^2}}{\sqrt{x^2-1}}$ 的连续区间是(   ).

A. $(-\infty,-1)$，$(1,+\infty)$

B. $(-\infty,-1)$，$(-1,1)$，$(1,+\infty)$

C. $[-2,-1)$，$(-1,1)$，$(1,2]$

D. $[-2,-1)$，$(1,2]$

2. 填空题

(1) 设 $f(x)$ 是以 2 为周期的周期函数，已知在 $[0,2)$ 内，$f(x)=x^2$，则在 $[4,6)$ 内，$f(x)=$ _____.

(2) 已知 $f(3+x)+2f(1-x)=x^2$，则 $f(x)=$ _____.

(3) 设 a,b 都是常数，若 $\lim\limits_{x\to 1}\dfrac{x-1}{x^3+2x+a}=b\neq 0$，则 $a=$ _____，$b=$ _____.

(4) 设 a,b 都是常数，若 $\lim\limits_{x\to 1}\dfrac{\sqrt{x+a}+b}{x^2-1}=1$，则 $a=$ _____，$b=$ _____.

(5) 设当 $x\to 1$ 时，$(x^2+x-2)^2\ln x$ 与 $a(x-1)^n$ 是等价无穷小，则常数 $a=$ _____，$n=$ _____.

(6) 若 $x=2$ 为函数 $f(x)=\dfrac{x^2+3x+a}{(x-2)^2}\ln(x-1)$ 的可去间断点，则常数 $a=$ _____.

(7) 设 $f(x)=\begin{cases}e^{ax+b} & -1\leqslant x<0,\\ e & x=0,\\ (1+ax)^{\frac{b}{x}} & 0<x\leqslant 1\end{cases}$ 为连续函

数,则常数 $a=$ _____ , $b=$ _____ .

(8) 函数 $f(x)=\dfrac{1}{1-e^{\frac{x}{1-x}}}$ 的第一类间断点是

_____ .

(9) 设 $f(x)=\begin{cases}\dfrac{x^{10}-1}{x-1} & x\neq1 \\ a & x=1\end{cases}$,在点 $x=1$ 处连续,

则常数 $a=$ _____ .

(10) 设函数 $f(x)=\dfrac{px^2-2}{x^2+1}+3qx+5$ 是当 $x\to\infty$ 时

的无穷小,则常数 $p=$ _____ , $q=$ _____ .

3. 求下列极限:

(1) $\lim\limits_{x\to0}\dfrac{\sqrt{1+x^2}-1}{x\arcsin x}$;　(2) $\lim\limits_{x\to e}\dfrac{\ln x-1}{x-e}$;

(3) $\lim\limits_{x\to1}\dfrac{x+x^2+\cdots+x^n-n}{x-1}$;　(4) $\lim\limits_{x\to\infty}\dfrac{x^2+x\sin x}{x^2-x\cos x}$;

(5) $\lim\limits_{x\to+\infty}\left[\sqrt{(x+p)(x+q)}-x\right]$;

(6) $\lim\limits_{x\to\infty}\dfrac{x\sin x}{\sqrt{1+x^2}}\arctan\dfrac{1}{x}$;

(7) $\lim\limits_{x\to1}\dfrac{\sqrt[3]{x^2}-2\sqrt[3]{x}+1}{(x-1)^2}$;

(8) $\lim\limits_{x\to0}\dfrac{\ln(2+x)+\ln(2-x)-2\ln2}{x^2}$;

(9) $\lim\limits_{x\to0}\left(\dfrac{1+\tan x}{1+\sin x}\right)^{\frac{1}{x^3}}$;　(10) $\lim\limits_{x\to0}\left(\dfrac{a^x+b^x+c^x}{3}\right)^{\frac{1}{x}}$.

4. 证明: $\lim\limits_{x\to\infty}\left(\sqrt{x^2+x}-\sqrt{x^2-x}\right)$ 不存在.

5. 求下列函数的间断点,并指出其类型:

(1) $f(x)=\dfrac{x}{\tan x}$;

(2) $f(x)=\begin{cases}\ln(1+x) & -1<x\leq0, \\ e^{\frac{1}{x-1}} & x>0,\ x\neq1.\end{cases}$

6. 讨论函数 $f(x)=\lim\limits_{n\to\infty}\dfrac{n^x-n^{-x}}{n^x+n^{-x}}e^{-x}$ 的连续性. 若有

间断点,指出其类型.

7. 设

$$f(x)=\begin{cases}\dfrac{\sqrt{x^2+1}-1}{\sqrt{x^2+a^2}-a} & x<0, \\ 2 & x=0, \\ \dfrac{\ln(1+bx)}{e^x-1} & x>0,\end{cases}$$

问常数 a,b 为何值时,

(1) $x=0$ 是函数 $f(x)$ 的连续点?

(2) $x=0$ 是函数 $f(x)$ 的可去间断点?

(3) $x=0$ 是函数 $f(x)$ 的跳跃间断点?

8. 试补充定义 $f(0)$,使函数 $f(x)=\left(\dfrac{1+x2^x}{1+x3^x}\right)^{\frac{1}{x^2}}$

在 $x=0$ 处连续.

9. 设函数 $f(x)$ 在闭区间 $[0,2a]$ 上连续,且 $f(0)=f(2a)$,证明:至少存在一点 $\xi\in[0,a]$,使得 $f(\xi)=f(\xi+a)$.

*10. 设函数 $f(x)$ 满足:对 $\forall x_1,x_2\in[a,b]$,恒有

$$|f(x_1)-f(x_2)|\leq L|x_1-x_2|,$$

其中 L 为正常数,且 $f(a)\cdot f(b)<0$. 证明:至少存在一点 $\xi\in(a,b)$,使得 $f(\xi)=0$.

2

第 2 章
导数及其应用

"在一切理论成就中，未必再有什么像 17 世纪下半叶微积分的发现那样被看作人类精神的最高胜利了，如果在某个地方我们看到人类精神的纯粹的和唯一的功绩，那正是在这里."

——恩格斯

数学中，除了研究函数关系和函数随自变量变化而变化的趋势外，还要研究函数随自变量变化而变化的快慢程度，以及当自变量发生微小变化时所引起的函数值的改变量等，这些问题构成了微分学的主要内容. 导数作为微积分中的重要概念，是从研究变化率的问题中抽象出来的概念，是由牛顿和莱布尼茨分别在研究力学与几何的过程中同时建立的. 导数作为函数的变化率，在研究函数变化的性态中有着十分重要的意义，在自然科学、工程技术等多个领域中得到了广泛的应用.

本章讨论导数的概念及函数的求导计算方法，借助微分学基本定理——中值定理，深入讨论导数与函数特性（单调性、凹凸性、极值、最值）的关系，并利用这些关系解决实际问题. 实际中建立的目标函数的最优化问题，在自然科学、工程技术、经济学等领域有着广泛的应用.

基本要求：

1. 理解导数的概念及其几何意义，了解函数的可导性与连续性之间的关系.

2. 了解导数作为函数变化率的实际意义，会用导数表达科学技术中一些量的变化率.

3. 掌握导数的有理运算法则和复合函数的求导法则，掌握基本初等函数的导数公式，了解反函数的求导法则.

4. 理解微分的概念，了解微分概念中所包含的局部线性化思想，了解微分的有理运算法则和一阶微分形式的不变性.

5. 了解高阶导数的概念，掌握初等函数的一阶、二阶导数的求法.

6. 会用隐函数和由参数方程所确定的函数的一阶导数以及这两类函数中比较简单的二阶导数，会求解一些简单实际问题中的相关变化率问题.

7. 理解罗尔(Rolle)定理和拉格朗日(Lagrange)定理，了解柯西(Cauchy)定理，会用洛必达法则求未定式极限.

8. 了解泰勒定理以及多项式逼近函数的思想.

9. 理解函数极值的概念，掌握利用导数判断函数的单调性和求函数极值的方法；会求解较简单的最大值与最小值的应用问题.

10. 会用导数判断函数图形的凹凸性，会求拐点，会描绘一些简单函数的图形.

11. 了解曲率和曲率半径的概念，会求曲率和曲率半径.

知识结构图：

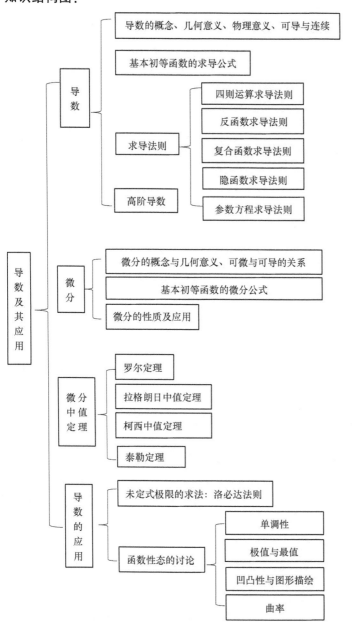

2.1　导数

17 世纪，有许多数学问题要解决，归纳起来有三种主要类型的问题：第一类是研究运动的时候直接出现的，也就是求即时速度的问题；第二类问题是求曲线的切线的问题；第三类问题是求函数的最大值和最小值问题. 牛顿从第一类问题出发，莱布尼茨从第二类问题出发，他们的研究成果形成了导数的概念.

对于实际问题，所建立的目标函数的方程形式有多种，其中常见的方程包括显函数表示的方程、隐函数表示的方程、参数表示的方程以及极坐标方程等. 如何快速求出对应形式的导数，并应用到函数性态的讨论中，是本章讨论的重点.

2.1.1　导数的概念及意义

1. 引例

引例 1　变速直线运动的瞬时速度

假设一质点做变速直线运动，在 $[t_0, t_0+\Delta t]$ 这段时间内所经过的路程 s 是时间 t 的函数：$s = s(t)$. 如何求质点在时刻 $t = t_0$ 的瞬时速度 $v(t_0)$？

首先在时刻 t_0 的邻近取一时刻 $t_0+\Delta t$，在 t_0 到 $t_0+\Delta t$ 这段时间间隔内，质点运动的平均速度为

$$\bar{v} = \frac{\Delta s}{\Delta t} = \frac{s(t_0+\Delta t) - s(t_0)}{\Delta t}.$$

当时间间隔很小时，速度的变化也很小，可以近似地看作是匀速的. 因此，当 Δt 很小时，$\bar{v}$ 可作为质点在时刻 t_0 的瞬时速度 $v(t_0)$ 的近似值，即 $v(t_0) \approx \bar{v}$. 显然，Δt 越小，$\bar{v}$ 就越接近于 $v(t_0)$. 即

$$v(t_0) = \lim_{\Delta t \to 0} \bar{v} = \lim_{\Delta t \to 0} \frac{\Delta s}{\Delta t} = \lim_{\Delta t \to 0} \frac{s(t_0+\Delta t) - s(t_0)}{\Delta t}.$$

引例 2　平面曲线的切线的斜率

首先，介绍什么是曲线的切线. 在初等数学里，对圆（或椭圆），切线被定义为与圆（或椭圆）只有一个交点的直线. 但是，对于一般曲线这个定义就不合适了. 17 世纪的数学家用极限的思想给出了曲线切线的如下定义：

设点 M 为曲线 L 上的一个定点，点 N 为曲线上的另一点，作割线 MN. 当点 N 沿曲线 L 趋向于点 M 时，如果割线 MN 绕点 M 旋转向某一极限位置 MT，则称直线 MT 为曲线 L 在点 M 处的切

线，如图 2-1 所示.

再来求曲线切线的斜率. 设曲线 L 的方程为 $y=f(x)$，在曲线上取点 $M(x_0,y_0)$ 与另一点 $N(x_0+\Delta x,f(x_0+\Delta x))$，那么割线 MN 的斜率为

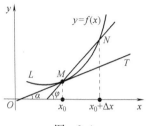

图　2-1

$$\tan\varphi=\frac{f(x_0+\Delta x)-f(x_0)}{\Delta x} \tag{1}$$

其中 φ 为割线 MN 的倾斜角. 当 $\Delta x\to 0$ 时，点 N 沿曲线 $y=f(x)$ 趋于点 M，割线 MN 的倾斜角 φ 趋于切线 MT 的倾角 α，所以曲线 $y=f(x)$ 在点 $M(x_0,f(x_0))$ 处的切线的斜率为

$$k=\tan\alpha=\lim_{\Delta x\to 0}\frac{f(x_0+\Delta x)-f(x_0)}{\Delta x} \tag{2}$$

即在数学上，切线的斜率也可归结为这种特定比值的极限.

上面所讨论的虽然是两个不同的具体问题，但是它们在数学计算上都归结为相同结构的特定比值的极限问题：$\lim\limits_{\Delta x\to 0}\dfrac{f(x_0+\Delta x)-f(x_0)}{\Delta x}$，即当自变量增量趋向于零时，相应的函数的增量与自变量增量之比的极限.

取 $\Delta y=f(x_0+\Delta x)-f(x_0)$，则 $\lim\limits_{\Delta x\to 0}\dfrac{f(x_0+\Delta x)-f(x_0)}{\Delta x}=\lim\limits_{\Delta x\to 0}\dfrac{\Delta y}{\Delta x}$；表达式 $\dfrac{\Delta y}{\Delta x}$ 是函数的增量与自变量的增量之比，历史上常称 $\dfrac{\Delta y}{\Delta x}$ 为函数的平均变化率；而称 $\lim\limits_{\Delta x\to 0}\dfrac{\Delta y}{\Delta x}$ 为函数在一点 x_0 处的变化率.

在自然科学、工程技术、经济学等许多领域，都存在着许多有关变化率的概念，它们在数学上都可归结为形如式(2)的函数的增量与自变量的增量之比的极限，即函数的平均变化率的极限问题. 把这种特定的极限叫作函数的导数.

2. 导数的概念

> **定义 2.1**　设函数 $y=f(x)$ 在点 x_0 的某一邻域内有定义，如果极限
> $$\lim_{\Delta x\to 0}\frac{\Delta y}{\Delta x}=\lim_{\Delta x\to 0}\frac{f(x_0+\Delta x)-f(x_0)}{\Delta x} \tag{3}$$
> 存在，则称函数 $y=f(x)$ 在点 x_0 处可导，并称该极限值为函数 $y=f(x)$ 在点 x_0 处对 x 的导数，记为 $f'(x_0)$，即 $f'(x_0)=\lim\limits_{\Delta x\to 0}\dfrac{f(x_0+\Delta x)-f(x_0)}{\Delta x}$.

微课视频 2.1
导数的定义及其应用

如果极限 $\lim\limits_{\Delta x \to 0} \dfrac{f(x_0 + \Delta x) - f(x_0)}{\Delta x}$ 不存在，则称函数 $f(x)$ 在点 x_0 处不可导或导数不存在. 称 x_0 为函数 $y = f(x)$ 的不可导点.

注：（1）$f'(x_0)$ 还有如下记号：$y'\big|_{x=x_0}$，$\dfrac{\mathrm{d}y}{\mathrm{d}x}\Big|_{x=x_0}$，$\dfrac{\mathrm{d}f(x)}{\mathrm{d}x}\Big|_{x=x_0}$.

（2）若取 $x = x_0 + \Delta x$，则 $\Delta x = x - x_0$，即 $f'(x_0) = \lim\limits_{x \to x_0} \dfrac{f(x) - f(x_0)}{x - x_0}$，此导数形式定义，通常应用在讨论函数（特别是分段函数）在某一点处的可导性问题.

如果函数 $f(x)$ 在开区间 I 内每一点都可导，那么就称函数 $f(x)$ **在开区间 I 内可导**，并称 $f(x)$ **是区间 I 内的可导函数**.

当函数 $y = f(x)$ 在开区间 I 内可导时，对于任一 $x \in I$，都有一个导数值 $f'(x)$ 与之对应，则函数 $y = f'(x)$ 也是 x 的函数，称之为 $y = f(x)$ 的导函数，记作 y'，$f'(x)$，$\dfrac{\mathrm{d}y}{\mathrm{d}x}$ 或 $\dfrac{\mathrm{d}f(x)}{\mathrm{d}x}$.

而在实际应用中，我们经常需要研究函数的单侧导数.

如果 $\lim\limits_{\Delta x \to 0^-} \dfrac{\Delta y}{\Delta x} = \lim\limits_{\Delta x \to 0^-} \dfrac{f(x_0 + \Delta x) - f(x_0)}{\Delta x} = \lim\limits_{x \to x_0^-} \dfrac{f(x) - f(x_0)}{x - x_0}$ 存在，则称其为函数 $y = f(x)$ 在点 x_0 处的左导数，记为 $f'_-(x_0)$.

如果 $\lim\limits_{\Delta x \to 0^+} \dfrac{\Delta y}{\Delta x} = \lim\limits_{\Delta x \to 0^+} \dfrac{f(x_0 + \Delta x) - f(x_0)}{\Delta x} = \lim\limits_{x \to x_0^+} \dfrac{f(x) - f(x_0)}{x - x_0}$ 存在，则称其为函数 $y = f(x)$ 在点 x_0 处的右导数，记为 $f'_+(x_0)$.

根据极限的性质，显然，导数与左、右导数有如下关系：

> **定理 2.1**　函数 $f(x)$ 在 x_0 处可导（即 $f'(x_0)$ 存在）的充分必要条件是 $f'_-(x_0)$ 与 $f'_+(x_0)$ 都存在且相等.

如果函数 $f(x)$ 在开区间 (a,b) 内每一点左右可导，在 $x = a$ 处右导数存在，$x = b$ 处左导数存在，那么就称函数 $f(x)$ **在闭区间 $[a,b]$ 内可导**.

导数的几何意义：由引例 1 及导数定义可知，函数 $y = f(x)$ 在点 x_0 处的导数 $f'(x_0)$ 在几何上表示曲线 $y = f(x)$ 在点 $(x_0, f(x_0))$ 处的切线的斜率，即 $k_{切} = f'(x_0)$.

于是，当 $f'(x_0)$ 存在时，曲线 $y = f(x)$ 在点 $(x_0, f(x_0))$ 处的切线方程为

$$y - f(x_0) = f'(x_0)(x - x_0).$$

曲线 $y = f(x)$ 在点 $(x_0, f(x_0))$ 处的法线方程为

$$y - f(x_0) = -\frac{1}{f'(x_0)}(x - x_0) \, (f'(x_0) \neq 0).$$

当 $f'(x_0)=\infty$ 且 $f(x)$ 在点 x_0 处连续时，曲线 $y=f(x)$ 在点 $(x_0,$ $f(x_0))$ 处的切线方程为 $x=x_0$，法线方程为 $y=f(x_0)$.

3. 例题

求导数的运算简称求导. 导数的定义是一种构造性定义. 利用导数的定义，可以推出基本初等函数的导数公式、导数的四则运算法则、反函数求导法则及复合函数求导法则.

例 1　　求常值函数 $f(x)=C(C$ 为常数，$x\in\mathbf{R})$ 的导数.

解　　$f'(x)=\lim\limits_{\Delta x\to 0}\dfrac{f(x+\Delta x)-f(x)}{\Delta x}=\lim\limits_{\Delta x\to 0}\dfrac{C-C}{\Delta x}=0,$

即　　　　　　　　　　　$(C)'=0.$

例 2　　求 $f(x)=\sin x(x\in\mathbf{R})$ 的导数.

解　　$f'(x)=\lim\limits_{\Delta x\to 0}\dfrac{f(x+\Delta x)-f(x)}{\Delta x}=\lim\limits_{\Delta x\to 0}\dfrac{\sin(x+\Delta x)-\sin x}{\Delta x}$

$$=\lim\limits_{\Delta x\to 0}\dfrac{2\cos\left(x+\dfrac{\Delta x}{2}\right)\sin\dfrac{\Delta x}{2}}{\Delta x}=\lim\limits_{\Delta x\to 0}\cos\left(x+\dfrac{\Delta x}{2}\right)=\cos x,$$

即　　　　　　　　　$(\sin x)'=\cos x,\ x\in\mathbf{R}.$

同理可证　　　　　$(\cos x)'=-\sin x,\ x\in\mathbf{R}.$

例 3　　求幂函数 $f(x)=x^{\mu}(x\in D,\ \mu$ 为常数且 $\mu\neq 0$，D 由 μ 确定）的导数.

解　　（1）对于 $\forall x\in D$，且 $x\neq 0$，由

$$f'(x)=\lim\limits_{\Delta x\to 0}\dfrac{f(x+\Delta x)-f(x)}{\Delta x}=\lim\limits_{\Delta x\to 0}\dfrac{(x+\Delta x)^{\mu}-x^{\mu}}{\Delta x}$$

$$=\lim\limits_{\Delta x\to 0}x^{\mu}\dfrac{\left(1+\dfrac{\Delta x}{x}\right)^{\mu}-1}{\Delta x}\quad\left[\text{由}\ (1+u)^{\alpha}-1\sim\alpha u(\alpha\neq 0,u\to 0)\right]$$

$$=\lim\limits_{\Delta x\to 0}x^{\mu}\cdot\dfrac{\mu\cdot\dfrac{\Delta x}{x}}{\Delta x}=\mu x^{\mu-1},\ x\in D\ \text{且}\ x\neq 0.$$

即　　　　　　　　　$(x^{\mu})'=\mu x^{\mu-1}(\mu\in\mathbf{R}).$

（2）若 $0\in D$，必有 $\mu>0$，此时 $f(0)=0$，由于

$$\lim\limits_{x\to 0}\dfrac{f(x)-f(0)}{x}=\lim\limits_{x\to 0}\dfrac{x^{\mu}-0}{x}=\begin{cases}0 & \mu>1,\\ 1 & \mu=1,\\ \infty & 0<\mu<1,\end{cases}$$

所以，当 $\mu\geq 1$ 时，$f(x)=x^{\mu}$ 在点 $x=0$ 处可导，且

$$f'(0)=\begin{cases}0 & \mu>1,\\ 1 & \mu=1.\end{cases}$$

仍然适合公式 $(x^\mu)' = \mu x^{\mu-1}$；当 $0 < \mu < 1$ 时，$f(x) = x^\mu$ 在点 $x = 0$ 处不可导.

特别地，$(x^n)' = nx^{n-1}$，$n \in \mathbf{Z}_+$，$x \in \mathbf{R}$.

例 4　　求指数函数 $f(x) = a^x (a > 0,\ a \neq 1,\ x \in \mathbf{R})$ 的导数.

解　$f'(x) = \lim\limits_{\Delta x \to 0} \dfrac{f(x + \Delta x) - f(x)}{\Delta x} = \lim\limits_{\Delta x \to 0} \dfrac{a^{x+\Delta x} - a^x}{\Delta x} = \lim\limits_{\Delta x \to 0} \dfrac{a^x(a^{\Delta x} - 1)}{\Delta x}$

$$= a^x \lim\limits_{\Delta x \to 0} \dfrac{\mathrm{e}^{\Delta x \cdot \ln a} - 1}{\Delta x} = a^x \lim\limits_{\Delta x \to 0} \dfrac{\Delta x \cdot \ln a}{\Delta x} = a^x \ln a,$$

即
$$(a^x)' = a^x \ln a,\quad x \in \mathbf{R}.$$

特别地，$(\mathrm{e}^x)' = \mathrm{e}^x$，$x \in \mathbf{R}$.

例 5　　求对数函数 $f(x) = \log_a x (a > 0,\ a \neq 1,\ x > 0)$ 的导数.

解　$f'(x) = \lim\limits_{\Delta x \to 0} \dfrac{f(x + \Delta x) - f(x)}{\Delta x} = \lim\limits_{\Delta x \to 0} \dfrac{\log_a(x + \Delta x) - \log_a x}{\Delta x}$

$$= \lim\limits_{\Delta x \to 0} \dfrac{\log_a\left(1 + \dfrac{\Delta x}{x}\right)}{\Delta x} = \lim\limits_{\Delta x \to 0} \dfrac{1}{x} \log_a\left(1 + \dfrac{\Delta x}{x}\right)^{\frac{x}{\Delta x}}$$

$$= \lim\limits_{\Delta x \to 0} \dfrac{1}{x} \log_a \mathrm{e} = \dfrac{1}{x \ln a},$$

即
$$(\log_a x)' = \dfrac{1}{x \ln a}.$$

特别地，$(\ln |x|)' = \dfrac{1}{x}$，$x \neq 0$.

例 6　　设 $f(x) = \begin{cases} \sin x & x < 0, \\ x & x \geq 0, \end{cases}$ 求 $f'(0)$.

解　$\lim\limits_{x \to 0^-} \dfrac{f(x) - f(0)}{x - 0} = \lim\limits_{x \to 0^-} \dfrac{\sin x}{x} = 1,$

$$\lim\limits_{x \to 0^+} \dfrac{f(x) - f(0)}{x - 0} = \lim\limits_{x \to 0^+} \dfrac{x - 0}{x} = 1,$$

由　　　　$f'_+(0) = f'_-(0) = 1,$　　　所以　$f'(0) = 1.$

例 7　　求曲线 $y = x^2$ 在点 $(1,1)$ 处的切线方程与法线方程.

解　由导数的几何意义知，$k_{\text{切}} = y'|_{x=1} = 2x|_{x=1} = 2$，从而

$$k_{\text{法}} = -\dfrac{1}{2}.$$

所求切线方程为　　　　$y - 1 = 2(x - 1),$

即　　　　　　　　　　$2x - y - 1 = 0.$

所求法线方程为　　　　$y - 1 = -\dfrac{1}{2}(x - 1),$

即 $\qquad x+2y-3=0.$

4. 函数的可导性与连续性的关系

初等函数在其定义的区间上都是连续的, 那么函数的连续性与可导性之间有什么联系呢?

定理 2.2　若函数 $y=f(x)$ 在点 x_0 处可导, 则函数 $y=f(x)$ 必在点 x_0 处连续.

证　因为函数 $y=f(x)$ 在点 x_0 处可导, 所以 $\lim\limits_{\Delta x\to 0}\dfrac{\Delta y}{\Delta x}=f'(x_0)$.

$$\frac{\Delta y}{\Delta x}=f'(x_0)+\alpha,\ \text{其中}\ \alpha\to 0\,(\text{当}\ \Delta x\to 0\ \text{时}),$$

$$\Delta y=f'(x_0)\Delta x+\alpha\cdot\Delta x,$$

所以 $\qquad \lim\limits_{\Delta x\to 0}\Delta y=\lim\limits_{\Delta x\to 0}\left[f'(x_0)\Delta x+\alpha\cdot\Delta x\right]=0,$

因此, 函数 $y=f(x)$ 在点 x_0 处连续. 证毕.

注: 定理 2.2 的逆否命题: **不连续一定不可导**; 连续是否可导呢? 如例 8 分析.

例 8　讨论函数 $y=|x|$ 在 $x=0$ 处的连续性和可导性.

解　显然函数 $y=|x|$ 是处处连续的 (见图 2-2), 由于

$$\lim_{\Delta x\to 0^-}\frac{\Delta y}{\Delta x}=\lim_{\Delta x\to 0^-}\frac{-\Delta x}{\Delta x}=-1;$$

$$\lim_{\Delta x\to 0^+}\frac{\Delta y}{\Delta x}=\lim_{\Delta x\to 0^+}\frac{\Delta x}{\Delta x}=1;$$

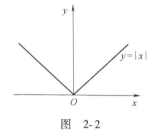

图　2-2

从而说明极限 $\lim\limits_{\Delta x\to 0}\dfrac{\Delta y}{\Delta x}$ 不存在, 可知函数 $y=|x|$ 在 $x=0$ 处不可导.

注: 本例说明了**连续是可导的必要条件, 但不是充分条件**.

2.1.2　函数的求导法则

从前面例题可以发现, 通过导数的定义, 能够推导出几个基本初等函数的求导公式, 但是根据定义进行求导的过程是比较烦琐的, 有的甚至是不可行的 (如反三角函数等). 能否找到求导的一般法则或者常用函数的求导公式, 使求导的运算变得更为简单可行呢? 下面将介绍函数的求导法则, 借助于这些基本初等函数的求导公式与法则, 就能比较方便地求出初等函数的导数.

1. 四则运算求导法则

定理 2.3　设函数 $u=u(x)$, $v=v(x)$ 都在点 x 处可导, 则它们的和、差、积、商 (除分母为零的点外) 也都在点 x 处可导, 且有:

> （1）$[u(x) \pm v(x)]' = u'(x) \pm v'(x)$；
>
> （2）$[u(x) \cdot v(x)]' = u'(x)v(x) + u(x)v'(x)$，特别地，$[Cu(x)]' = Cu'(x)$（$C$ 为常数）；
>
> （3）$\left[\dfrac{u(x)}{v(x)}\right]' = \dfrac{u'(x)v(x) - u(x)v'(x)}{v^2(x)}$（$v(x) \neq 0$）.

证 在此只证除法求导法则（3），而将法则（1）、法则（2）的证明留给读者自证.

令 $f(x) = \dfrac{u(x)}{v(x)}$（$v(x) \neq 0$），则

$$\lim_{h \to 0} \frac{f(x+h) - f(x)}{h}$$

$$= \lim_{h \to 0} \frac{\dfrac{u(x+h)}{v(x+h)} - \dfrac{u(x)}{v(x)}}{h}$$

$$= \lim_{h \to 0} \frac{u(x+h)v(x) - u(x)v(x+h)}{hv(x)v(x+h)}$$

$$= \lim_{h \to 0} \frac{[u(x+h) - u(x)]v(x) - u(x)[v(x+h) - v(x)]}{hv(x)v(x+h)}$$

$$= \lim_{h \to 0} \frac{\dfrac{u(x+h) - u(x)}{h}v(x) - u(x)\dfrac{v(x+h) - v(x)}{h}}{v(x)v(x+h)}$$

$$= \frac{u'(x)v(x) - u(x)v'(x)}{v^2(x)}.$$

故 $\dfrac{u(x)}{v(x)}$（$v(x) \neq 0$）在点 x 处可导，且 $\left[\dfrac{u(x)}{v(x)}\right]' = \dfrac{u'(x)v(x) - u(x)v'(x)}{v^2(x)}$.

积的求导法则可以推广到任意有限个函数之积的情形.

> **推论 1** $(Cf(x))' = Cf'(x)$ （C 为常数）.

> **推论 2** $[u(x)v(x)w(x)]' = u'(x)v(x)w(x) + u(x)v'(x)w(x) + u(x)v(x)w'(x)$.

例 9 求 $y = \tan x$ 的导数.

解 $y' = \left(\dfrac{\sin x}{\cos x}\right)' = \dfrac{\cos x \cos x - \sin x(-\sin x)}{\cos^2 x} = \dfrac{1}{\cos^2 x} = \sec^2 x$.

同理可得

$$(\cot x)' = -\csc^2 x, \quad (\sec x)' = \sec x \tan x, \quad (\csc x)' = -\csc x \cot x.$$

例 10　设 $y = a^x + \cos x + x^2$，求 y'，$y'(0)$.

解　$y' = a^x \ln a - \sin x + 2x$，

$y'(0) = \ln a - \sin 0 + 2 \times 0 = \ln a$.

2. 反函数的求导法则

定理 2.4　若直接函数 $x = f(y)$ 在区间 I_y 内单调、可导且 $f'(y) \neq 0$，则其反函数 $y = \varphi(x)$ 在对应区间 $I_x = \{ x \mid x = f(y), y \in I_y \}$ 内也可导，且

$$\varphi'(x) = \frac{1}{f'(x)} \quad \text{或} \quad \frac{\mathrm{d}y}{\mathrm{d}x} = \frac{1}{\dfrac{\mathrm{d}x}{\mathrm{d}y}}.$$

证　由于直接函数 $x = f(y)$ 在区间 I_y 内单调、可导，其反函数 $y = \varphi(x)$ 在对应区间 I_x 内单调、连续.

当自变量的增量 $\Delta x \neq 0$ 时，可知函数增量 $\Delta y \neq 0$，且当 $\Delta x \to 0$ 时，$\Delta y \to 0$，于是有

$$\lim_{\Delta x \to 0} \frac{\Delta y}{\Delta x} = \lim_{\Delta x \to 0} \frac{1}{\dfrac{\Delta x}{\Delta y}} = \frac{1}{\lim\limits_{\Delta x \to 0} \dfrac{\Delta x}{\Delta y}} = \frac{1}{\lim\limits_{\Delta y \to 0} \dfrac{\Delta x}{\Delta y}} = \frac{1}{\dfrac{\mathrm{d}x}{\mathrm{d}y}}.$$

上式表明，$y = \varphi(x)$ 在点 x 处可导，从而在区间 I_x 内可导，且 $\dfrac{\mathrm{d}y}{\mathrm{d}x} = \dfrac{1}{\dfrac{\mathrm{d}x}{\mathrm{d}y}}$. 证毕.

这就说明：**反函数的导数等于直接函数的导数的倒数.**

例 11　求 $y = \arcsin x$ 的导数.

解　因为 $y = \arcsin x$ 的反函数 $x = \sin y$ 在 $\left(-\dfrac{\pi}{2}, \dfrac{\pi}{2} \right)$ 内单调、可导，且

$$(\sin y)' = \cos y > 0,$$

所以，在区间 $\left(-\dfrac{\pi}{2}, \dfrac{\pi}{2} \right)$ 内有

$$(\arcsin x)' = \frac{1}{(\sin y)'} = \frac{1}{\cos y} = \frac{1}{\sqrt{1 - \sin^2 y}} = \frac{1}{\sqrt{1 - x^2}},$$

即

$$(\arcsin x)' = \frac{1}{\sqrt{1 - x^2}}.$$

同理可得

$$(\arccos x)'=-\frac{1}{\sqrt{1-x^2}},\quad (\arctan x)'=\frac{1}{1+x^2},\quad (\text{arccot}\,x)'=-\frac{1}{1+x^2}.$$

3. 复合函数的求导法则

> **定理 2.5** 若函数 $u=\varphi(x)$ 在点 x 处可导，而函数 $y=f(u)$ 在对应点 $u(u=\varphi(x))$ 处可导，则复合函数 $y=f(\varphi(x))$ 在点 x 处也可导，且
>
> $$\frac{dy}{dx}=\frac{dy}{du}\cdot\frac{du}{dx}$$
>
> 或　　$$[f(\varphi(x))]'=f'(u)\cdot\varphi'(x)=f'(\varphi(x))\cdot\varphi'(x).$$

证 设当自变量 x 的增量为 $\Delta x(\Delta x\neq0)$ 时，相应的中间变量 u 的增量为 Δu，因变量 y 的增量为 Δy. 由于函数 $y=f(u)$ 在点 u 处可导，因此 $\lim\limits_{\Delta u\to0}\dfrac{\Delta y}{\Delta u}=\dfrac{dy}{du}$. 即 $\dfrac{\Delta y}{\Delta u}=\dfrac{dy}{du}+\alpha$，其中 α 是当 $\Delta u\to0$ 时的无穷小.

当 $\Delta u\neq0$ 时，等式两边同时乘以 Δu 得 $\Delta y=\dfrac{dy}{du}\Delta u+\alpha\cdot\Delta u$，等式两边同时除以 Δx 得 $\dfrac{\Delta y}{\Delta x}=\dfrac{dy}{du}\dfrac{\Delta u}{\Delta x}+\alpha\cdot\dfrac{\Delta u}{\Delta x}$. 再对两边取 $\Delta x\to0$ 得

$$\lim_{\Delta x\to0}\frac{\Delta y}{\Delta x}=\frac{dy}{du}\cdot\lim_{\Delta x\to0}\frac{\Delta u}{\Delta x}+\lim_{\Delta x\to0}\alpha\cdot\lim_{\Delta x\to0}\frac{\Delta u}{\Delta x}=\frac{dy}{du}\cdot\frac{du}{dx}.$$

于是，复合函数 $y=f(\varphi(x))$ 在点 x 处也可导，且

$$\frac{dy}{dx}=\frac{dy}{du}\cdot\frac{du}{dx}.$$

当 $\Delta u=0$ 时，以上复合函数求导法则仍然成立，这里证明从略. 证毕.

上式表明：**由两个可导函数复合而成的函数，其导数等于函数对中间变量的导数乘以中间变量对自变量的导数**. 这种复合函数的求导法则也称为**链式法则**.

复合函数的求导法则还可以推广到函数有多个复合层次的情形. 例如，设 $y=f(u)$，$u=\varphi(v)$，$v=\psi(x)$ 都可导，则复合函数 $y=f(\varphi(\psi(x)))$ 的导数为

$$\frac{dy}{dx}=\frac{dy}{du}\cdot\frac{du}{dv}\cdot\frac{dv}{dx}.$$

注：（1）运用复合函数法则求导数，关键是能把复合函数分解成简单函数(即基本初等函数或它们的和、差、积、商)的复合形式，开始时要先设中间变量，明确求导时是哪个函数对哪个变量的导数，一步一步去做.

（2）复合函数求导法，体现了转化思维模式，使复杂问题简单化．例如求 $(ax+b)^3$ 的导数，若展开成多项式求导，过程很烦琐；若用复合法则求导，则可以快速完成求导．

例 12 求 $y=(ax^2+bx+c)^{50}$ 的导数.

解 设 $y=u^{50}$，$u=ax^2+bx+c$，则

$$\frac{\mathrm{d}y}{\mathrm{d}u}=50u^{49},\ \frac{\mathrm{d}u}{\mathrm{d}x}=2ax+b,$$

故　　　$y'=\dfrac{\mathrm{d}y}{\mathrm{d}u}\dfrac{\mathrm{d}u}{\mathrm{d}x}=50u^{49}(2ax+b)=50(ax^2+bx+c)^{49}(2ax+b).$

例 13 设 $y=\mathrm{lncos}\sqrt{x}$，求 $\dfrac{\mathrm{d}y}{\mathrm{d}x}$.

解 $y=\mathrm{lncos}\sqrt{x}$ 可看作由 $y=\mathrm{ln}u$，$u=\mathrm{cos}v$，$v=\sqrt{x}$ 复合而成，故

$$\frac{\mathrm{d}y}{\mathrm{d}x}=\frac{\mathrm{d}y}{\mathrm{d}u}\cdot\frac{\mathrm{d}u}{\mathrm{d}v}\cdot\frac{\mathrm{d}v}{\mathrm{d}x}=\frac{1}{u}\cdot(-\mathrm{sin}v)\cdot\frac{1}{2\sqrt{x}}=-\frac{1}{2\sqrt{x}}\mathrm{tan}\sqrt{x}.$$

4. 基本导数公式

通过导数定义、反函数求导法则以及复合函数求导法则，推导完成了常值函数和基本初等函数的导数公式，这些公式统称为**基本导数公式**，现归纳如下：

（1）$(C)'=0.$

（2）$(x^{\mu})'=\mu x^{\mu-1}.$

（3）$(a^x)'=a^x\mathrm{ln}a(a>0,$ 且 $a\neq1)$，特别地，$(\mathrm{e}^x)'=\mathrm{e}^x$；

（4）$(\mathrm{log}_a x)'=\dfrac{1}{x\mathrm{ln}a}(a>0,$ 且 $a\neq1)$，特别地，$(\mathrm{ln}|x|)'=\dfrac{1}{x}$；

（5）$(\mathrm{sin}x)'=\mathrm{cos}x,$　　　　　$(\mathrm{cos}x)'=-\mathrm{sin}x,$

　　$(\mathrm{tan}x)'=\mathrm{sec}^2x,$　　　　　$(\mathrm{cot}x)'=-\mathrm{csc}^2x,$

　　$(\mathrm{sec}x)'=\mathrm{sec}x\mathrm{tan}x,$　　　　$(\mathrm{csc}x)'=-\mathrm{csc}x\mathrm{cot}x$；

（6）$(\mathrm{arcsin}x)'=\dfrac{1}{\sqrt{1-x^2}},$　　　$(\mathrm{arccos}x)'=-\dfrac{1}{\sqrt{1-x^2}},$

　　$(\mathrm{arctan}x)'=\dfrac{1}{1+x^2},$　　　　$(\mathrm{arccot}x)'=-\dfrac{1}{1+x^2}$；

（7）$(f(x)\pm g(x))'=f'(x)\pm g'(x),$

　　$(f(x)g(x))'=f'(x)g(x)+f(x)g'(x),$

　　$\left(\dfrac{f(x)}{g(x)}\right)'=\dfrac{f'(x)g(x)-f(x)g'(x)}{g^2(x)}$；

（8）如果 $u=g(x)$ 在 x 处可导，$y=f(u)$ 在对应的 $u=g(x)$ 处可导，则复合函数 $y=f(g(x))$ 在 x 处可导且其导数为

$$(f(g(x)))'=f'(u)g'(x)=f'(g(x))g'(x).$$

有了上述导数公式及运算法则，对于一般性的函数，都可以完成初等函数的导数. 但是，还有分段函数，分段函数一般不是初等函数，但在每个分段区间内函数的解析式通常是初等函数的形式. 其求导方法：在分段点求导时，利用导数的定义来求；对于非分段点，可直接求导即可.

例 14　求 $f(x)=\begin{cases} x^2\sin\dfrac{1}{x} & x\neq 0,\\[2mm] 0 & x=0 \end{cases}$ 的导数.

解　在 $x=0$ 处，利用导数定义求得

$$\lim_{x\to 0}\frac{f(x)-f(0)}{x-0}=\lim_{x\to 0}\frac{x^2\sin\dfrac{1}{x}-0}{x-0}=\lim_{x\to 0}x\sin\frac{1}{x}=0;$$

在 $x\neq 0$ 处，$f'(x)=2x\sin\dfrac{1}{x}-\cos\dfrac{1}{x}$，

综上　　$f'(x)=\begin{cases} 2x\sin\dfrac{1}{x}-\cos\dfrac{1}{x} & x\neq 0,\\[2mm] 0 & x=0. \end{cases}$

2.1.3　隐函数求导法则

微课视频 2.2
隐函数的导数

若实际问题中所建立的目标函数是由方程 $F(x,y)=0$ 所确定的，即当 x 在区间 I 内任取一值时，y 总有唯一的值满足该方程，则方程 $F(x,y)=0$ 在区间 I 内确定了 y 是 x 的函数，这样的函数不是以 x 的显式表示，称为**隐函数**，如 $e^x-e^y-xy=0$，$y^2-\sin xy=x$ 等. 将隐函数化为显函数，称为**隐函数的显化**. 隐函数的显化有时是困难的，甚至是不可能的. 因此，希望找一种方法，无论隐函数能否显化，都能直接由方程算出所确定的隐函数导数来.

假设由方程 $F(x,y)=0$ 所确定的函数为 $y=y(x)$，则把它代回方程 $F(x,y)=0$ 中便得恒等式 $F(x,y(x))\equiv 0$. 利用复合函数求导法则，恒等式两边对 x 求导就得到关于 $\dfrac{dy}{dx}$ 的等式，从中解出 $\dfrac{dy}{dx}$，这就是**隐函数求导的推导法**（公式法将在多元函数隐函数存在定理中给出）. 下面通过具体例子来说明这种方法.

例 15　设函数 $y=y(x)$ 由方程 $e^y+xy^2-e^2=0$ 确定，求 $\dfrac{dy}{dx}\Big|_{x=0}$.

解　求导的方法是方程两端同时对 x 求导，而方程中出现的 y 是 x 的函数，所以 y^2 是 x 的复合函数，因此可得

$$e^y\frac{dy}{dx}+y^2+x\cdot 2y\frac{dy}{dx}=0,$$

从而 $$\frac{\mathrm{d}y}{\mathrm{d}x}=-\frac{y^2}{2xy+\mathrm{e}^y}.$$

当 $x=0$ 时 $y=2$，故

$$\left.\frac{\mathrm{d}y}{\mathrm{d}x}\right|_{x=0}=-\left.\frac{y^2}{2xy+\mathrm{e}^y}\right|_{\substack{x=0\\y=2}}=-\frac{4}{\mathrm{e}^2}.$$

例 16　设 $y=x^{\sin x}(x>0)$，求 y'.

解　函数 $y=x^{\sin x}$ 既不是幂函数，也不是指数函数，通常简称为**幂指函数**，不可直接利用幂函数或指数函数求导公式来完成求导. 因此需要对该类函数进行适当变形，先对等式两端取对数，再利用隐函数求导法解出 y'. 此法又被称为**对数求导法**.

两端取对数得 $\qquad \ln y=\sin x\ln x,$

对方程两边 x 求导得 $\quad \dfrac{1}{y}y'=\cos x\ln x+\dfrac{\sin x}{x},$

$$y'=y\left(\cos x\ln x+\frac{\sin x}{x}\right)=x^{\sin x}\left(\cos x\ln x+\frac{\sin x}{x}\right).$$

微课视频 2.3
对数求导法

例 17　设 $y=\sqrt{\dfrac{(x-1)(x-2)}{(x-3)(x-4)}}$，求 y'.

解　两边取对数，得

$$\ln y=\frac{1}{2}\left[\ln|x-1|+\ln|x-2|-\ln|x-3|-\ln|x-4|\right],$$

上式两边对 x 求导，得

$$\frac{1}{y}y'=\frac{1}{2}\left(\frac{1}{x-1}+\frac{1}{x-2}-\frac{1}{x-3}-\frac{1}{x-4}\right),$$

于是 $\quad y'=\dfrac{1}{2}\sqrt{\dfrac{(x-1)(x-2)}{(x-3)(x-4)}}\left(\dfrac{1}{x-1}+\dfrac{1}{x-2}-\dfrac{1}{x-3}-\dfrac{1}{x-4}\right).$

注：通过例 17，对于连乘、连除等函数的求导计算，如果利用对数求导法，能够实现复杂问题简单化目标.

2.1.4　参数方程求导法则及应用

1. 参数方程求导

如果实际问题中所建立的目标函数是用

$$\begin{cases}x=\varphi(t),\\y=\psi(t)\end{cases}\tag{4}$$

所表示的参数方程，则称此函数关系所表达的函数为**由参数方程所确定的函数**. 方程中，消去参数 t 变成显函数或隐函数有时是困难的，甚至是不可能的. 因此，希望找一种方法，无论参数方程能否消去参数 t，都能直接求出它所确定的函数的导数来.

微课视频 2.4
参数方程求导法

设 $x=\varphi(t)$ 具有反函数 $t=\overline{\varphi}(x)$，则由参数方程(4)所确定的函数可看作由函数 $y=\psi(x)$ 与 $t=\overline{\varphi}(x)$ 复合而成的复合函数 $y=\psi(\overline{\varphi}(x))$。再设函数 $x=\varphi(t)$ 与 $y=\psi(x)$ 都可导，且 $\varphi'(t)\neq0$，则由复合函数的求导法则与反函数的求导法则得

$$\frac{dy}{dx}=\frac{dy}{dt}\cdot\frac{dt}{dx}=\frac{dy}{dt}\cdot\frac{1}{\dfrac{dx}{dt}}=\frac{\dfrac{dy}{dt}}{\dfrac{dx}{dt}}=\frac{\psi'(t)}{\varphi'(t)}. \tag{5}$$

式(5)就是由参数方程(4)所确定的函数的导数公式.

例 18 求由参数方程 $\begin{cases}x=\ln(1+t^2),\\ y=t-\arctan t\end{cases}$ 所确定的函数的导数.

解 $\dfrac{dy}{dx}=\dfrac{\dfrac{dy}{dt}}{\dfrac{dx}{dt}}=\dfrac{1-\dfrac{1}{1+t^2}}{\dfrac{2t}{1+t^2}}=\dfrac{t}{2}.$

2. 相关变化率

设 $x=x(t)$、$y=y(t)$ 都是时间 t 的可导函数，如果变量 $x(t)$，$y(t)$ 之间存在某种关系，那么它们的变化率 $\dfrac{dx}{dt}$ 与 $\dfrac{dy}{dt}$ 之间也存在一定关系. 这种相互依赖的变化率称为**相关变化率**. 相关变化率问题就是研究这两个变化率之间的关系，以便由其中一个变化率求出另一个变化率.

求解这类问题，所用的方法与解题步骤是：①利用几何或者物理等方面条件建立两个变量之间的函数关系；②等式的两边对时间 t 求导；③将已知的指定时刻 t 的相关值代入等式；④由给定的条件求出相关变化率. 下面举例说明.

例 19 一正圆锥体的底部半径以 5cm/s 的速率增加，而它的高以 24cm/s 的速率减小，求该圆锥在半径为 30cm，高为 70cm 时的体积变化率？

解 底部半径 $r=r(t)$，高 $h=h(t)$，由题意知 $r'(t)=5$，$h'(t)=-24$（单位：cm/s），圆锥体体积为 $V=\dfrac{\pi}{3}r^2(t)h(t)$，对上式两边时间 t 求导得

$$\frac{dV}{dt}=\left(\frac{\pi}{3}r^2h\right)'_t=\frac{\pi}{3}(2rr'h+r^2h'),$$

将 $r=30$，$h=70$ 代入得

$$\frac{dV}{dt}=\frac{\pi}{3}[2\times30\times5\times70+30^2\times(-24)]=-200\pi(cm^3/s),$$

故体积变化率为 $-200\pi\text{cm}^3/\text{s}$.

高阶导数

由 2.1.1 小节中的物理学上的变速直线运动的瞬时速度知，速度函数 $v(t)$ 为位移函数 $s(t)$ 的导数，即 $v(t)=s'(t)$，而速度函数 $v(t)$ 对于时间 t 的变化率就是加速度 $a(t)$，即 $a(t)=v'(t)=(s'(t))'$. 于是，变速直线运动的加速度就是位移函数 $s(t)$ 对 t 的**二阶导数**，即 $a(t)=s''(t)$.

1. 高阶导数的概念

若函数 $y=f(x)$ 在区间 I 上可导，则导函数 $y'=f'(x)$ 是区间 I 上的函数. 如果 $y'=f'(x)$ 在区间 I 上每一点都可导，即任给 $x\in I$，极限 $\lim\limits_{\Delta x\to 0}\dfrac{f'(x+\Delta x)-f'(x)}{\Delta x}$ 存在，则称此极限为 $y=f(x)$ 在区间 I 上的**二阶导数**，记为

$$y'',f''(x),\quad \frac{\mathrm{d}^2y}{\mathrm{d}x^2}\text{或}\frac{\mathrm{d}^2f(x)}{\mathrm{d}x^2}.$$

一般地，$y=f(x)$ 的 $n-1$ 阶导数的导数称为 $f(x)$ 的 n **阶导数**，记为 $y^{(n)},f^{(n)}(x),\dfrac{\mathrm{d}^ny}{\mathrm{d}x^n}$ 或 $\dfrac{\mathrm{d}^nf(x)}{\mathrm{d}x^n}(n>1)$. 通常，习惯上把二阶及以上的导数称为**高阶导数**.

2. 高阶导数的运算法则

定理 2.6 设函数 $u=u(x)$ 与 $v=v(x)$ 都在点 x 处具有 n 阶导数，C 为常数，则 $u(x)\pm v(x)$、$Cu(x)$、$u(x)v(x)$ 也都在点 x 处具有 n 阶导数，且有

(1) $\left[u(x)\pm v(x)\right]^{(n)}=u^{(n)}(x)\pm v^{(n)}(x)$；

(2) $\left[Cu(x)\right]^{(n)}=Cu^{(n)}(x)$；

(3) $\left[u(x)v(x)\right]^{(n)}=u^{(n)}(x)v(x)+\mathrm{C}_n^1u^{(n-1)}(x)v'(x)+\mathrm{C}_n^2u^{(n-2)}(x)v''(x)+\cdots+\mathrm{C}_n^nu(x)v^{(n)}(x)$

$\qquad\qquad\qquad\qquad =\sum\limits_{k=0}^{n}\mathrm{C}_n^ku^{(n-k)}(x)v^{(k)}(x).$

法则（3）称为**莱布尼茨**（Leibniz）**公式**.

3. 高阶导数的计算

求函数的高阶导数时，除了根据高阶导数的定义逐阶求指定的导数外，还可以运用常用的高阶导数公式计算，通过导数的四则运算、变量代换等方法，求出高阶导数. 下面举例讨论怎样求高阶导数.

例 20 求指数函数 $y = e^x$ 的 n 阶导数.

解 $y' = e^x$，$y'' = e^x$，$y''' = e^x$，$y^{(4)} = e^x$.

一般地，可得 $y^{(n)} = e^x$.

例 21 设 $y = \sin x$，求 $y^{(n)}$.

解 $y' = \cos x = \sin\left(x + \dfrac{\pi}{2}\right)$，

$$y'' = \left[\sin\left(x + \dfrac{\pi}{2}\right)\right]' = \cos\left(x + \dfrac{\pi}{2}\right) = \sin\left(x + \dfrac{\pi}{2} + \dfrac{\pi}{2}\right) = \sin\left(x + 2\,\dfrac{\pi}{2}\right),$$

一般地，$(\sin x)^{(n)} = \sin\left(x + \dfrac{n\pi}{2}\right)$. （请利用归纳法自证）

同理可证，$(\cos x)^{(n)} = \cos\left(x + \dfrac{n\pi}{2}\right)$.

对于参数方程 $\begin{cases} x = \varphi(t), \\ y = \psi(t), \end{cases}$ 由 2.1.4 小节知一阶导数为 $\dfrac{dy}{dx} = \dfrac{\psi'(t)}{\varphi'(t)}$，如果 y'' 存在，则进一步将 x 与 y' 构成一个新的参数方程，

即 $\begin{cases} x = \varphi(t), \\ y' = \dfrac{\psi'(t)}{\varphi'(t)}, \end{cases}$ 其二阶导数公式为

$$\frac{d^2 y}{dx^2} = \frac{d}{dx}\left(\frac{dy}{dx}\right) = \frac{d}{dt}\left(\frac{\psi'(t)}{\varphi'(t)}\right) \cdot \frac{dt}{dx} = \left[\frac{\psi'(t)}{\varphi'(t)}\right]'_t \bigg/ \varphi'(t),$$

即 $$\frac{d^2 y}{dx^2} = \frac{\varphi'(t)\psi''(t) - \varphi''(t)\psi'(t)}{\varphi'^3(t)}.$$

注：在计算由参数方程所确定的函数的二阶导数时，认清是对 x 的再求导即可.

例 22 设函数 $y = y(x)$ 是由参数方程 $\begin{cases} x = t - \ln(1+t), \\ y = t^3 + t^2 \end{cases}$ 所确定的，求 $\dfrac{d^2 y}{dx^2}$.

解 $\dfrac{dy}{dx} = \dfrac{dy/dt}{dx/dt} = \dfrac{3t^2 + 2t}{1 - \dfrac{1}{1+t}} = (t+1)(3t+2)$，

$$\frac{d^2 y}{dx^2} = \frac{d}{dt}\left(\frac{dy}{dx}\right) \cdot \frac{1}{dx/dt} = \frac{d}{dt}\big[(t+1)(3t+2)\big] \cdot \frac{1}{1 - \dfrac{1}{1+t}}$$

$$= \frac{(t+1)(6t+5)}{t}$$

习题 2-1

1. 讨论下列函数在点 $x=0$ 处的连续性与可导性：

(1) $f(x)=|\sin x|$ ；

(2) $f(x)=\begin{cases} x\sin\dfrac{1}{x} & x\neq 0, \\ 0 & x=0; \end{cases}$

(3) $f(x)=\begin{cases} \dfrac{\ln(1-x)}{x} & x\neq 0, \\ 0 & x=0. \end{cases}$

2. 求下列函数的导数：

(1) $y=x^3\ln x\cos x$ ；　　　(2) $y=2^{x^2}+x^x$ ；

(3) $y=\ln(x+\sqrt{a^2+x^2})$ ；　(4) $y=\dfrac{\tan x}{\arctan x}$ ；

(5) $y=\dfrac{xe^x}{x^2+1}$ ；　　　　(6) $y=\arctan\sqrt{\dfrac{x^2+1}{x^2-1}}$.

3. 设函数 $f(x)$ 在点 x_0 处可导，α 与 β 均为常数，证明：

$$\lim_{h\to 0}\frac{f(x_0+\alpha h)-f(x_0+\beta h)}{h}=(\alpha-\beta)f'(x_0).$$

4. 设 $f(x)=x^2\ln x$ ，求 $f'(e)$.

5. 设 $y=e^{f(x)}f(e^x)$ ，其中 $f(x)$ 为可导函数，求 $\dfrac{dy}{dx}$.

6. 求下列分段函数的导数：

(1) $f(x)=\begin{cases} \dfrac{e^{x^2}-1}{x} & x\neq 0, \\ 0 & x=0; \end{cases}$

(2) $f(x)=\begin{cases} 3x^2 & x\leqslant 1, \\ 2x^3+1 & x>1. \end{cases}$

7. 求由方程 $x^2+y^2=a^2$ 所确定的隐函数的导数 $\dfrac{dy}{dx}$.

8. 求由方程 $x^2+2xy-y^2=0$ 所确定的隐函数 $y=$ $f(x)$ 的导数 $\dfrac{dy}{dx}$.

9. 求下列函数的导数：

(1) $y=\sqrt{\dfrac{x(x^2+1)}{(x^2-1)^3}}$ ；　(2) $y=\dfrac{(x+1)^2\sqrt{3x-2}}{x^3\sqrt{2x+1}}$.

10. 求下列方程所确定的隐函数 $y=y(x)$ 的二阶导数：

(1) $x^2+4y^2=4$ ；　　(2) $y=\tan(x+y)$ ；

(3) $y=\cos(x+y)$ ；　　(4) $xe^y-y+1=0$.

11. 求下列参数方程所确定的函数 $y=y(x)$ 的一阶导数及二阶导数：

(1) $\begin{cases} x=3t^2, \\ y=2t^3; \end{cases}$　　　(2) $\begin{cases} x=e^t\cos t, \\ y=e^t\sin t; \end{cases}$

(3) $\begin{cases} x=f'(t), \\ y=tf'(t)-f(t); \end{cases}$　(4) $\begin{cases} x=\ln(1+t^2), \\ y=\text{arccot}\,t. \end{cases}$

12. 设 $y=x^2\ln x$ ，求 $y''\big|_{x=1}$ 及 $y'''\big|_{x=1}$.

13. 设 $f(x)=\ln(x^2-3x+2)$ ，求 $f^{(n)}(0)$.

14. 设 $y=x^2e^{2x}$ ，求 $y^{(n)}$.

15. 试从 $\dfrac{dx}{dy}=\dfrac{1}{y'}$ 导出：

(1) $\dfrac{d^2x}{dy^2}=-\dfrac{y''}{(y')^3}$ ；　(2) $\dfrac{d^3x}{dy^3}=\dfrac{3(y'')^2-y'y'''}{(y')^5}$.

16. 一长为 5m 的梯子斜靠在墙上. 如果梯子下端以 0.4m/s 的均匀速率滑离墙壁，试求梯子下端离墙 3m 时，梯子上端向下滑落的速率.

17. 溶液自高为 18cm，顶直径为 12cm 的正圆锥形漏斗中漏入一直径为 10cm 的圆柱形容器中. 开始时漏斗中盛满了溶液. 已知当溶液在漏斗中高为 12cm 时，其表面下降的速率为 1cm/min. 问此时圆柱形容器中溶液表面上升的速率为多少？

2.2　微分

2.2.1　微分的概念

1. 微分概念的引入

在解决一些实际问题中，当把问题转化为数学模型时，可表述为：当给自变量一个微小的改变量时，如何计算目标函数相应的改变量．有时函数的表达式比较复杂，求函数改变量的精确值很困难，因此能否较好地求出函数改变量的近似值？微分就是作为函数改变量的近似值而提出来的一个概念．

不妨假设目标函数为 $y = f(x)$，其中 x_0 时为精确值，而在实际测量中所得到的值为 $x_1 = x_0 + \Delta x$，与 x_0 的误差为 Δx，相应的函数值的误差 $\Delta y = f(x_0 + \Delta x) - f(x_0)$，当函数表达式比较复杂时，计算 Δy 也就非常麻烦，同时精确值 $x = x_0$ 在实际中又往往不知道，怎样衡量函数值的误差呢？

例如，一块正方形金属薄片受温度变化的影响，如图 2-3 所示的边长由 x_0 变到 $x_0 + \Delta x$，问此薄片的面积改变了多少？

显然，面积的改变量为

$$\Delta S = S(x_0 + \Delta x) - S(x_0) = (x_0 + \Delta x)^2 - x_0^2 = 2x_0 \Delta x + (\Delta x)^2.$$

上式中，$(\Delta x)^2$ 为高阶无穷小量，$2x_0 \Delta x$ 为线性的主要部分，故可取 $\Delta S \approx 2x_0 \Delta x$，采用这种近似替代可使函数增量的计算简化，同时又能满足实际中的精确度要求．微分的概念就源于这种思想．

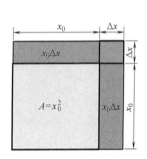

图 2-3

2. 微分的定义

> **定义 2.2** 设函数 $y = f(x)$ 在任一点 x 的某一邻域 $U(x)$ 内有定义，$x + \Delta x \in U(x)$，如果函数 $y = f(x)$ 在点 x 处的增量：$\Delta y = f(x + \Delta x) - f(x)$，可表示为 $\Delta y = A\Delta x + o(\Delta x)$，其中 A 与 Δx 独立，则称函数 $y = f(x)$ **在点 x 处可微**，而 $A\Delta x$ 称为函数 $y = f(x)$ **在点 x 处相应于自变量增量 Δx 的微分**，记为 $\mathrm{d}y$，即 $\mathrm{d}y = A\Delta x$.

特殊地，如果函数 $y = f(x)$ 在点 x_0 处相应于自变量增量 Δx 的微分，简称为**函数在点 x_0 处的微分**，记为 $\mathrm{d}y \big|_{x=x_0}$ 或 $\mathrm{d}f(x) \big|_{x=x_0}$.

注：（1）当 $|\Delta x|$ 很小时，有近似式 $\Delta y \approx \mathrm{d}y$；

（2）$\mathrm{d}y$ 有两个特点：首先 $\mathrm{d}y = A\Delta x$ 是 Δx 的线性函数；另外可以证明，当 $\Delta x \to 0$ 时，$\mathrm{d}y$ 与 Δy 之差是 Δx 的高阶无穷小，即有 $\Delta y = \mathrm{d}y + o(\Delta x)$（证明略）．因此 $\mathrm{d}y$ 是 Δy 的主要部分．

3. 可导与可微的关系

> **定理 2.7** 函数 $y = f(x)$ 在任一点 x 处可微的充分必要条件是函数 $y = f(x)$ 在 x 处可导，且当 $f(x)$ 在 x 处可微时，$\mathrm{d}y = f'(x)\Delta x$，即 $A = f'(x)$.

证 充分性 若 $y = f(x)$ 在 x 处可导，则 $\lim\limits_{\Delta x \to 0} \dfrac{\Delta y}{\Delta x} = f'(x)$，由函

数极限与无穷小的关系得 $\dfrac{\Delta y}{\Delta x}=f'(x)+\alpha$，其中 $\lim\limits_{\Delta x\to 0}\alpha=0$. 于是，

$$\Delta y=f'(x)\Delta x+\alpha\cdot\Delta x.$$

因为 $\alpha\cdot\Delta x=o(\Delta x)$，且 $f'(x_0)$ 与 Δx 无关，故由微分的定义得：$y=f(x)$ 在 x 处可微，且 $\mathrm{d}y=f'(x)\Delta x$.

必要性 若 $y=f(x)$ 在 x 处可微，则由微分的定义得 $\Delta y=A\Delta x+o(\Delta x)$，其中 A 与 Δx 独立. 于是，

$$\frac{\Delta y}{\Delta x}=A+\frac{o(\Delta x)}{\Delta x},$$

两边取 $\Delta x\to 0$ 得 $\lim\limits_{\Delta x\to 0}\dfrac{\Delta y}{\Delta x}=A+\lim\limits_{\Delta x\to 0}\dfrac{o(\Delta x)}{\Delta x}=A$. 即 $f'(x)=A$.

说明，函数 $y=f(x)$ 在点 x 处可导，从而 $\mathrm{d}y=A\Delta x=f'(x)\Delta x$. 证毕.

注：（1）若函数 $y=f(x)$ 在点 x 处可微，则 $\mathrm{d}y=f'(x)\Delta x$，而函数 $y=x$ 在点 x 处可微，即 $\mathrm{d}x=x'\Delta x=\Delta x$，因此 $\mathrm{d}y=f'(x)\mathrm{d}x$.

（2）由 $\mathrm{d}y=f'(x)\mathrm{d}x\Rightarrow\dfrac{\mathrm{d}y}{\mathrm{d}x}=f'(x)$，我们可以把符号 $\dfrac{\mathrm{d}y}{\mathrm{d}x}$ 理解为一阶导数的整体记号，又可以理解为微分 $\mathrm{d}y$ 与微分 $\mathrm{d}x$ 的商，因此**把导数又称为微商**.

例 1 设 $y=x^4$，计算在 $x=3$ 处当 Δx 分别等于 0.1 和 0.01 时的 $\mathrm{d}y$ 与 Δy.

解 先求函数在任意点 x 处的微分

$$\mathrm{d}y=(x^4)'\mathrm{d}x=4x^3\mathrm{d}x,$$

故当 $x=3$，$\Delta x=0.1$ 时，有

$$\mathrm{d}y=4\times 3^3\times 0.1=10.8,$$

此时 $\Delta y=(3+0.1)^4-3^4=11.3521,$

当 $x=3$，$\Delta x=0.01$ 时，有

$$\mathrm{d}y=4\times 3^3\times 0.01=1.08,$$

此时 $\Delta y=(3+0.01)^4-3^4=1.085412.$

注：通过例 1，可以体会到，$|\Delta x|$ 越小用 $\mathrm{d}y$ 近似 Δy 的值越好.

4. 微分的几何意义

设函数 $y=f(x)$ 的图形是一条曲线（见图 2-4），对于固定的 x_0，$M(x_0,y_0)$ 是曲线上一定点. 当自变量 x 有微小增量 Δx 时，得到曲线上另一点 $N(x_0+\Delta x,y_0+\Delta y)$. MT 是曲线在点 M 处的切线，它的倾角为 α.

由图可知 $MQ=\Delta x$，$QN=\Delta y$，

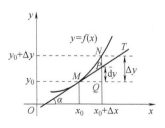

图 2-4

而 $\qquad QP = MQ\tan\alpha = \Delta x f'(x_0) = \mathrm{d}y.$

由此可知，当 Δy 是曲线 $y = f(x)$ 上点的纵坐标的增量时，$\mathrm{d}y$ 就是曲线的切线上点的纵坐标的增量. 由于当 $|\Delta x|$ 很小时，$PN = |\Delta y - \mathrm{d}y|$ 很小，因此，在点 M 附近的局部范围内，数量近似 $\mathrm{d}y \approx \Delta y$ 的几何直观就是：用切线段 MP 近似代替曲线段 MN. 这就是常用的"以直代曲"的数学描述.

2.2.2 微分的性质及应用

1. 微分基本公式

由前述分析，$\dfrac{\mathrm{d}y}{\mathrm{d}x} = f'(x)$ 是微商，可以转换为 $\mathrm{d}y = f'(x)\mathrm{d}x$，所以可以将 2.1 节中的基本导数公式中的每个导数乘以自变量的微分 $\mathrm{d}x$，即可写出基本初等函数的微分.

例如：$\mathrm{d}C = 0$，$\mathrm{d}x^{\mu} = \mu x^{\mu-1}\mathrm{d}x$，其他不再一一列出.

同样，对于四则运算求导法则，也可以写出类似的微分的四则运算公式，具体如下：

设 $u = u(x)$ 与 $v = v(x)$ 均在点 x 处可微，则它们的和、差、积、商在点 x 处均可微，即

（1）$\mathrm{d}(u \pm v) = \mathrm{d}u \pm \mathrm{d}v$；

（2）$\mathrm{d}(uv) = v\mathrm{d}u + u\mathrm{d}v$；

（3）$\mathrm{d}\left(\dfrac{u}{v}\right) = \dfrac{v\mathrm{d}u - u\mathrm{d}v}{v^2}(v \neq 0)$.

2. 微分在近似计算中的应用

（1）函数值与函数增量的近似计算

由前面的讨论知道，如果函数 $y = f(x)$ 在点 x_0 处的导数 $f'(x_0) \neq 0$，则当 $|\Delta x|$ 很小时，就有

$$\Delta y = f(x_0 + \Delta x) - f(x_0) \approx \mathrm{d}y\big|_{x=x_0} = f'(x_0)\Delta x.$$

微课视频 2.5
微分形式的不变性的应用

对上式移项得到 $\quad f(x_0 + \Delta x) \approx f(x_0) + f'(x_0)\Delta x.$ $\qquad$ （1）

令 $x = x_0 + \Delta x$，即 $\Delta x = x - x_0$，则式（1）可改写为

$$f(x) \approx f(x_0) + f'(x_0)(x - x_0). \qquad (2)$$

若记式（2）右端的线性函数为

$$L(x) = f(x_0) + f'(x_0)(x - x_0).$$

即 $\qquad\qquad\qquad f(x) \approx L(x).$

这表明：当 $|\Delta x|$ 很小时，线性函数 $L(x)$ 可以很好地近似函数 $f(x)$. 因此一般常称 $L(x)$ 为 $f(x)$ 在 x_0 处的局部线性化或称 $L(x)$ 为 $f(x)$ 在 x_0 处的线性近似. 其几何意义是在点 $(x_0, f(x_0))$ 邻近用曲线 $y = f(x)$ 在该点处的切线段近似代替曲线段，简称以"直"代"曲".

下面给出一些常用函数在 $x=0$ 处当 $|\Delta x|$ 较小时的线性近似公式.

（1）$\sqrt[n]{1+x} \approx 1+\dfrac{1}{n}x$；　　　　（2）$\ln(1+x) \approx x$；

（3）$e^x \approx 1+x$；　　　　　　　（4）$\sin x \approx x$（x 以 rad 计）；

（5）$\tan x \approx x$（x 以 rad 计）.

例 2　利用微分计算 $\sqrt[3]{997}$ 的近似值.

解　利用 $\sqrt[n]{1+x} \approx 1+\dfrac{1}{n}x$ 公式，得

$$\sqrt[3]{997} = \sqrt[3]{1000-3} = 10 \times \sqrt[3]{1-\dfrac{3}{1000}}$$

$$\approx 10 \times \left(1 - \dfrac{1}{3} \cdot \dfrac{3}{1000}\right) = 9.99.$$

习题 2-2

1. 求下列函数的微分：

（1）$y = e^{\sin x^2}$；　　　　（2）$y = e^{2x}\cos 3x$；

（3）$y = \ln(1+e^x)$；　　　（4）$y = \arcsin\sqrt{1-x}$；

（5）$y = x^x$（$x>0$）；　　　（6）$x^2 + 2xy - y^2 = a^2$.

2. 求由方程 $y^2 + \ln y = x^4$ 所确定的隐函数 $y = y(x)$ 的微分.

3. 半径为 20cm 的金属圆柱加热膨胀后，半径增加了 0.05cm，问体积增大了多少？

4. 设测量出球的直径 $D_0 = 10$cm，其绝对误差（限）$\delta_D = 0.02$cm，试求出球体积 V_0 的绝对误差 δ_V 和相对误差 δ_V^*.

5. 计算 $\sqrt[100]{1.02}$ 的近似值.

6. 求 $f(x) = \ln(1+x) + \dfrac{2}{1-x}$ 在 $x=0$ 处的线性近似.

7. 扩音器插头为圆柱形，截面半径为 $r = 0.15$cm，长度 $l = 4$cm，为了提高它的导电性能，要在这圆柱的侧面镀一层厚度为 0.001cm 的纯铜，问每个插头约多少克纯铜（铜的密度是 8.9g/cm³）？

8. 设甲船以 6km/h 的速率向东行驶，乙船以 8km/h 的速率向南行驶. 在中午十二点整，乙船位于甲船之北 16km 处. 问下午一点整两船相离的速率为多少？

2.3 微分中值定理

前面从分析变化率出发，引入了导数的概念，并给出了各种形式表达的函数的导数求法. 下面要研究导数值与函数值之间的联系，而反映这些联系的纽带就是微分中值定理，中值定理既是用微分学知识解决应用问题的理论基础，又是解决微分学自身发展的一种理论性模型. 因此本节从费马引理、最值问题入手，引出罗尔定理、拉格朗日中值定理和柯西中值定理. 中值定理是由函数的局部性质推断函数整体性质的有力工具.

微课视频 2.6
微分中值定理

2.3.1 费马（Fermat）引理

> **费马引理** 设函数 $f(x)$ 在点 x_0 的某一邻域 $U(x_0)$ 内有定义，且在 x_0 处可导，如果对任意的 $x \in U(x_0)$，有 $f(x) \geqslant f(x_0)$.（或 $f(x) \leqslant f(x_0)$），那么 $f'(x_0) = 0$.

证 不妨假设对任意的 $x \in U(x_0)$，有 $f(x) \geqslant f(x_0)$，则对于 $x_0 + \Delta x \in U(x_0)$，有

$$f(x_0 + \Delta x) \geqslant f(x_0)，\quad 即 f(x_0 + \Delta x) - f(x_0) \geqslant 0.$$

由于假设 $f'(x_0)$ 存在，由极限的保号性得

$$\left.\begin{array}{l} f'(x_0) = \lim_{\Delta x \to 0^+} \dfrac{f(x_0 + \Delta x) - f(x_0)}{\Delta x} \geqslant 0 \\[2mm] f'(x_0) = \lim_{\Delta x \to 0^-} \dfrac{f(x_0 + \Delta x) - f(x_0)}{\Delta x} \leqslant 0 \end{array}\right\} \Rightarrow f'(x_0) = 0,$$

同理，如果 $f(x) \leqslant f(x_0)$，可类似地证明 $f'(x_0) = 0$ 成立.
证毕.

2.3.2 罗尔（Rolle）定理

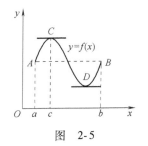

图 2-5

首先观察一个几何现象，如图 2-5 所示，连续曲线弧 $\overset{\frown}{AB}$ 是函数 $y = f(x)$（$x \in [a, b]$）的图形. 可以观察到在曲线弧的最高点 C 或最低点 D 处，曲线恰有水平的切线. 如果记点 C 的坐标为 c，于是就有 $f'(c) = 0$.

把以上这个现象用数学的语言描述出来即为罗尔定理.

> **定理 2.8**（罗尔定理） 如果函数 $f(x)$ 满足条件：
> （1）在闭区间 $[a, b]$ 上连续；
> （2）在开区间 (a, b) 内可导；
> （3）在区间端点的函数值相等，即 $f(a) = f(b)$，
> 那么在 (a, b) 内至少存在一点 ξ，使得 $f'(\xi) = 0$.

证 因为函数 $y = f(x)$ 在 $[a, b]$ 上连续，由闭区间上连续函数的性质可得 $y = f(x)$ 在 $[a, b]$ 上必能取得最大值 M 和最小值 m.

下面分两种情况证明：

（1）若 $M = m$，则 $f(x)$ 在 $[a, b]$ 上恒为常数，即 $f(x) = M$. 此时在整个区间 (a, b) 内，都有 $f'(x) = 0$，因此，在区间 (a, b) 内任取一点 ξ，均有 $f'(\xi) = 0$.

（2）若 $M > m$，则有 $f(a) = f(b) < M$ 或 $f(a) = f(b) > m$，不妨设

$f(a)=f(b)<M$，于是在 (a,b) 内必存在一点 ξ，使 $f(\xi)=M$，由费马引理，显然 $f'(\xi)=0$.

注：罗尔定理的三个条件，如果缺少一个，结论不一定成立.

例如：

(1) $f(x)=\begin{cases} x & 0\leqslant x<1 \\ 0 & x=1 \end{cases}$，不满足第一条；

(2) $f(x)=|x|\,(-1\leqslant x\leqslant 1)$，不满足第二条；

(3) $f(x)=x\,(0\leqslant x\leqslant 1)$，不满足第三条.

例 1　不求出函数 $f(x)=(x-1)(x-2)(x-3)(x-4)$ 的导数，判断方程 $f'(x)=0$ 有几个实根.

解　因为 $f(1)=f(2)=f(3)=f(4)=0$，可知 $f(x)$ 在 $[1,2]$、$[2,3]$、$[3,4]$ 上满足罗尔定理，即在区间 $(1,2)$ 内存在点 ξ_1，在 $(2,3)$ 内存在点 ξ_2，在 $(3,4)$ 内存在点 ξ_3，使得

$$f'(\xi_1)=0, f'(\xi_2)=0, f'(\xi_3)=0.$$

所以 $f'(x)=0$ 至少有三个实根.

又 $f'(x)$ 为三次多项式，至多只有三个实根. 从而 $f'(x)=0$ 有且仅有三个实根.

例 2　设 $f(x)$ 在 $[0,1]$ 上连续，在 $(0,1)$ 内可导，且 $f(1)=0$. 证明在 $(0,1)$ 内至少存在一点 ξ，使得 $f(\xi)=-\xi f'(\xi)$.

证　设 $g(x)=xf(x)$，则 $g(x)=xf(x)$ 在 $[0,1]$ 上连续，在 $(0,1)$ 内可导，且

$$g(1)=1\cdot f(1)=0,\ g(0)=0,\ 即\ g(0)=g(1).$$

满足了罗尔定理. 由此得 $\exists\xi\in(0,1)$，使得 $g'(\xi)=0$. 即 $f(\xi)=-\xi f'(\xi)$ 成立.

注：例 2 中的逆向证明分析思维，是证明中值问题的常用方法.

2.3.3　拉格朗日(Lagrange)中值定理

如果把罗尔定理的条件 $f(a)=f(b)$ 去掉，那么会有什么结论呢？显然罗尔定理的结论也就不一定成立. 这就是微分学中具有重要地位的中值定理——拉格朗日中值定理.

> **定理 2.9**(拉格朗日中值定理)　如果函数 $f(x)$ 满足：
>
> (1) 在闭区间 $[a,b]$ 上连续；
>
> (2) 在开区间 (a,b) 内可导，
>
> 那么在 (a,b) 内至少存在一点 ξ，使得 $f'(\xi)=\dfrac{f(b)-f(a)}{b-a}$.

　　分析　不妨作 $y=f(x)$ 在区间 $[a,b]$ 上的图形如图 2-6 所示，端点 A 的坐标 $(a,f(a))$，B 的坐标 $(b,f(b))$，连接端点 A、B，则弦 AB 的斜率是 $\dfrac{f(b)-f(a)}{b-a}$，即讨论在曲线弧 $\overset{\frown}{AB}$ 上至少有一点 C，在点 C 处曲线的切线 CT 与弦 AB 平行.

　　利用点斜式写出过两点 A、B 的方程为

$$y-f(a)=\frac{f(b)-f(a)}{b-a}(x-a),$$

即过 AB 的直线上任一点的纵坐标写为

$$y_{AB}=f(a)+\frac{f(b)-f(a)}{b-a}(x-a).$$

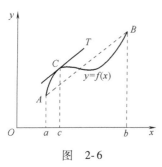

图　2-6

　　因此，曲线 $y_曲=f(x)$ 与过弦 AB 的直线在两点 A、B 相交，用 $y_曲=f(x)$ 与过弦 AB 的直线方程的差构成一个新函数，辅助函数如下：

$$F(x)=y_曲-y_{AB}=f(x)-f(a)-\frac{f(b)-f(a)}{b-a}(x-a).$$

　　容易验证函数 $F(x)$ 在 $[a,b]$ 上满足罗尔定理的三个条件，则可得到结论：至少存在一点 $\xi\in(a,b)$，使得 $F'(\xi)=0$，即

$$F'(\xi)=f'(\xi)-\frac{f(b)-f(a)}{b-a}=0,$$

从而得到

$$f'(\xi)=\frac{f(b)-f(a)}{b-a}.$$

　　说明：除了上述数形结合分析外，能否根据例 2 的逆向思路来构造辅助函数呢？（请自证）

　　显然，在拉格朗日中值定理中再加一个条件 $f(a)=f(b)$，即可得到 $f'(\xi)=0$，因此，罗尔定理是拉格朗日中值定理的一个特殊情形.

　　拉格朗日中值定理的结论可转换为：$f(b)-f(a)=f'(\xi)(b-a)$，设 x_0，$x_0+\Delta x$ 为闭区间 $[a,b]$ 上任意两个不同的点，则以 x_0，$x_0+\Delta x$ 为端点的闭区间上就可写为

$$f(x_0+\Delta x)-f(x_0)=f'(\xi)\cdot\Delta x,$$

其中 ξ 介于 x_0，$x_0+\Delta x$ 之间. 由于 ξ 可表示为 $\xi=x_0+\theta\Delta x(0<\theta<1)$，故上式又可写为

$$f(x_0+\Delta x)-f(x_0)=f'(x_0+\theta\Delta x)\cdot\Delta x\quad(0<\theta<1),$$

称为**有限增量公式**.

　　注：（1）拉格朗日中值定理在微分学中占有重要地位，因此也把它称为微分中值定理；

（2）拉格朗日中值定理是由函数的局部性质来研究函数的整体性质的桥梁，其应用很广泛．

推论 如果函数$f(x)$在闭区间$[a,b]$上连续，且在开区间(a,b)内$f'(x)\equiv0$，则$f(x)$在$[a,b]$上是一个常数．

证 在区间$[a,b]$上任取两点x_1、x_2（不妨假设$x_1<x_2$），由拉格朗日中值定理得
$$f(x_2)-f(x_1)=f'(\xi)(x_2-x_1)\quad(x_1<\xi<x_2).$$
因为$f'(x)=0$，所以$f'(\xi)=0$，从而
$$f(x_2)-f(x_1)=0,\quad 即 f(x_2)=f(x_1).$$
由x_1，x_2的任意性可知，函数$f(x)$在区间$[a,b]$上恒有$f(x)=C$．
证毕．

例 3 证明：$\arcsin x+\arccos x=\dfrac{\pi}{2}$．

证 假设$y=\arcsin x+\arccos x$在区间$[-1,1]$上连续，$(-1,1)$可导，则有
$$y'=(\arcsin x+\arccos x)'=\frac{1}{\sqrt{1-x^2}}-\frac{1}{\sqrt{1-x^2}}=0.$$
由上述推论，得到$y=C$，取$x=0$，代入$y=\arcsin x+\arccos x$，得$y=\dfrac{\pi}{2}$．

同理，可证$\arctan x+\operatorname{arccot}x=\dfrac{\pi}{2}$也成立．

例 4 证明：当$x>0$时，$\dfrac{x}{x+1}<\ln(1+x)<x$．

证 设$f(x)=\ln(1+x)$．显然$f(x)$在$[0,x]$上满足拉格朗日中值定理的条件，所以有
$$f(x)-f(0)=f'(\xi)(x-0)\quad(0<\xi<x).$$
由于$f(0)=0$，$f'(x)=\dfrac{1}{1+x}$，因此上式即为
$$\ln(1+x)=\frac{x}{1+\xi}\quad(0<\xi<x).$$
又由于$0<\xi<x$，所以
$$\frac{x}{1+x}<\frac{x}{1+\xi}<x,$$
即有
$$\frac{x}{x+1}<\ln(1+x)<x\quad(x>0).$$

2.3.4　柯西(Cauchy)中值定理

将拉格朗日中值定理推广，可得到广义的中值定理——柯西中值定理.

> **定理 2.10**(柯西中值定理)　如果函数 $f(x)$ 及 $F(x)$ 满足
> （1）在闭区间 $[a,b]$ 上连续；
> （2）在开区间 (a,b) 内可导；
> （3）对任意 $x \in (a,b)$，$F'(x) \neq 0$，
>
> 那么在 (a,b) 内至少存在一点 $\xi (a<\xi<b)$，使等式 $\dfrac{f(b)-f(a)}{F(b)-F(a)} = \dfrac{f'(\xi)}{F'(\xi)}$ 成立.

分析　设曲线方程为参数方程 $\begin{cases} X=F(x), \\ Y=f(x), \end{cases} x \in [a,b]$，端点 A 的坐标 $(f(a), F(a))$，B 的坐标 $(f(b), F(b))$，连接端点 A、B，则弦 AB 的斜率是

$$\frac{f(b)-f(a)}{F(b)-F(a)},$$

利用点斜式写出过点 A、B 的方程

$$Y-f(a) = \frac{f(b)-f(a)}{F(b)-F(a)} [F(x)-F(a)],$$

即过 AB 的直线上任一点的纵坐标写为

$$Y_{AB} = f(a) + \frac{f(b)-f(a)}{F(b)-F(a)} [F(x)-F(a)].$$

因此，所构造的辅助函数即为曲线与弦 AB 的差

$$\varphi(x) = Y - Y_{AB} = f(x) - f(a) - \frac{f(b)-f(a)}{F(b)-F(a)} [F(x)-F(a)].$$

可以验证所构造的辅助函数满足罗尔定理的三个条件，那么在 (a,b) 内至少存在一点 $\xi (a<\xi<b)$，使等式，即 $\dfrac{f(b)-f(a)}{F(b)-F(a)} = \dfrac{f'(\xi)}{F'(\xi)}$ 成立.

注：（1）结合例 2 的逆向思维方法，如何构造辅助函数来证明柯西中值定理呢?（自证）

（2）能否采用如下的证明方法：

$$f(b)-f(a) = f'(\xi)(b-a), \tag{1}$$

$$F(b)-F(a) = F'(\xi)(b-a). \tag{2}$$

式（1）除以式（2），即可得到 $\dfrac{f(b)-f(a)}{F(b)-F(a)}=\dfrac{f'(\xi)}{F'(\xi)}$ 成立吗?

例 5　　设函数 $f(x)$ 在 $[a,b]$ 上连续，在 (a,b) 内可导 $(a>0)$，证明：存在 $\xi\in(a,b)$，使得

$$\frac{f(b)-f(a)}{b^2-a^2}=\frac{f'(\xi)}{2\xi}.$$

证　设 $g(x)=x^2$，由题知 $f(x)$，$g(x)$ 在 $[a,b]$ 上可导，且 $g'(x)\neq 0$，由柯西中值定理，至少存在一点 $\xi\in(a,b)$，使得

$$\frac{f(b)-f(a)}{b^2-a^2}=\frac{f'(\xi)}{2\xi}.$$

习题 2-3

1. 验证下列各题：

（1）验证函数 $y=\sin x$ 在区间 $[0,\pi]$ 上满足罗尔定理；

（2）验证函数 $y=\ln x$ 在区间 $[1,2]$ 上满足拉格朗日中值定理.

2. 证明：函数 $y=x^5+x-1$ 有且只有一个正根.

3. 利用中值定理证明下列不等式：

（1）当 $a>b>0$ 时，$\dfrac{a-b}{a}<\ln\dfrac{a}{b}<\dfrac{a-b}{b}$；

（2）$nb^{n-1}(a-b)<a^n-b^n<na^{n-1}(a-b)$ $(0<b<a,n>1)$；

（3）$\mathrm{e}^x>\mathrm{e}x(x>1)$.

4. 设 $f(x)$ 在 $[a,b]$ 上可导，且 $f(a)=f(b)=1$，证明 $\mathrm{e}^{\eta-\xi}[f(\eta)+f'(\eta)]=1$，$\xi,\eta\in(a,b)$.

5. 证明：当 $x\geqslant 1$ 时，$2\arctan x+\arcsin\dfrac{2x}{1+x^2}=\pi$.

6. 设 $f(x)$ 在 $[0,1]$ 上二阶可导，且 $f(0)=f(1)=0$，证明至少存在一点 $\xi\in(0,1)$，使得 $f''(\xi)=\dfrac{2f'(\xi)}{1-\xi}$.

7. 设 $f(x)$ 在 $[0,3]$ 上连续，在 $(0,3)$ 内可导，且 $f(0)+f(1)+f(2)=3$，$f(3)=1$，证明必存在 $\xi\in(0,3)$，使 $f'(\xi)=0$.

8. 设函数 $f(x)$ 在 $\left[0,\dfrac{\pi}{2}\right]$ 上连续，在 $\left(0,\dfrac{\pi}{2}\right)$ 内可导，且 $f(0)=0$，证明：在 $\left(0,\dfrac{\pi}{2}\right)$ 内至少存在一点 ξ，使得 $f'(\xi)=f(\xi)\tan\xi$.

9. 设函数 $f(x)$ 在 $[0,1]$ 上连续，在 $(0,1)$ 内可导，试证明至少存在一点 $\xi\in(0,1)$，使得 $f'(\xi)=2\xi[f(1)-f(0)]$.

2.4　洛必达（L'Hospital）法则

第 1 章中，已经认识 $\dfrac{0}{0}$ 型与 $\dfrac{\infty}{\infty}$ 型为"未定式"，对于比较简单的未定式，采用有理化即可处理，但对于复杂的函数，这种方法行不通，因此本节研究不能直接用极限的四则运算法则或重要的极限公式等求解的极限问题.

微课视频 2.7
洛必达法则

例如 $\lim\limits_{x\to 0}\dfrac{x-\sin x}{x^3}$、$\lim\limits_{x\to +\infty}\dfrac{x^3}{\mathrm{e}^x}$，看上去很简单，但用前面的方法计算极限又是不可行的，如何计算这类 $\dfrac{0}{0}$ 型未定式呢?

2.4.1　$\dfrac{0}{0}$ 型未定式的极限

定理 2.11（洛必达法则 I ）　设

（1）$\lim\limits_{x \to a} f(x) = 0$, $\lim\limits_{x \to a} g(x) = 0$；

（2）在点 a 的某去心邻域内，$f'(x)$，$g'(x)$ 都存在，且有 $g'(x) \neq 0$；

（3）$\lim\limits_{x \to a} \dfrac{f'(x)}{g'(x)} = A$（或 ∞），

那么　　　　　　$\lim\limits_{x \to a} \dfrac{f(x)}{g(x)} = \lim\limits_{x \to a} \dfrac{f'(x)}{g'(x)} = A$（或 ∞）.

证　$\lim\limits_{x \to a} \dfrac{f(x)}{g(x)}$ 是否存在，与函数 $f(x)$、$g(x)$ 在点 $x = a$ 是否有定义无关，因此我们可以补充在点 $x = a$ 的定义，构造函数

$$F(x) = \begin{cases} f(x) & x \neq a, \\ 0 & x = a, \end{cases} \qquad G(x) = \begin{cases} g(x) & x \neq a, \\ 0 & x = a, \end{cases}$$

设 $x \in \mathring{U}(a)$，由于 $F(x)$、$G(x)$ 在 $[a, x]$（或 (a, x)）上满足柯西中值定理的条件，故

$$\frac{F(x) - F(a)}{G(x) - G(a)} = \frac{F'(\xi)}{G'(\xi)},$$

而等式左边　　　　　$\dfrac{F(x) - F(a)}{G(x) - G(a)} = \dfrac{f(x)}{g(x)},$

右边　　　　　　　　$\dfrac{F'(\xi)}{G'(\xi)} = \dfrac{f'(x)}{g'(x)},$

即　　　　　　　　　$\dfrac{f(x)}{g(x)} = \dfrac{f'(\xi)}{g'(\xi)},$

其中 ξ 介于 a 与 x 之间. 且由 $x \to a$ 知，$\xi \to a$，所以

$$\lim_{x \to a} \frac{f(x)}{g(x)} = \lim_{x \to a} \frac{f'(\xi)}{g'(\xi)} = \lim_{\xi \to a} \frac{f'(\xi)}{g'(\xi)} = \lim_{x \to a} \frac{f'(x)}{g'(x)} = A（或 \infty）.$$

证毕.

注：（1）若 $\lim\limits_{x \to a} \dfrac{f'(x)}{g'(x)}$ 仍属于 $\dfrac{0}{0}$ 型，并且 $f'(x)$、$g'(x)$ 满足定理中的条件，则可以继续使用洛必达法则，即

$$\lim_{x \to a} \frac{f(x)}{g(x)} = \lim_{x \to a} \frac{f'(x)}{g'(x)} = \lim_{x \to a} \frac{f''(x)}{g''(x)},$$

这个过程可以一直持续下去，直到求出极限为止.

（2）定理中的过程 $x \to a$，换成 $x \to a^{+}$ 或 $x \to a^{-}$ 或 $x \to \infty$ 或 $x \to +\infty$ 或 $x \to -\infty$，其他条件都是满足的，仍有结论成立.

例 1 求极限 $\lim\limits_{x\to 0}\dfrac{\arctan x-x}{4x^3}$.

解 原式 $=\lim\limits_{x\to 0}\dfrac{\dfrac{1}{1+x^2}-1}{12x^2}=-\dfrac{1}{12}\lim\limits_{x\to 0}\dfrac{1}{1+x^2}=-\dfrac{1}{12}$.

例 2 求 $\lim\limits_{x\to 0}\dfrac{e^x-\cos x}{x\sin x}$.

解 $\lim\limits_{x\to 0}\dfrac{e^x-\cos x}{x\sin x}=\lim\limits_{x\to 0}\dfrac{e^x+\sin x}{\sin x+x\cos x}=\infty$.

如果我们不检查上述第二个式子, 盲目地使用法则, 则会出现下面的错误结果:

$$\lim\limits_{x\to 0}\dfrac{e^x-\cos x}{x\sin x}=\lim\limits_{x\to 0}\dfrac{e^x+\sin x}{\sin x+x\cos x}=\lim\limits_{x\to 0}\dfrac{e^x+\cos x}{2\cos x-x\sin x}=1.$$

注: 洛必达法则中的条件是充分条件而非必要条件, 碰到极限 $\lim\limits_{x\to x_0}\dfrac{f'(x)}{g'(x)}$ 不存在且不是 ∞ 时, 不能断定 $\lim\limits_{x\to x_0}\dfrac{f(x)}{g(x)}$ 不存在.

2.4.2 $\dfrac{\infty}{\infty}$ 型未定式的极限

定理 2.12(洛必达法则 Ⅱ) 设

(1) $\lim\limits_{x\to a}f(x)=\infty$, $\lim\limits_{x\to a}g(x)=\infty$;

(2) 在点 a 的某去心邻域内, $f'(x)$, $g'(x)$ 都存在, 且有 $g'(x)\neq 0$;

(3) $\lim\limits_{x\to a}\dfrac{f'(x)}{g'(x)}=A$(或 ∞),

那么 $\qquad\lim\limits_{x\to a}\dfrac{f(x)}{g(x)}=\lim\limits_{x\to a}\dfrac{f'(x)}{g'(x)}=A$(或 ∞).

证明中, 令 $\dfrac{1}{x}=t$, $x\to\infty$ 时即 $t\to 0$, 利用洛必达法则 Ⅰ 即可得证.

同样要说明的是定理中的 $x\to a$ 换成 $x\to a^+$ 或 $x\to a^-$ 或 $x\to\infty$ 或 $x\to +\infty$ 或 $x\to -\infty$, 定理结论仍成立.

例 3 求 $\lim\limits_{x\to +\infty}\dfrac{\ln(1+e^x)}{5x}$.

解 $\lim\limits_{x\to +\infty}\dfrac{\ln(1+e^x)}{5x}=\lim\limits_{x\to +\infty}\dfrac{\dfrac{e^x}{1+e^x}}{5}=\dfrac{1}{5}\lim\limits_{x\to +\infty}\dfrac{e^x}{e^x}=\dfrac{1}{5}$.

例 4　求 $\lim\limits_{x\to+\infty}\dfrac{x^n}{\mathrm{e}^x}$（$n$ 为正整数，$\lambda>0$）.

解　反复应用洛必达法则 n 次可得

$$\lim_{x\to+\infty}\frac{x^n}{\mathrm{e}^x}=\lim_{x\to+\infty}\frac{nx^{n-1}}{\mathrm{e}^x}=\lim_{x\to+\infty}\frac{n(n-1)x^{n-2}}{\mathrm{e}^x}=\cdots=\lim_{x\to+\infty}\frac{n!}{\mathrm{e}^x}=0.$$

例 5　求 $\lim\limits_{x\to+\infty}\dfrac{\sqrt{1+x^2}}{x}$.

解　因为

$$\lim_{x\to+\infty}\frac{\sqrt{1+x^2}}{x}=\lim_{x\to+\infty}\frac{x}{\sqrt{1+x^2}}=\lim_{x\to+\infty}\frac{\sqrt{1+x^2}}{x},$$

两次利用洛必达法则形成了循环，无法求出其极限. 但是

$$\lim_{x\to+\infty}\frac{\sqrt{1+x^2}}{x}=\lim_{x\to+\infty}\sqrt{\frac{1}{x^2}+1}=1.$$

注：例 5 说明应用洛必达法则无法求出极限，这时必须使用其他方法.

当然，应用洛必达法则求极限时，有一点需要引起注意. 如果 $\lim\limits_{x\to a}\dfrac{f'(x)}{g'(x)}$ 不存在（等于 ∞ 除外），只表明洛必达法则失效，不能说明 $\lim\limits_{x\to a}\dfrac{f(x)}{g(x)}$ 不存在，此时应改用其他方法求之.

例如，$\lim\limits_{x\to\infty}\dfrac{x+\sin x}{x}$ 是 $\dfrac{\infty}{\infty}$ 型未定式，分子、分母分别求导后会得到 $\lim\limits_{x\to\infty}\dfrac{1+\cos x}{1}$，由 $\lim\limits_{x\to\infty}\cos x$ 不存在可知 $\lim\limits_{x\to\infty}\dfrac{1+\cos x}{1}$ 不存在. 但不能说 $\lim\limits_{x\to\infty}\dfrac{x+\sin x}{x}$ 不存在，事实上，

$$\lim_{x\to\infty}\frac{x+\sin x}{x}=\lim_{x\to\infty}\left(1+\frac{\sin x}{x}\right)=1+\lim_{x\to\infty}\frac{\sin x}{x}=1.$$

2.4.3　其他类型未定式的极限

除了以上两类基本类型的未定式外，还有如下五类未定式，具体如下：

（1）若 $\lim\limits_{x\to a}f(x)=\infty$，$\lim\limits_{x\to a}g(x)=\infty$，且两个 ∞ 同号时，求极限 $\lim\limits_{x\to a}[f(x)-g(x)]$，即被称为"**$\infty-\infty$**"型，可通过把 $f(x)-g(x)$ 化成分式，通分化简成 $\dfrac{0}{0}$ 型或 $\dfrac{\infty}{\infty}$ 型，即可求出极限.

（2）若 $\lim\limits_{x\to a}f(x)=0$，$\lim\limits_{x\to a}g(x)=\infty$，则 $\lim\limits_{x\to a}f(x)g(x)$ 被称为

"$0 \cdot \infty$"型，通过$\lim\limits_{x \to a} f(x)g(x) = \lim\limits_{x \to a} \dfrac{f(x)}{\dfrac{1}{g(x)}}$或$\lim\limits_{x \to a} \dfrac{g(x)}{\dfrac{1}{f(x)}}$，化简成$\dfrac{0}{0}$

型或$\dfrac{\infty}{\infty}$型，即可求出极限.

（3）若$\lim\limits_{x \to a} f(x) = 1$，$\lim\limits_{x \to a} g(x) = \infty$，则$\lim\limits_{x \to a} f(x)^{g(x)}$被称为"$1^{\infty}$"

型，利用$\lim\limits_{\alpha \to 0}(1+\alpha)^{\frac{1}{\alpha}} = \mathrm{e}$或$\lim\limits_{x \to a} f(x)^{g(x)} = \lim\limits_{x \to a}\mathrm{e}^{g(x)\ln f(x)}$，即变为第（2）

种情况.

（4）若$\lim\limits_{x \to a} f(x) = 0$，$\lim\limits_{x \to a} g(x) = 0$，则$\lim\limits_{x \to a} f(x)^{g(x)}$被称为"$0^{0}$"

型，通过$\lim\limits_{x \to a} f(x)^{g(x)} = \lim\limits_{x \to a}\mathrm{e}^{g(x)\ln f(x)}$，即变为第（2）种情况.

（5）若$\lim\limits_{x \to a} f(x) = \infty$，$\lim\limits_{x \to a} g(x) = 0$，则$\lim\limits_{x \to a} f(x)^{g(x)}$被称为"$\infty^{0}$"

型，通过$\lim\limits_{x \to a} f(x)^{g(x)} = \lim\limits_{x \to a}\mathrm{e}^{g(x)\ln f(x)}$，即变为第（2）种情况.

注：上述分析中的$x \to a$换成$x \to a^{+}$或$x \to a^{-}$或$x \to \infty$或$x \to +\infty$

或$x \to -\infty$，结论仍成立.

以上分析，$\infty - \infty$、$0 \cdot \infty$、1^{∞}、0^{0}和∞^{0}五类未定式，通过适

当恒等变形，都化为了$\dfrac{0}{0}$型或$\dfrac{\infty}{\infty}$型，因此称$\dfrac{0}{0}$型和$\dfrac{\infty}{\infty}$型为基本未

定型.

例 6　求$\lim\limits_{x \to 0}\left[\dfrac{1}{x} - \dfrac{1}{\ln(1+x)}\right]$.

解　此极限为$\infty - \infty$型，可利用通分来计算.

$$\lim\limits_{x \to 0}\left[\dfrac{1}{x} - \dfrac{1}{\ln(1+x)}\right] = \lim\limits_{x \to 0}\dfrac{\ln(1+x) - x}{x\ln(1+x)} = \lim\limits_{x \to 0}\dfrac{\ln(1+x) - x}{x^{2}}$$

$$= \lim\limits_{x \to 0}\dfrac{\dfrac{1}{1+x} - 1}{2x} = \lim\limits_{x \to 0}\dfrac{-\dfrac{1}{(1+x)^{2}}}{2} = -\dfrac{1}{2}.$$

例 7　求$\lim\limits_{x \to 0^{+}} x\ln x$.

解　此极限为$0 \cdot \infty$型，可将乘积的形式化为分式的形式，

再按$\dfrac{0}{0}$型或$\dfrac{\infty}{\infty}$型未定式来计算.

$$\lim\limits_{x \to 0^{+}} x\ln x = \lim\limits_{x \to 0^{+}}\dfrac{\ln x}{\dfrac{1}{x}} = \lim\limits_{x \to 0^{+}}\dfrac{x^{-1}}{-x^{-2}} = 0.$$

例 8　求$\lim\limits_{x \to 0^{+}} x^{\sin x}$.

解　此极限为0^{0}型，对其变形有

$$\lim_{x\to0^+}x^{\sin x}=\lim_{x\to0^+}\mathrm{e}^{\ln x^{\sin x}}=\mathrm{e}^{\lim\limits_{x\to0^+}\sin x\cdot\ln x},$$

而 $\lim\limits_{x\to0^+}\sin x\cdot\ln x=0$，故 $\lim\limits_{x\to0^+}x^{\sin x}=\mathrm{e}^{\lim\limits_{x\to0^+}\sin x\ln x}=\mathrm{e}^0=1.$

例 9　　求 $\lim\limits_{x\to0}(1+x)^{\cot 2x}.$

解　　此极限为 1^∞ 型未定式，对其变形有

$$\lim_{x\to0}(1+x)^{\cot 2x}=\lim_{x\to0}\mathrm{e}^{\cot 2x\cdot\ln(1+x)},$$

而　　　　$\lim\limits_{x\to0}\cot 2x\cdot\ln(1+x)=\lim\limits_{x\to0}\dfrac{\cos 2x}{\sin 2x}\cdot x=\lim\limits_{x\to0}\dfrac{1}{2}\cos 2x=\dfrac{1}{2},$

所以　　　　　　　　　　　$\lim\limits_{x\to0}(1+x)^{\cot 2x}=\mathrm{e}^{\frac{1}{2}}.$

习题 2-4

1. 求下列极限：

(1) $\lim\limits_{x\to a}\dfrac{a^x-x^a}{x-a}$　$(a>0,\ a\neq1)$；

(2) $\lim\limits_{x\to\frac{\pi}{2}}(\sec x-\tan x)$；　　(3) $\lim\limits_{x\to1}\dfrac{\ln x}{\mathrm{e}^x-\mathrm{e}}$；

(4) $\lim\limits_{x\to0^+}(\cot x)^{\frac{1}{\ln x}}$；　　(5) $\lim\limits_{x\to0}\left(\dfrac{1}{\sin x}-\dfrac{1}{\mathrm{e}^x-1}\right)$；

(6) $\lim\limits_{x\to+\infty}(2^x+3^x+5^x)^{\frac{3}{x}}$；　　(7) $\lim\limits_{x\to\infty}\left(1-\dfrac{1}{x}\right)^{\ln x}$；

(8) $\lim\limits_{x\to0^+}\left(\dfrac{1}{x}\right)^{\sin x}$；　　(9) $\lim\limits_{x\to0}\dfrac{\mathrm{e}^{-x^2}-1}{\ln(1+x)-x}$；

(10) $\lim\limits_{x\to+\infty}(\sin\sqrt{x+1}-\sin\sqrt{x})$.

2. 设函数 $f(x)$ 具有二阶导数，且 $f(0)=0$，$f'(0)=1$，$f''(0)=2$. 试求 $\lim\limits_{x\to0}\dfrac{f(x)-x}{x^2}$.

3. 设 $f(x)$ 具有二阶连续导数，在 $x=0$ 的去心邻域内 $f(x)\neq0$，$\lim\limits_{x\to0}\dfrac{f(x)}{x}=0$，$f''(0)=4$，求 $\lim\limits_{x\to0}\left[1+\dfrac{f(x)}{x}\right]^{\frac{1}{x}}.$

4. 求使 $\lim\limits_{x\to0}\dfrac{\ln(1+x)-(ax+bx^2)}{x^2}=2$ 的常数 a，b 的值.

5. 设 $f(x)=\dfrac{\mathrm{e}^x-b}{(x-a)(x-b)}$ 有无穷间断点 $x=\mathrm{e}$，可去间断点 $x=1$，求满足题意的 a，b 的值.

6. 试求下列数列的极限：

(1) $\lim\limits_{n\to\infty}\left(n\tan\dfrac{1}{n}\right)^{n^2}$；

(2) $\lim\limits_{n\to\infty}n\left[\mathrm{e}^2-\left(1+\dfrac{1}{n}\right)^{2n}\right].$

2.5　泰勒定理及应用

微课视频 2.8
泰勒公式

　　在工程理论分析和数值计算中，当一个函数给出了具体表达式后，有些函数比较复杂，往往需要用一些简单的表达式来近似地表示. 而多项式函数是最为简单的函数，运算中仅涉及加法、减法和乘法，因此，多项式函数常被用来近似表示函数，这种近似表达在数学上称为**逼近**.

　　在近似计算中，若函数 $y=f(x)$ 在点 x_0 可微，当 $|\Delta x|$ 很小时，有

$$\Delta y=f(x_0+\Delta x)-f(x_0)=f'(x_0)\Delta x+o(\Delta x),$$

取 $x = x_0 + \Delta x$，则上式可改写为 $f(x) = f(x_0) + f'(x_0) \cdot (x - x_0) + o(x - x_0)$．当 $|x - x_0|$ 很小时，就可以用 $(x - x_0)$ 的一次多项式 $f(x_0) + f'(x_0) \cdot (x - x_0)$ 近似地代替 $f(x)$．

在微分的应用中已经知道，当 $|\Delta x|$ 很小时，$f(x) \approx f(0) + f'(0) \cdot x$，例如 $e^x \approx 1 + x$，$\ln(1 + x) \approx x$ 等．

这种近似表达式的不足之处是：只适用于 $|\Delta x|$ 很小的情况，且精度不高，所以产生的误差仅是关于 x 的高阶无穷小，不能具体量化误差大小．因此，对于精度要求较高且需要估计误差时，就必须用高次多项式来近似表达函数，同时还需要给出误差公式．因此，用高次的多项式来近似表达函数，并给出误差估计式，这就是泰勒(Taylor)所做出的贡献．

2.5.1　泰勒定理

设函数 $f(x)$ 在含有 x_0 的开区间内具有直到 $(n+1)$ 阶导数，试找出一个关于 $(x - x_0)$ 的 n 次多项式

$$p_n(x) = a_0 + a_1(x - x_0) + a_2(x - x_0)^2 + \cdots + a_n(x - x_0)^n \tag{1}$$

(要求：$p_n(x_0) = f(x_0)$，$p_n'(x_0) = f'(x_0)$，$p_n''(x_0) = f''(x_0)$，$\cdots$，$p_n^{(n)}(x_0) = f^{(n)}(x_0)$)来近似表达 $f(x)$，要求 $p_n(x)$ 与 $f(x)$ 之差是比 $(x - x_0)^n$ 高阶的无穷小，并给出误差 $|f(x) - p_n(x)|$ 的具体表达式．

对式(1)求各阶导数得

$$p_n'(x) = a_1 + 2a_2(x - x_0) + \cdots + na_n(x - x_0)^{n-1},$$
$$p_n''(x) = 2! a_2 + \cdots + n(n-1)a_n(x - x_0)^{n-2},$$
$$\vdots$$
$$p_n^{(n)}(x) = n! a_n,$$

则　　$a_0 = p_n(x_0) = f(x_0)$，　　　　$a_1 = p_n'(x_0) = f'(x_0)$，

$$a_2 = \frac{1}{2!}p_n''(x_0) = \frac{1}{2!}f''(x_0)，\cdots，a_n = \frac{1}{n!}p_n^{(n)}(x_0) = \frac{1}{n!}f^{(n)}(x_0)，$$

将求得的系数 $a_0, a_1, \cdots, a_n$ 代入式(1)，有

$$p_n(x) = f(x_0) + f'(x_0)(x - x_0) + \frac{f''(x_0)}{2!}(x - x_0)^2 + \cdots + \frac{f^{(n)}(x_0)}{n!}(x - x_0)^n. \tag{2}$$

定理 2.13(泰勒定理)　如果函数 $f(x)$ 在含有 x_0 的某个开区间 (a, b) 内具有直到 $(n+1)$ 阶的导数，则当 $\forall x \in (a, b)$，有

$$f(x) = f(x_0) + f'(x_0)(x-x_0) + \frac{f''(x_0)}{2!}(x-x_0)^2 + \cdots +$$

$$\frac{f^{(n)}(x_0)}{n!}(x-x_0)^n + \frac{f^{(n+1)}(\xi)}{(n+1)!}(x-x_0)^{n+1} \qquad (3)$$

$$(\xi \text{ 介于 } x_0 \text{ 与 } x \text{ 之间}).$$

证 设余项 $R_n(x) = f(x) - p_n(x)$.

由假设可知，$R_n(x)$ 在 (a,b) 内具有直到 $(n+1)$ 阶导数，且

$$R_n(x_0) = R_n'(x_0) = R_n''(x_0) = \cdots = R_n^{(n)}(x_0) = 0,$$

对两个函数 $R_n(x)$ 及 $(x-x_0)^{n+1}$ 在以 x_0 及 x 为端点的区间上应用柯西中值定理，得

$$\frac{R_n(x)}{(x-x_0)^{n+1}} = \frac{R_n(x) - R_n(x_0)}{(x-x_0)^{n+1} - 0} = \frac{R_n'(\xi_1)}{(n+1)(\xi_1-x_0)^n} \quad (\xi_1 \text{ 在 } x_0 \text{ 与 } x \text{ 之间}),$$

再对两个函数 $R_n'(x)$ 与 $(n+1)(x-x_0)^n$ 在以 x_0 及 ξ_1 为端点的区间上应用柯西中值定理，得

$$\frac{R_n'(\xi_1)}{(n+1)(\xi_1-x_0)^n} = \frac{R_n'(\xi_1) - R_n'(x_0)}{(n+1)(\xi_1-x_0)^n - 0} = \frac{R_n''(\xi_2)}{n(n+1)(\xi_2-x_0)^{n-1}}$$

$$(\xi_2 \text{ 在 } x_0 \text{ 与 } \xi_1 \text{ 之间}).$$

照此方法继续做下去，经过 $(n+1)$ 次后. 得

$$\frac{R_n(x)}{(x-x_0)^{n+1}} = \frac{R_n^{(n+1)}(\xi)}{(n+1)!} \quad (\xi \text{ 在 } x_0 \text{ 与 } \xi_n \text{ 之间，因而也在 } x_0 \text{ 与 } x \text{ 之间}).$$

注意到 $R_n^{(n+1)}(x) = f^{(n+1)}(x)$（因 $p_n^{(n+1)}(x) = 0$），则由上式得

$$R_n(x) = \frac{f^{(n+1)}(\xi)}{(n+1)!}(x-x_0)^{n+1} \quad (\xi \text{ 在 } x_0 \text{ 与 } x \text{ 之间}),$$

定理证毕.

多项式 (2) 称为**函数 $f(x)$ 按 $(x-x_0)$ 的幂展开的 n 次近似多项式**，式 (3) 称为 **$f(x)$ 按 $(x-x_0)$ 的幂展开的带有拉格朗日型余项的 n 阶泰勒公式**.

$$R_n(x) = \frac{f^{(n+1)}(\xi)}{(n+1)!}(x-x_0)^{n+1} \text{（ξ 在 x_0 与 x 之间），称为拉格朗日型余项}.$$

由泰勒中值定理可知，以多项式 $p_n(x)$ 近似表达函数 $f(x)$ 时，其误差为 $|R_n(x)|$. 如果对于某个固定的 n，当 $x \in (a,b)$ 时，$|f^{(n+1)}(x)| \leq M$，则有估计式

$$|R_n(x)| = \left| \frac{f^{(n+1)}(\xi)}{(n+1)!}(x-x_0)^{n+1} \right| \leq \frac{M}{(n+1)!}|x-x_0|^{n+1}, \qquad (4)$$

$$\lim_{x \to x_0} \frac{R_n(x)}{(x-x_0)^n} = 0.$$

因此，又可以把余项表示为 $R_n(x) = o[(x-x_0)^n]$，称为**佩亚诺(Peano)型余项**.

在不需要余项的精确表达式时，n 阶泰勒公式也可写成

$$f(x) = f(x_0) + f'(x_0)(x-x_0) + \cdots + \frac{f^{(n)}(x_0)}{n!}(x-x_0)^n + o[(x-x_0)^n].$$

上式称为 **$f(x)$ 按 $(x-x_0)$ 的幂展开的带有佩亚诺型余项的 n 阶泰勒公式**.

三个特例:

(1) 当 $n=0$ 时，泰勒公式变成拉格朗日中值公式

$$f(x) = f(x_0) + f'(\xi)(x-x_0) \quad (\xi \text{ 在 } x_0 \text{ 与 } x \text{ 之间}).$$

因此，泰勒中值定理是拉格朗日中值定理的推广.

(2) 当 $n=1$ 时，泰勒公式变成

$$f(x) = f(x_0) + f'(x_0)(x-x_0) + \frac{f''(\xi)}{2!}(x-x_0)^2$$
$$(\xi \text{ 在 } x_0 \text{ 与 } x \text{ 之间}).$$

可见 $\qquad\qquad f(x) \approx f(x_0) + f'(x_0)(x-x_0),$

其误差 $\qquad R_1(x) = \dfrac{f''(\xi)}{2!}(x-x_0)^2 \quad (\xi \text{ 在 } x_0 \text{ 与 } x \text{ 之间}).$

(3) 若取 $x_0 = 0$，则 ξ 在 0 与 x 之间. 因此可令 $\xi = \theta x (0 < \theta < 1)$，泰勒公式变成

$$f(x) = f(0) + f'(0)x + \cdots + \frac{f^{(n)}(0)}{n!}x^n + \frac{f^{(n+1)}(\theta x)}{(n+1)!}x^{n+1} \quad (0 < \theta < 1),$$

称上式为**麦克劳林(Maclaurin)公式**.

相应地，带有佩亚诺型余项的麦克劳林公式为

$$f(x) = f(0) + f'(0)x + \cdots + \frac{f^{(n)}(0)}{n!}x^n + o(x^n),$$

相应的误差估计式(4)变为 $|R_n(x)| \leqslant \dfrac{M}{(n+1)!}|x|^{n+1}$.

2.5.2 常用函数的麦克劳林公式

在工程计算中，最常用的还是麦克劳林公式，因为麦克劳林多项式

$$f(x) = f(0) + f'(0)x + \cdots + \frac{f^{(n)}(0)}{n!}x^n$$

形式简单，计算容易. 利用麦克劳林公式可以求出几个常用函数的泰勒公式.

> **例1**　　求 $f(x) = \sin x$ 的麦克劳林公式.

解　由 2.1 节的例 21 知 $(\sin x)^{(n)} = \sin\left(x + \dfrac{n\pi}{2}\right)$,

所以 $f(0) = 0, f'(0) = 1, f''(0) = 0, f'''(0) = -1, f^{(4)}(0) = 0, \cdots$.
它们顺序循环地取四个数 0，1，0，-1，于是麦克劳林公式为（令 $n = 2m$）：

$$\sin x = x - \frac{x^3}{3!} + \frac{x^5}{5!} - \cdots + (-1)^{n-1}\frac{x^{2n-1}}{(2n-1)!} +$$

$$(-1)^n \frac{\cos\theta x}{(2n+1)!}x^{2n+1}, \quad 0 < \theta < 1.$$

同理可得

$$\cos x = 1 - \frac{x^2}{2!} + \frac{x^4}{4!} - \frac{x^6}{6!} + \cdots + (-1)^{n-1}\frac{x^{2n}}{(2n)!} +$$

$$(-1)^n \frac{\sin\theta x}{(2n+1)!}x^{2n+1}, \quad 0 < \theta < 1$$

> **例2**　　求 $f(x) = \mathrm{e}^x$ 的 n 阶麦克劳林公式.

解　由 $f^{(n)}(x) = \mathrm{e}^x$, $f^{(n)}(0) = 1$, $f^{(n+1)}(\theta x) = \mathrm{e}^{\theta x}$,

$$\mathrm{e}^x = 1 + x + \frac{x^2}{2!} + \cdots + \frac{x^n}{n!} + \frac{\mathrm{e}^{\theta x}}{(n+1)!}x^{n+1} \quad (0 < \theta < 1),$$

$y = \mathrm{e}^x$ 的 n 阶泰勒多项式为

$$p_n(x) = 1 + x + \frac{x^2}{2!} + \cdots + \frac{x^n}{n!}.$$

用 $p_n(x)$ 近似 $y = \mathrm{e}^x$ 产生的误差为

$$|R_n(x)| = \left|\frac{\mathrm{e}^{\theta x}}{(n+1)!}x^{n+1}\right| < \frac{\mathrm{e}^{|x|}}{(n+1)!}|x|^{n+1} \quad (0 < \theta < 1).$$

当 $x = 1$ 时，可得到无理数 e 的近似表达式为

$$\mathrm{e} \approx 1 + 1 + \frac{1}{2!} + \cdots + \frac{1}{n!},$$

误差为　　　　　　　　$$|R_n| < \frac{\mathrm{e}}{(n+1)!} < \frac{3}{(n+1)!}.$$

当 $n = 10$ 时，可计算出 $\mathrm{e} \approx 2.718282$，其误差不超过 10^{-6}.

由以上求麦克劳林公式的方法，类似可得到其他常用初等函数的麦克劳林公式，为应用方便，将这些公式汇总如下：

（1）$\mathrm{e}^x = 1 + x + \dfrac{x^2}{2!} + \cdots + \dfrac{x^n}{n!} + \dfrac{\mathrm{e}^{\theta x}}{(n+1)!}x^{n+1} \quad (0 < \theta < 1)$;

（2）$\sin x = x - \dfrac{x^3}{3!} + \dfrac{x^5}{5!} - \cdots + (-1)^{n-1}\dfrac{x^{2n-1}}{(2n-1)!} +$

$$(-1)^n \frac{\cos\theta x}{(2n+1)!}x^{2n+1} \quad (0 < \theta < 1);$$

（3）$\cos x = 1 - \dfrac{x^2}{2!} + \dfrac{x^4}{4!} - \dfrac{x^6}{6!} + \cdots + (-1)^{n-1}\dfrac{x^{2n}}{(2n)!} +$

$$(-1)^n \dfrac{\sin\theta x}{(2n+1)!} x^{2n+1} \quad (0<\theta<1);$$

（4）$\ln(1+x) = x - \dfrac{x^2}{2} + \dfrac{x^3}{3} - \cdots + (-1)^{n-1}\dfrac{x^n}{n} +$

$$\dfrac{(-1)^n x^n}{(n+1)(1+\theta x)^{n+1}} \quad (0<\theta<1);$$

（5）$(1+x)^\alpha = 1 + \alpha x + \dfrac{\alpha(\alpha-1)}{2!}x^2 + \cdots + \dfrac{\alpha(\alpha-1)\cdots(\alpha-n+1)}{n!}x^n +$

$$\dfrac{\alpha(\alpha-1)\cdots(\alpha-n+1)(\alpha-n)}{(n+1)!}\dfrac{x^{n+1}}{(1+\theta x)^{n+1-\alpha}} \quad (0<\theta<1).$$

佩亚诺型余项 $R_n(x) = o\left[(x-x_0)^n\right]$，由此可以把上述公式改写为带佩亚诺余项的麦克劳林公式.

2.5.3　泰勒公式的应用

利用泰勒公式，可以用来求极限、计算函数的近似值、证明某些不等式等，下面举例说明.

1. 计算函数的近似值

例 3　求 $\sin 20°$ 的近似值.

解　$\sin x = x - \dfrac{x^3}{3!} + \dfrac{x^5}{5!} - \cdots + (-1)^{n-1}\dfrac{x^{2n-1}}{(2n-1)!} +$

$$(-1)^n \dfrac{\cos\theta x}{(2n+1)!} x^{2n+1}, \ 0<\theta<1,$$

不妨取 $n=2$ 得

$$\sin x = x - \dfrac{x^3}{3!} + \dfrac{\cos\theta x}{5!} x^5 \quad (0<\theta<1),$$

将 $x = 20° = \dfrac{\pi}{9}$ 代入，得

$$\sin 20° = \dfrac{\pi}{9} - \dfrac{1}{6}\left(\dfrac{\pi}{9}\right)^3 \approx 0.24198,$$

其误差为　$|R_4| = \dfrac{1}{5!}\left(\dfrac{\pi}{9}\right)^5 \cos\dfrac{\theta\pi}{9} < \dfrac{1}{5!}\left(\dfrac{\pi}{9}\right)^5 \approx 0.000043.$

例 4　计算 e 的近似值，使其误差分别不超过 10^{-6}、不超过 10^{-8}.

解　由 $e^x = 1 + x + \dfrac{x^2}{2!} + \cdots + \dfrac{x^n}{n!} + \dfrac{e^{\theta x}}{(n+1)!}x^{n+1} \quad (0<\theta<1),$

当 $x=1$ 时，$e = 1 + 1 + \dfrac{1}{2!} + \cdots + \dfrac{1}{n!} + \dfrac{e^\theta}{(n+1)!}, \ 0<\theta<1.$

而 $$R_n(1) = \frac{e^\theta}{(n+1)!} < \frac{3}{(n+1)!}.$$

当 $n = 9$ 时，有 $R_9(1) < \dfrac{3}{(9+1)!} < 10^{-6}$. 此时 $e \approx 1 + 1 + \dfrac{1}{2!} + \cdots +$

$\dfrac{1}{9!} \approx 2.7182815$.

当 $n = 11$ 时，有 $R_{11}(1) < \dfrac{3}{(11+1)!} < 10^{-8}$. 此时 $e \approx 1 + 1 + \dfrac{1}{2!} + \cdots +$

$\dfrac{1}{11!} \approx 2.718281826$.

2. 用多项式逼近函数

> **例 5**　估计近似公式 $\sqrt{1+x} \approx 1 + \dfrac{x}{2} - \dfrac{x^2}{8}$, $x \in [0,1]$ 的绝对

误差.

解　设 $f(x) = \sqrt{1+x}$, 则因为

$$f'(x) = \frac{1}{2}(1+x)^{-\frac{1}{2}}, \quad f''(x) = -\frac{1}{4}(1+x)^{-\frac{3}{2}}, \quad f'''(x) = \frac{3}{8}(1+x)^{-\frac{5}{2}},$$

$$f(0) = 1, \quad f'(0) = \frac{1}{2}, \quad f''(0) = -\frac{1}{4},$$

所以 $f(x) = \sqrt{1+x}$ 带有拉格朗日型余项的二阶麦克劳林公式为

$$\sqrt{1+x} = 1 + \frac{x}{2} - \frac{x^2}{8} + \frac{x^3}{16}(1+\theta x)^{-\frac{5}{2}} \quad (0 < \theta < 1).$$

从而得　　$$|R_2(x)| = \frac{|x|^3}{16}(1+\theta x)^{-\frac{5}{2}} \leqslant \frac{1}{16}, \quad x \in [0,1].$$

> **例 6**　在 $f(x) = \sin x$ 的麦克劳林公式中，试比较 $n = 1,2,3$ 时的接近程度.

解　由

$$\sin x = x - \frac{x^3}{3!} + \frac{x^5}{5!} - \cdots + (-1)^{n-1}\frac{x^{2n-1}}{(2n-1)!} + \frac{\sin\left[\theta x + (2n+1)\dfrac{\pi}{2}\right]}{(2n+1)!}x^{2n+1},$$

如果取 $n = 1$, 则得近似公式 $\sin x \approx x$.

这时误差为

$$|R_2| = \left|\frac{\sin\left(\theta x + \dfrac{3}{2}\pi\right)}{3!}x^3\right| \leqslant \frac{|x|^3}{6} \quad (0 < \theta < 1).$$

如果 n 分别取 2 和 3，则可得 $\sin x$ 的 3 次和 5 次近似多项式

$$\sin x \approx x - \frac{1}{3!}x^3, \quad 误差的绝对值不超过 \frac{1}{5!}|x|^5,$$

$\sin x \approx x - \dfrac{1}{3!}x^3 + \dfrac{1}{5!}x^5$，误差的绝对值依次不超过 $\dfrac{1}{7!}|x|^7$.

以上三个近似多项式及正弦函数的图形都画在图 2-7 中，以便于比较.

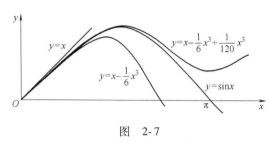

图　2-7

习题 2-5

1. 利用带有佩亚诺型余项的麦克劳林公式，求下列极限：

（1）$\lim\limits_{x \to 0} \dfrac{\sin x - x\cos x}{\sin^3 x}$；　　（2）$\lim\limits_{x \to \infty}\left[x^2(e^{\frac{1}{x}}-1)-x\right]$；

（3）$\lim\limits_{x \to 0} \dfrac{\sin x - x}{x\ln(1+x^2)}$；　　（4）$\lim\limits_{x \to 0} \dfrac{e^{-x^2}-1}{\ln(1+x)-x}$.

2. 写出下列函数在指定点处的泰勒公式：

（1）$f(x) = \arctan x$，在 $x = 0$ 处，2 阶；

（2）$f(x) = \cos x$，在 $x = \dfrac{\pi}{4}$ 处，$2n+1$ 阶.

3. 利用泰勒公式，近似地计算下式，并估计误差：

（1）$\sqrt[3]{30}$；　　　　　（2）$\sin 18°$.

4. 证明：当 $0 < x < \dfrac{\pi}{2}$ 时，$\tan x \geqslant x + \dfrac{1}{3}x^3$.

5. 设 $\lim\limits_{x \to 0} \dfrac{f(x)}{x} = 1$，且 $f''(x) > 0$，证明：$f(x) \geqslant x$.

6. 当 $x \geqslant 0$ 时，证明 $\sin x \geqslant x - \dfrac{1}{6}x^3$ 成立.

7. 设函数 $f(x)$ 在 $[-1,1]$ 上具有三阶连续导数，且 $f(-1)=0$，$f(1)=1$，$f'(0)=0$. 证明至少存在一点 $\xi \in (-1,1)$，使得 $f'''(\xi)=3$.

2.6　函数的单调性、极值与最值

在初等数学中，已经学习过函数的单调性和简单函数的性质. 本节将以导数为工具，介绍函数的单调性判别方法，并结合函数某些点左增右减或左减右增的特性，讨论函数的单调区间及单调区间的分界点——极值，最后找到函数的最值.

2.6.1　函数的单调性

设函数 $f(x)$ 在闭区间 $[a,b]$ 上连续，在开区间 (a,b) 内可导. $y = f(x)$ 的几何图形如图 2-8 所示.

观察图 2-8a 可知，函数 $f(x)$ 在 $[a,b]$ 上单调递增，其图形是一条沿 x 轴正向上升的曲线. 此时曲线上各点处的切线斜率非负，即有 $f'(x) \geqslant 0$.

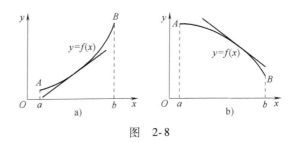

图 2-8

观察图 2-8b 可知，函数 $f(x)$ 在 $[a,b]$ 上单调递减，其图形是一条沿 x 轴正向下降的曲线．此时曲线上各点处的切线斜率非正，即有 $f'(x) \leqslant 0$．

由分析可知：从函数的单调性看出函数导数的符号，若反过来，根据导数的符号能判断单调性吗？

定理 2.14 设函数 $y = f(x)$ 在区间 I（该区间可以为开区间、闭区间或半开半闭区间）上连续，在开间 I 内可导．

（1）若在 $x \in I$ 内，$f'(x) \geqslant 0$，则函数 $y = f(x)$ 在 I 上单调增加；

（2）若在 $x \in I$ 内，$f'(x) \leqslant 0$，则函数 $y = f(x)$ 在 I 上单调减少．

证 对任意 x_1，$x_2 \in I$，且 $x_1 < x_2$，由拉格朗日中值定理得，存在 $\xi \in (x_1, x_2)$，使得

$$f(x_2) - f(x_1) = f'(\xi)(x_2 - x_1).$$

（1）若在 I 内 $f'(x) \geqslant 0$，则有 $f(x_2) \geqslant f(x_1)$，即函数 $y = f(x)$ 在 I 上单调增加；

（2）若在 I 内 $f'(x) \leqslant 0$，则有 $f(x_2) \leqslant f(x_1)$，即函数 $y = f(x)$ 在 I 上单调减少．

证毕．

注：（1）定理中的 $f'(x) \geqslant 0$ 可以改为 $f'(x) > 0$，则结论改为严格单调递增；

（2）如果在 I 内，导数仅在个别点处等于零，判别法同样成立；

（3）把判别法中的闭区间换成其他各种区间（包括无穷区间），结论同样成立；

（4）若有 $f'(x_0) = 0$，则称 $x = x_0$ 为函数 $y = f(x)$ 的驻点；

（5）有些函数在它的整个定义域上不是单调的，但是在定义域内的部分区间上是单调的（这些区间称为函数的**单调区间**）．

例 1 求函数 $y = e^x - x$ 的单调区间．

解 函数 $y = e^x - x$ 的定义域为 $(-\infty, +\infty)$，且 $y' = e^x - 1 = 0$．当

$x=0$ 时，$y'=0$，即 $x=0$ 为驻点.

当 $x\in(-\infty,0]$ 时，$y'\leq0$，因此，$(-\infty,0]$ 为单调减区间.

当 $x\in[0,+\infty)$ 时，$y'\geq0$，因此，$[0,+\infty)$ 为单调增区间.

例 2　求函数 $y=\sqrt[3]{x^2}$ 的单调区间.

解　函数 $y=\sqrt[3]{x^2}$ 的定义域为 $(-\infty,+\infty)$，且 $y'=\dfrac{2}{3\sqrt[3]{x}}(x\neq0)$.

因此，当 $x=0$ 时，函数的导数不存在，即 $x=0$ 为函数的不可导点.

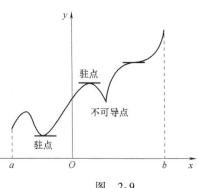

图　2-9

当 $x\in(-\infty,0)$ 时，$y'<0$，因此，$(-\infty,0)$ 为函数的单调递减区间.

当 $x\in(0,+\infty)$ 时，$y'>0$，因此，$(0,+\infty)$ 为函数的单调递增区间.

注：单调区间的分界点可能来自于驻点，也可能来自于不可导点，如图 2-9 所示.

利用函数的单调性，可证明一些不等式或者求方程根的个数.

例 3　证明不等式当 $x>0$ 时，$\ln(x+1)>\dfrac{x}{1+x}$.

证　设　　　　　$f(x)=\ln(x+1)-\dfrac{x}{1+x}$,

由于函数在 $[0,+\infty)$ 上连续，在 $(0,+\infty)$ 上可导，且

$$f'(x)=\frac{1}{x+1}-\frac{1}{(x+1)^2}=\frac{x}{(x+1)^2}>0.$$

又 $f(0)=0$，因此，当 $x>0$ 时，$f(x)>f(0)=0$. 从而，

$$\ln(x+1)>\frac{x}{1+x}.$$

例 4　证明方程 $x^5-5x+1=0$ 有且仅有一个小于 1 的正实根.

证　设 $f(x)=x^5-5x+1$. 先证存在性. 由于函数 $f(x)$ 在闭区间 $[0,1]$ 上连续，且 $f(0)=1>0$，$f(1)=-3<0$，由零点定理得，函数 $f(x)$ 在 $(0,1)$ 内有一个零点.

再证唯一性. 又因为当 $x\in(0,1)$ 时，$f'(x)=5(x^4-1)<0$，因此函数 $f(x)$ 在 $(0,1)$ 上单调递减，从而，曲线 $y=f(x)$ 与 x 轴仅有一个交点.

综上所述，方程 $x^5-5x+1=0$ 在 $(0,1)$ 内有且仅有一个实根.

2.6.2　函数的极值

定义 2.3　设函数 $f(x)$ 在点 x_0 的某邻域 $U(x_0)$ 内有定义，若对

微课视频 2.9
函数的极值和最值

任意一点 $x(x \neq x_0)$，有
$$f(x) < f(x_0)(\text{或} f(x) > f(x_0)),$$
则称 x_0 为函数 $f(x)$ 的极大（或极小）值点，而 $f(x_0)$ 称为函数 $f(x)$ 的一个极大值（或极小值）.

极大值点和极小值点统称为**极值点**. 函数的极大值与极小值统称为函数的**极值**.

从图 2-10 可以看出：x_1，x_3 是极大值点，x_2，x_4 是极小值点；曲线在 x_1，x_2，x_3 处的切线是水平的，即在 x_1，x_2，x_3 处函数的导数为零；曲线在 x_4 处不可导；曲线在 x_5 处的切线是水平的，但 x_5 不是极值点.

显然，函数极值的概念是一个局部性的概念，它是函数在一点与其附近的函数值相比较而言的.

由**费马引理**可知，**如果函数 $f(x)$ 在点 x_0 处可导，且在 x_0 处取得极值，那么 $f'(x_0)=0$**. 于是，可得下面的定理.

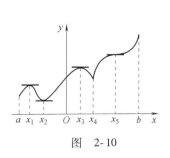

图 2-10

定理 2.15（函数取得极值的必要条件） 设函数 $f(x)$ 在 x_0 处取得极值，则必有 $f'(x_0)=0$ 或 $f'(x_0)$ 不存在.

证明略.

如何判定函数在驻点或不可导点处是否极值点？是何种极值点？

定理 2.16（第一充分条件） 设函数 $f(x)$ 在点 x_0 处连续，且在 x_0 的某去心邻域 $\mathring{U}(x_0,\delta)$ 内可导.

（1）如果当 $x \in (x_0-\delta,x_0)$ 时，$f'(x)>0$，而当 $x \in (x_0,x_0+\delta)$ 时，$f'(x)<0$，则 $f(x)$ 在点 x_0 处取得极大值 $f(x_0)$；

（2）如果当 $x \in (x_0-\delta,x_0)$ 时，$f'(x)<0$，而当 $x \in (x_0,x_0+\delta)$ 时，$f'(x)>0$，则 $f(x)$ 在点 x_0 处取得极小值；

（3）如果当 $x \in (x_0-\delta,x_0) \cup (x_0,x_0+\delta)$ 时，$f'(x)$ 的符号不发生变化，则 $f(x)$ 在点 x_0 处不取得极值.

证 （1）由定理条件当 $x \in (x_0-\delta,x_0)$ 时，$f'(x)>0$ 得，函数 $f(x)$ 在区间 $(x_0-\delta,x_0]$ 上单调增加. 又由当 $x \in (x_0,x_0+\delta)$ 时，$f'(x)<0$ 得，函数 $f(x)$ 在区间 $[x_0,x_0+\delta)$ 内单调减少. 从而当 $x \in \mathring{U}(x_0,\delta)$ 时，有 $f(x)<f(x_0)$. 因此，$f(x)$ 在点 x_0 处取得极大值.

类似可论证情形（2）和情形（3）.

注：（1）驻点未必是极值点；如 $x=0$ 为 $y=x^3$ 函数的驻点，但非函数的极值点.

（2）极值点也未必是驻点；如例 5.

例 5　　求函数 $f(x)=x-\dfrac{3}{2}x^{\frac{2}{3}}$ 的极值.

解　函数 $f(x)$ 的定义域为 $(-\infty,+\infty)$，

$$f'(x)=1-\frac{1}{\sqrt[3]{x}},$$

令 $f'(x)=0$，得驻点 $x=1$，$x=0$ 为不可导点，列表讨论如下：

x	$(-\infty,0)$	0	$(0,1)$	1	$(1,+\infty)$
$f'(x)$	$+$	不存在	$-$	0	$+$
$f(x)$	↗	0	↘	-0.5	↗

由表中可见，函数 $f(x)$ 在 $x=0$ 处取得极大值 $f(0)=0$，
在 $x=1$ 处取得极小值 $f(1)=-0.5$.

如果 $f(x)$ 在驻点处的二阶导数存在且不为零，也可利用下述判别法.

定理 2.17（第二充分条件）　设函数 $f(x)$ 在点 x_0 处具有二阶导数，且 $f'(x_0)=0$，$f''(x_0)\neq0$，则

（1）当 $f''(x_0)<0$ 时，函数 $f(x)$ 在点 x_0 处取得极大值；

（2）当 $f''(x_0)>0$ 时，函数 $f(x)$ 在点 x_0 处取得极小值.

证　（1）由 $f'(x_0)=0$ 及二阶导数的定义，有

$$f''(x_0)=\lim_{x\to x_0}\frac{f'(x)-f'(x_0)}{x-x_0}=\lim_{x\to x_0}\frac{f'(x)}{x-x_0}<0,$$

由极限的局部保号性，得对任意 $x\in \overset{\circ}{U}(x_0,\delta)$，有

$$\frac{f'(x)}{x-x_0}<0.$$

即当 $x\in(x_0-\delta,x_0)$ 时，$f'(x)>0$，当 $x\in(x_0,x_0+\delta)$ 时，$f'(x)<0$.
由定理 2.16，得函数 $f(x)$ 在点 x_0 处取得极大值.

（2）同理可证 $f''(x_0)>0$.

例 6　　求函数 $f(x)=x^3+3x^2-24x-20$ 的极值.

解　函数 $f(x)=x^3+3x^2-24x-20$ 的定义域为 $(-\infty,+\infty)$，且

$$f'(x)=3x^2+6x-24=3(x+4)(x-2),$$

$$f''(x)=6x+6.$$

令 $f'(x)=0$，得驻点 $x_1=-4$，$x_2=2$.

因为 $f''(-4)=-18<0$，所以函数 $f(x)$ 在 $x=-4$ 处取得极大值，极大值为 $f(-4)=60$. 又由 $f''(2)=18>0$，所以函数 $f(x)$ 在 $x=2$ 处取得极小值，极小值为 $f(2)=-48$.

由例题可知，求函数 $y=f(x)$ 的极值的步骤如下：

（1）确定定义域，求出函数的导数 $f'(x)$；

（2）求出 $f(x)$ 在定义域内的全部驻点与不可导点，将定义域分为若干个子区间；

（3）列表讨论在各个子区间内导数的正负号，并由此确定各驻点与不可导点是否为函数的极值点；

（4）求出各极值点处的极值.

2.6.3 函数的最大值和最小值

在实际应用中，常会遇到求最大值和最小值问题. 如利润最大、用料最省、效率最高等. 这些问题反映在数学上就是求某一函数（通常称为目标函数）的最大值或最小值问题.

在求函数的最大值与最小值的过程中，常利用以下结论：

（1）设函数 $y=f(x)$ 在闭区间 $[a,b]$ 上连续，根据第 1 章的最值定理，$f(x)$ 在 $[a,b]$ 上一定有最大值和最小值，这些最值点一定包含在区间内部的驻点、不可导点及端点，比较这些点的函数值.

（2）若函数 $y=f(x)$ 在开区间 (a,b) 内连续，则不能保证在 (a,b) 内一定有最大值和最小值. 假定 $y=f(x)$ 在 (a,b) 内有最大值（或最小值），且 $f(x)$ 在 (a,b) 内只有一个可能取得极值的点 x_0，则 $f(x_0)$ 就是所求的最值点.

（3）对于实际问题，如果根据题意肯定在区间内部存在最大值（或最小值），且函数在该区间内只有一个可能极值点（驻点或导数不存在的点），那么该点就是所求函数的最值点.

例 7   欲制造一个容积为 V 的圆柱形有盖容器，如何设计可使用料最省？

解   设容器的高为 h，底圆半径为 r，则所需材料的表面积为
$$S=2\pi r^2+2\pi rh.$$

由于 $V=\pi r^2 h$，所以把 $h=\dfrac{V}{\pi r^2}$ 代入上式得

$$S(r)=2\pi r^2+\frac{2V}{r}, \quad 0<r<+\infty.$$

由于 $\dfrac{\mathrm{d}S}{\mathrm{d}r}=\dfrac{4\pi}{r^2}\left(r^3-\dfrac{V}{2\pi}\right)$，令 $\dfrac{\mathrm{d}S}{\mathrm{d}r}=0$，解得 $r=\sqrt[3]{\dfrac{V}{2\pi}}$，而

$$\frac{d^2S}{dr^2}=4\pi+\frac{4V}{r^3}, \quad \frac{d^2S}{dr^2}\bigg|_{r=\sqrt[3]{\frac{V}{2\pi}}}=12\pi>0,$$

故 $r=\sqrt[3]{\dfrac{V}{2\pi}}$ 是唯一的极小值，所以它必为最小值，从而，当 $r=\sqrt[3]{\dfrac{V}{2\pi}}$，

$h=2r$ 时，即当圆柱形容器的高与底圆直径相等时，用料最省.

习题 2-6

1. 试讨论下列函数的单调性，并求单调区间：

(1) $y=x+\ln x$；　　　　(2) $y=3x^4-4x^3+1$；

(3) $y=(1+\sqrt{x})x$；　　(4) $y=\ln(x+\sqrt{1+x^2})$；

(5) $y=\arctan x-x$；　　(6) $y=2x+\dfrac{8}{x}$.

2. 试证：当 $x>-1$，$0<\alpha<1$ 时，$(1+x)^\alpha \leqslant 1+\alpha x$.

3. 求下列函数的极值：

(1) $f(x)=x^3-3x^2-6x+4$；　(2) $f(x)=2x^2-\ln x$；

(3) $f(x)=\sqrt[3]{1-x^2}$；　　　(4) $f(x)=x^3+\dfrac{x^4}{4}$.

4. 求下列函数在指定区间上的最大值与最小值：

(1) $y=x^4-8x^2+2(-1\leqslant x\leqslant 3)$；

(2) $y=\sin x+\cos x(0\leqslant x\leqslant 2\pi)$；

(3) $y=x+\sqrt{1-x}(-3\leqslant x\leqslant 1)$；

(4) $y=x^2-\dfrac{16}{x}(x<0)$.

5. 已知函数 $f(x)=ax^3-6ax^2+b\,(a>0)$，在区间 $[-1,2]$ 上的最大值为 3，最小值为 -29，求 a,b 的值.

6. 证明下列不等式：

(1) 当 $x>1$ 时，$2\sqrt{x}>3-\dfrac{1}{x}$；

(2) 当 $x>0$ 时，$\ln(1+x)>\dfrac{\arctan x}{1+x}$；

(3) 当 $x>4$ 时，$x^2<2^x$.

7. 铁路线上 AB 间的距离为 100km. 一工厂 C 距 A 处 20km，AC 垂直于 AB. 为了运输，在 AB 之间选定一点 D 向工厂修筑一条公路. 已知铁路与公路每千米运费之比是 3∶5，问点 D 选在何处，才能使货物从 B 运到工厂 C 的运费最省？

8. 欲做一个底为正方形、容积为 108m^3 的长方体开口容器，怎样做所用材料最省？

2.7 曲线的凹凸性与拐点

随着计算机技术的飞速发展，借助数学软件，可以方便地画出各种函数的图形. 但是，机器作图中的误差，图形上的一些关键点以及选择作图的范围等，仍然需要进行人工干预. 为此，需要引入凹凸性和拐点，讨论曲线上升或下降过程的弯曲方向问题.

微课视频 2.10
曲线的凹凸性定义与判断

2.7.1 曲线的凹凸区间

观察图 2-11 中的两条曲线弧，虽然都是上升的，但 $\overset{\frown}{ACB}$ 弧是向上凸的，即连接弧上任意两点的直线段总在弧的下方.

而 $\overset{\frown}{ADB}$ 弧是向上凹的，即连接弧上任意两点的直线段总在弧的上方.

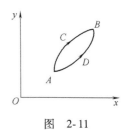

图 2-11

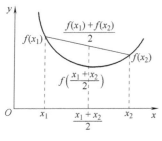

图　2-12

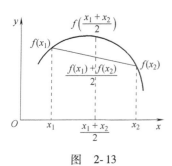

图　2-13

定义 2.4　设函数 $f(x)$ 在区间 I 上连续，若对于 I 上任意两点 x_1，$x_2(x_1 \neq x_2)$，有

$$f\left(\frac{x_1+x_2}{2}\right) < \frac{f(x_1)+f(x_2)}{2},$$

则称函数 $f(x)$ 在 I 上的图形是（向上）凹的（见图 2-12）；若有

$$f\left(\frac{x_1+x_2}{2}\right) > \frac{f(x_1)+f(x_2)}{2},$$

那么称函数 $f(x)$ 在 I 上的图形是（向上）凸的（见图 2-13）.

　　显然，利用上述定义判断凹凸性，对于复杂的函数将会变得非常烦琐甚至不可行. 从函数单调性的判别法知道，$f'(x)$ 的单调性可由 $f''(x)$ 的符号来判断，由此可见，函数的二阶导数的符号与曲线的凹凸性有着密切的联系.

　　如果函数 $f(x)$ 在 I 上存在二阶导数，就可以由二阶导数的正负来判定曲线的凹凸性. 这就是下面的判定定理.

定理 2.18（曲线凹凸的判断定理）　设函数 $f(x)$ 在区间 I 上有二阶导数，

　　（1）如果在 I 内 $f''(x) > 0$，那么 $f(x)$ 在 I 内的图形是凹的；

　　（2）如果在 I 内 $f''(x) < 0$，那么 $f(x)$ 在 I 内的图形是凸的.

　　证　（1）对 $\forall x_1$，$x_2 \in I$，且 $x_1 < x_2$. 记 $x_0 = \dfrac{x_1+x_2}{2}$，并记

$$x_2 - x_0 = x_0 - x_1 = h.$$

则由拉格朗日中值定理得，存在 $\xi_1 \in (x_1, x_0)$ 和 $\xi_2 \in (x_0, x_2)$，使得

$$f(x_1) - f(x_0) = f'(\xi_1)(x_1 - x_0) = -f'(\xi_1)h,$$
$$f(x_2) - f(x_0) = f'(\xi_2)(x_2 - x_0) = f'(\xi_2)h.$$

两式相加，得

$$f(x_1) + f(x_2) - 2f(x_0) = [f'(\xi_2) - f'(\xi_1)]h.$$

　　对 $f'(x)$ 在区间 $[\xi_1, \xi_2]$ 上再用拉格朗日中值定理得，存在 $\xi \in (\xi_1, \xi_2)$，使得

$$f(x_1) + f(x_2) - 2f(x_0) = f''(\xi)(\xi_2 - \xi_1)h.$$

　　由已知条件得 $f''(\xi) > 0$. 且由 $\xi_2 - \xi_1 > 0$，$h > 0$，可得

$$f(x_1) + f(x_2) - 2f(x_0) > 0,$$

即

$$f\left(\frac{x_1+x_2}{2}\right) < \frac{f(x_1)+f(x_2)}{2},$$

所以 $f(x)$ 在 $[a,b]$ 上的图形是凹的.

（2）同理可证. 证毕.

注：定理 2.18 的结论还可以利用泰勒公式证明.（自证）

利用凹凸性，可以证明某些与定义形式类似的不等式.

例 1 试证明 $x\ln x+y\ln y>(x+y)\ln\dfrac{x+y}{2}(x>0,y>0,x\neq y)$.

证 取 $f(t)=t\ln t$，$f''(t)=\dfrac{1}{t}>0(t>0)$，故曲线 $y=t\ln t$ 在 $(0,+\infty)$ 内是凹的，因此对 $\forall x>0$，$y>0(x\neq y)$ 恒有

$$f\left(\frac{x+y}{2}\right)<\frac{f(x)+f(y)}{2},$$

即 $x\ln x+y\ln y>(x+y)\ln\dfrac{x+y}{2}(x>0,y>0,x\neq y)$ 成立.

2.7.2 曲线的拐点

定义 2.5 设函数 $y=f(x)$ 在点 x_0 的某邻域内连续，如果曲线 $y=f(x)$ 在经过点 $(x_0,f(x_0))$ 时，曲线的凹凸性发生了改变，称 $(x_0,f(x_0))$ 为曲线的**拐点**.

拐点定义还可以描述为，在 x_0 的两侧 $f''(x)$ 异号，则称点 $(x_0,f(x_0))$ 为该曲线的拐点. 若同号，则不是拐点.

定理 2.19（拐点的必要条件） 设函数 $f(x)$ 在点 x_0 的某邻域内具有二阶导数，若 $(x_0,f(x_0))$ 是曲线的拐点，则 $f''(x_0)=0$.

易见曲线 $y=x^3$，$y''=6x$ 在点 $(0,0)$ 的两侧异号，则 $(0,0)$ 是曲线的拐点.

而曲线 $y=x^4$，$y''=12x^2$ 在点 $(0,0)$ 两侧同号，则 $(0,0)$ 不是曲线的拐点. 即定理 2.19 中 $f''(x_0)=0$ 仅是拐点的必要条件.

例 2 求曲线 $y=3x^4-6x^3$ 的凹凸区间并求该曲线的拐点.

解 函数 $y=3x^4-6x^3$ 的定义域为 $(-\infty,+\infty)$. 且

$$y'=12x^3-18x^2，\quad y''=36x(x-1).$$

令 $y''=0$ 得，$x_1=0$，$x_2=1$. 列表讨论如下：

x	$(-\infty,0)$	0	$(0,1)$	1	$(1,+\infty)$
y''	+	0	−	0	+
y	凹	0	凸	−3	凹

因此，曲线 $y = 3x^4 - 6x^3$ 在区间 $(-\infty, 0]$ 及 $[1, +\infty)$ 上是凹的，在区间 $[0, 1]$ 上是凸的. 点 $(0, 0)$ 和 $(1, -3)$ 为曲线的拐点.

例 3 判断曲线 $y = \dfrac{1}{x}$ 的凹凸性.

解 函数 $y = \dfrac{1}{x}$ 的定义域为 $(-\infty, 0) \cup (0, +\infty)$. 且

$$y' = -\frac{1}{x^2}, \quad y'' = \frac{2}{x^3}.$$

在点 $x = 0$ 处 y'' 不存在. 列表讨论如下：

x	$(-\infty, 0)$	0	$(0, +\infty)$
y''	$-$	不存在	$+$
y	凸	不存在	凹

曲线 $y = \dfrac{1}{x}$ 在区间 $(-\infty, 0)$ 上是凸的，在区间 $(0, +\infty)$ 上是凹的.

由此说明，$f(x)$ 的二阶导数不存在的点，也有可能是使 $f''(x)$ 的符号发生改变的分界点.

由例 2 和例 3，判断曲线的凹凸性与求曲线的拐点的一般步骤为：

（1）找出函数的定义域，求函数的二阶导数 $f''(x)$；

（2）令 $f''(x) = 0$，解出全部实根，并求出所有使二阶导数不存在的点；

（3）对（2）中的每个点，检查其左右 $f''(x)$ 的符号，确定曲线的凹凸区间及拐点.

2.7.3 曲线的渐近线

在描点作图中，函数的定义域往往是无穷区间，因此在有限的平面上画出完整的函数的图像是不可行的，这就需要引入曲线的渐近线. 当曲线上的动点无限远离原点时，若曲线与一直线间的距离趋向于零，这条直线就称为曲线的**渐近线**.

定义 2.6

（1）如果 $\lim\limits_{x \to \infty} f(x) = C$，则称直线 $y = C$ 为曲线 $y = f(x)$ 的一条**水平渐近线**（见图 2-14a）；

（2）如果 $\lim\limits_{x \to x_0} f(x) = \infty$，则称直线 $x = x_0$ 为曲线 $y = f(x)$ 的一条**竖直**（又称铅直）**渐近线**（见图 2-14b）；

（3）如果 $\lim\limits_{x\to\infty}\left[f(x)-(kx+b)\right]=0$，则称直线 $y=kx+b$ 为曲线 $y=f(x)$ 的一条**斜渐近线**（见图 2-14c）. 其中

$$k=\lim\limits_{x\to\infty}\frac{f(x)}{x}\neq0 \text{ 且 } b=\lim\limits_{x\to\infty}\left[f(x)-kx\right].$$

注：类似可由单侧极限定义各种渐近线.

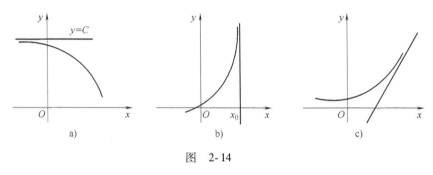

图　2-14

| 例 4 | 求曲线 $y=\mathrm{e}^{\frac{1}{x}}$ 的渐近线. |

解　因为 $\lim\limits_{x\to\infty}\mathrm{e}^{\frac{1}{x}}=1$，所以 $y=1$ 是曲线的一条水平渐近线；

又因为 $\lim\limits_{x\to0^+}\mathrm{e}^{\frac{1}{x}}=+\infty$，所以 $x=0$ 是曲线的一条竖直渐近线.

| 例 5 | 求曲线 $y=\dfrac{(2x-1)^2}{x-1}$ 的渐近线. |

解　因为 $\lim\limits_{x\to1}\dfrac{(2x-1)^2}{x-1}=\infty$，所以直线 $x=1$ 是曲线的一条竖直渐近线；

因为 $\lim\limits_{x\to\infty}\dfrac{\dfrac{(2x-1)^2}{x-1}}{x}=4$，且

$$\lim\limits_{x\to\infty}\left[\frac{(2x-1)^2}{x-1}-4x\right]=0,$$

所以直线 $y=4x$ 是曲线的一条斜渐近线.

2.7.4　函数图形的描绘

在认识了函数的奇偶性、周期性、单调性、极值、凹凸性、拐点和渐近线等特性后，可总结函数作图的一般步骤：

（1）确定函数 $y=f(x)$ 的定义域以及函数所具有的某些特性（如奇偶性、周期性等）；

（2）求出一阶导数 $f'(x)$ 和二阶导数 $f''(x)$；

（3）求出 $f'(x)=0$ 与 $f''(x)=0$ 在函数定义域内的全部实根，

以及 $f'(x)$ 与 $f''(x)$ 不存在的点，把函数的定义域分成若干个子区间；

（4）考察在每个子区间内 $f'(x)$ 与 $f''(x)$ 的符号，并由此确定函数的单调性与极值，以及函数图形的凹凸性与拐点；

（5）讨论曲线的水平渐近线、竖直渐近线和斜渐近线以及其他变化趋势；

（6）算出极值点、拐点在图形上的位置，补充一些特殊点，画出函数 $y=f(x)$ 的图形．

例6　作函数 $y=\dfrac{1}{\sqrt{2\pi}}e^{-\frac{x^2}{2}}$ 的图形．

解　（1）函数 $y=\dfrac{1}{\sqrt{2\pi}}e^{-\frac{x^2}{2}}$ 的定义域为 $(-\infty,+\infty)$．

显然，$f(x)$ 是偶函数，其图形关于 y 轴对称．

因此只需要讨论 $[0,+\infty)$ 上该函数的图形．

（2）$f'(x)=-\dfrac{1}{\sqrt{2\pi}}xe^{-\frac{x^2}{2}}$，$f''(x)=\dfrac{1}{\sqrt{2\pi}}(x^2-1)e^{-\frac{x^2}{2}}$．

（3）在 $[0,+\infty)$ 上，令 $f'(x)=0$，得 $x=0$；令 $f''(x)=0$ 得，$x=1$．用点 $x=1$ 把 $[0,+\infty)$ 划分成两个子区间 $[0,1]$ 和 $[1,+\infty)$．

（4）列表讨论如下：

x	0	$(0,1)$	1	$(1,+\infty)$
$f'(x)$	0	$-$	$-$	
$f''(x)$	$-$	$-$	0	$+$
$f(x)$	极大	⌢	拐点	⌣

（5）因为 $\lim\limits_{x\to+\infty}y=0$，所以图形有一条水平渐近线 $y=0$．

（6）计算在 $x=0$，1 处的函数值：$f(0)=\dfrac{1}{\sqrt{2\pi}}$，$f(1)=\dfrac{1}{\sqrt{2\pi e}}$．

适当补充一些点．例如，计算出 $f(2)=\dfrac{1}{\dfrac{1}{\sqrt{2\pi}}e^2}$，描出点 $\left(2,\dfrac{1}{\sqrt{2\pi}e^2}\right)$，结合（4）（5）的结果并连接这些点画出函数 $y=\dfrac{1}{\sqrt{2\pi}}e^{-\frac{x^2}{2}}$ 在 $[0,+\infty)$ 上的图形．最后，利用图形的对称性，便可得到函数在 $(-\infty,0]$ 上的图形（见图 2-15）．

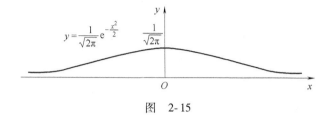

图 2-15

注：函数 $y = \dfrac{1}{\sqrt{2\pi}} e^{-\frac{x^2}{2}}$ 是概率论与数理统计中标准正态分布的概率密度函数.

习题 2-7

1. 求下列曲线的凹凸区间与拐点：

（1）$y = 4x - x^2$；　　　　（2）$y = x + \dfrac{1}{x}$；

（3）$y = \dfrac{4}{1+x^2}$；　　　　（4）$y = (x-1)\sqrt[3]{x^2}$.

2. 问 a 和 b 为何值时，点 $(1,3)$ 是曲线 $y = ax^3 + bx^2$ 的拐点？

3. 利用曲线的凹凸性证明以下不等式：

（1）$\dfrac{1}{2}(x^n + y^n) > \left(\dfrac{x+y}{2}\right)^n$ $(x>0, y>0, x \neq y, n>1)$；

（2）$x, y>0, x \neq y$，则 $xe^x + ye^y > (x+y)e^{\frac{x+y}{2}}$；

（3）$\sin \dfrac{x}{2} > \dfrac{x}{\pi}$ $(0<x<\pi)$.

4. 求下列曲线的渐近线：

（1）$y = \dfrac{4+4x-2x^2}{x^2}$；　　　　（2）$y = \dfrac{(x-3)^2}{4(x-1)}$.

5. 作出下列函数的图形：

（1）$y = x^4 - 2x^3 + 1$；　　　　（2）$y = x^2 + \dfrac{1}{x}$；

（3）$f(x) = \dfrac{4(x+1)}{x^2} - 2$；　　　　（4）$y = x\sqrt{3-x}$.

2.8 曲率

在实际应用中，经常遇到此类问题：例如火车在转弯的地方，铁轨需要用适当的曲线（缓冲区）来衔接，使火车平稳地运行，目前我国已进行了多次提速，每次提速都对弯道弯曲程度有明确的要求. 又如，钢结构桥梁在载荷的作用下产生弯曲变形，设计时需要对该桥梁的允许弯曲程度有一定的参数限制. 这些问题都与曲线的弯曲程度有关. 本节将介绍一个描述曲线弯曲程度的量——曲率.

2.8.1 弧微分

作为曲率的预备知识，先介绍弧微分的概念. 假设函数 $f(x)$ 在区间 (a,b) 内具有一阶连续导数. 在曲线 $C: y = f(x)$ 上取一定点 $M_0(x_0, y_0)$ 作为度量弧长的基点（见图 2-16），并规定以 x 增大的方向为曲线弧的正向. 对曲线 C 上任意一点 $M(x,y)$，规定有向弧段 $\overset{\frown}{M_0M}$ 值 s 如下：s 的绝对值为弧段 $\overset{\frown}{M_0M}$ 的长度；当 $x>x_0$ 时，$s>0$，当 $x<x_0$ 时，$s<0$. 可见，$s(x)$ 是 x 的单调增加函数，记为 $s=s(x)$. 下面求 $s=s(x)$ 的导数与微分.

设点 $N(x+\Delta x, f(x+\Delta x))$ 为曲线 C 上异于 $M(x,y)$ 的一点，M、N 两点对应的弦的长度记为 $|MN|$. 对应于 x 的增量 Δx，函数 $s=s(x)$ 的增量记为 Δs.

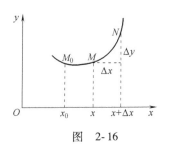

图 2-16

因为
$$|MN|^2=(\Delta x)^2+(\Delta y)^2,$$

于是
$$\frac{|MN|^2}{(\Delta s)^2}\cdot\frac{(\Delta s)^2}{(\Delta x)^2}=1+\frac{(\Delta y)^2}{(\Delta x)^2},$$

令 $\Delta x\to 0$ 取极限，并注意到
$$\lim_{\Delta x\to 0}\frac{|MN|^2}{(\Delta s)^2}=1,\quad \lim_{\Delta x\to 0}\frac{(\Delta y)^2}{(\Delta x)^2}=\left(\frac{\mathrm{d}y}{\mathrm{d}x}\right)^2,$$

得
$$\left(\frac{\mathrm{d}s}{\mathrm{d}x}\right)^2=1+\left(\frac{\mathrm{d}y}{\mathrm{d}x}\right)^2,$$

即
$$(\mathrm{d}s)^2=(\mathrm{d}x)^2+(\mathrm{d}y)^2.$$

由于 $s=s(x)$ 为单调增加函数，故
$$\frac{\mathrm{d}s}{\mathrm{d}x}=\sqrt{1+\left(\frac{\mathrm{d}y}{\mathrm{d}x}\right)^2}=\sqrt{1+y'^2},$$

即 $\mathrm{d}s=\sqrt{1+y'^2}\,\mathrm{d}x$，这就是**弧微分公式**.

2.8.2 曲率的定义及计算

1. 曲率的定义

曲率就是描述曲线弯曲程度的量，那么如何定量地描述曲线的弯曲程度呢？由图 2-17 可看出，曲线的弯曲程度与切线的转角有关系. 另一方面，由图 2-18 可看出，曲线弯曲程度还与曲线弧段的长度有关.

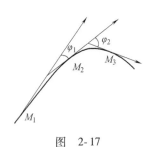

图 2-17

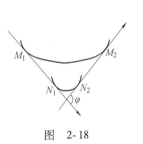

图 2-18

定义 2.7 设曲线 C 是光滑的（见图 2-19），设曲线上点 M 对应于弧 s，在点 M 处切线的倾角为 α（这里假定曲线 C 所在的平面上已设立了 xOy 坐标系），曲线上另外一点 M' 对应于弧 $s+\Delta s$，在点 M' 处切线的倾角为 $\alpha+\Delta\alpha$，那么，弧段 $\overset{\frown}{MM'}$ 的长度为 $|\Delta s|$，当动点从点 M 移动到点 M' 时切线转过的角度为 $|\Delta\alpha|$. 称 $\bar{K}=\left|\dfrac{\Delta\alpha}{\Delta s}\right|$ 为弧段 $\overset{\frown}{MM'}$ 的平均曲率. 若 $K=\lim\limits_{\Delta s\to 0}\left|\dfrac{\Delta\alpha}{\Delta s}\right|$ 存在，称极限值为曲线 C 在点 M 处的曲率.

显然，根据导数的定义，有

$$\lim_{\Delta s \to 0} \left| \frac{\Delta \alpha}{\Delta s} \right| = K = \left| \frac{d\alpha}{ds} \right|.$$

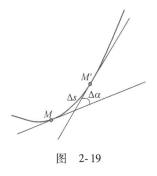

图 2-19

例 1 求半径为 r 的圆上一点 M 处的曲率 (图 2-20).

解 在圆上另取一点 M'，圆的切线所夹的角 $\Delta \alpha = \angle MDM'$.
而 $r \cdot \Delta \alpha = \Delta s$，于是

$$\frac{\Delta \alpha}{\Delta s} = \frac{\dfrac{\Delta s}{r}}{\Delta s} = \frac{1}{r},$$

从而

$$K = \left| \frac{d\alpha}{ds} \right| = \frac{1}{r}.$$

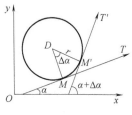

图 2-20

这说明圆上各点的曲率相同，**曲率都等于半径的倒数**，也就是说，圆的弯曲程度到处一样，且半径越小曲率越大，即圆弯曲得越厉害.

2. 曲率的计算

除了圆的曲率直接利用定义求出外，对于其他的曲线方程，求曲率将比较麻烦，为此推导不同类的曲率计算表达式.

(1) 设曲线的直角坐标方程是 $y = f(x)$，且 $f(x)$ 具有二阶导数 (这时 $f'(x)$ 连续，从而曲线是光滑的). 因为 $\tan \alpha = y'$，所以

$$\sec^2 \alpha \frac{d\alpha}{dx} = y'',$$

$$\frac{d\alpha}{dx} = \frac{y''}{1 + \tan^2 \alpha} = \frac{y''}{1 + y'^2},$$

于是

$$d\alpha = \frac{y''}{1 + y'^2} dx.$$

又 $ds = \sqrt{1 + y'^2}\, dx$. 根据

$$K = \left| \frac{d\alpha}{ds} \right|,$$

有

$$K = \frac{|y''|}{(1 + y'^2)^{3/2}}.$$

(2) 设曲线由参数方程 $\begin{cases} x = \varphi(t), \\ y = \psi(t) \end{cases}$ 给出，则可利用由参数方程所确定的函数的求导法，求出 y'_x 及 y''_x，可求得

$$K = \frac{|y''|}{(1 + y'^2)^{3/2}} = \frac{|\varphi'(t)\psi''(t) - \varphi''(t)\psi'(t)|}{[\varphi'^2(t) + \psi'^2(t)]^{3/2}}.$$

例 2 求直线上任意一点处的曲率.

解 设直线方程为 $y = kx + b$. 在直线上的任意一点 (x_0, y_0) 处的

切线的斜率为 k，因此对直线上任意两点切线的转角 $\Delta\alpha = 0$. 于是，由曲率的定义得

$$K = \lim_{\Delta s \to 0} \left| \frac{\Delta\alpha}{\Delta s} \right| = 0.$$

上述结果与我们的直觉"直线不弯曲"是一致的.

例3   计算等边双曲线 $xy = 1$ 在点 $(1,1)$ 处的曲率.

解   由 $y = \dfrac{1}{x}$ 得 $y' = -\dfrac{1}{-x^2}$，$y'' = \dfrac{2}{x^3}$.

因此， $y'|_{x=1} = -1$，$y''|_{x=1} = 2$.

根据 $K = \dfrac{|y''|}{(1 + y'^2)^{3/2}}$，曲线 $xy = 1$ 在点 $(1,1)$ 处的曲率为

$$K = \frac{2}{[1 + (-1)^2]^{3/2}} = \frac{\sqrt{2}}{2}.$$

例4   试求椭圆 $ax^2 + by^2 = 1 \,(0 < b \leqslant a)$ 曲率的最大值和最小值.

解   由于椭圆的参数方程为

$$\begin{cases} x = a\cos t, \\ y = b\sin t, \end{cases} t \in [0, 2\pi],$$

且

$$x'(t) = -a\sin t, \quad x''(t) = -a\cos t,$$
$$y'(t) = b\cos t, \quad y''(t) = -b\sin t.$$

从而 $$K = \frac{ab}{[(a^2 - b^2)\sin^2 t + b^2]^{3/2}}.$$

因此，当 $t = 0$，π 时，$\sin^2 t = 0$，从而曲率 K 取得最大值 $\dfrac{a}{b^2}$.

当 $t = \dfrac{\pi}{2}$，$\dfrac{3\pi}{2}$ 时，$\sin^2 t = 1$，从而曲率 K 取得最小值 $\dfrac{b}{a^2}$.

2.8.3 曲率圆与曲率中心

由例 1 知道，圆的曲率等于它的半径的倒数. 一般地，若曲线 $y = f(x)$ 在点 $M(x, y)$ 处的曲率为 $K\,(K \neq 0)$，称曲率 K 的倒数为曲线在点 M 处的**曲率半径**，记作 ρ，即

$$\rho = \frac{1}{K}.$$

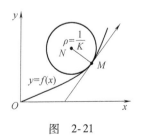

图 2-21

定义 2.8   在点 M 处作曲线 $y = f(x)$ 的法线，在曲线凹的一侧的法线上取一点 N，使 $|MN| = \rho$. 以 N 为圆心，ρ 为半径作圆（见图 2-21），这个圆称为曲线在点 M 处的**曲率圆**，圆心 N 叫作曲线在点 M 处的**曲率中心**.

显然，这个曲率圆具有下列性质：

（1）通过点 M，在点 M 与曲线相切；

（2）曲率圆与曲线具有相同的曲率和凹向；

（3）圆的曲率与曲线在点 M 的曲率相同.

因此，在研究实际问题中（例如桥梁的弯曲程度、轨道的弯曲程度），常常用曲率圆在点 M 邻近的一段圆弧代替该点邻近的曲线弧.

例 5　火车轨道从直道进入轨道半径为 R 的圆弧弯道时，为了行车安全必须经过一段缓冲的轨道，以使铁道的曲率由零连续地增加到 $\dfrac{1}{R}$，以保证火车安全行驶.（使火车的向心加速度不发生跳跃性的突变）.

解　如图 2-22 所示，图中 x 轴（$x \leqslant 0$）表示直线轨道，$\overparen{AB}$ 是半径为 R 的圆弧轨道，$\overparen{OA}$ 为缓冲轨道.

我国一般采用的缓冲曲线是三次曲线：$y = \dfrac{x^3}{6Rl}$，其中 l 为曲线 $\overparen{OA}$ 的弧长.

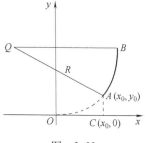

图　2-22

曲线 $\overparen{OA}$ 上每点的曲率为

$$K = \frac{|y''|}{(1+y'^2)^{3/2}} = \frac{8R^2l^2x}{(4R^2l^2+x^4)^{3/2}},$$

当 x 从 0 变为 x_0 时，曲率 K 从 0 连续地变为

$$K_0 = \frac{8R^2l^2x_0}{(4R^2l^2+x_0^4)^{3/2}} = \frac{1}{R} \cdot \frac{8l^2x_0}{\left(4l^2+\dfrac{x_0^4}{R^2}\right)^{3/2}},$$

当 $x_0 \approx l$，且 $\dfrac{x_0}{R}$ 很小时，$K_0 \approx \dfrac{1}{R}$. 因此曲线段 $\overparen{OA}$ 的曲率从 0 渐渐增加到接近于 $\dfrac{1}{R}$，从而起到缓冲作用.

例 6　假设工件内表面的截线为抛物线 $y = 0.2x^2$，如图 2-23 所示. 现在要用砂轮磨削其内表面，问用直径多大的砂轮才比较合适？

解　抛物线在其顶点处的曲率最大，砂轮的半径不应大于抛物线顶点处的曲率半径. 因此，只要求出抛物线 $y = 0.2x^2$ 在顶点 O (0,0)处的曲率半径. 由

$$y' = 0.4x, \quad y'' = 0.4,$$

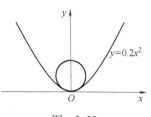

图　2-23

有 $y'|_{x=0}=0$，$y''|_{x=0}=0.4$．把它们代入曲率公式，得 $K=0.4$，因而求得抛物线顶点处的曲率半径

$$\rho=\frac{1}{K}=2.5.$$

所以选用砂轮的半径不得超过 2.5 单位长．即直径不超过 5 单位长．

对于用砂轮密削一般工件的内表面时，也有类似的结论，即选用的砂轮的半径不应超过这工件内表面的截线上各点处曲率半径中的最小值．

习题 2-8

1. 求下列曲线在指定点处的曲率及曲率半径：

(1) $y^2=2px$，$x=1$；

(2) $\begin{cases} x=a(t-\sin t), \\ y=a(1-\cos t), \end{cases}$ 在 $t=\frac{\pi}{3}$ 处；

(3) $\frac{x^2}{4}+y^2=1$，在 $(0,1)$ 处；

(4) $y=3x^2+x$，在 $(0,0)$ 处．

2. 抛物线 $y=ax^2+bx+c$ 上哪一点处的曲率最大？

3. 求曲线 $\rho=a\sin^3\frac{\theta}{3}$ 在其上一点 (ρ,θ) 处的曲率半径．

4. 一工件的表面呈椭圆弧形的一部分，其方程为 $\frac{x^2}{50^2}+\frac{y^2}{40^2}=1$（单位：mm），现在用圆柱形铣刀去加工，问铣刀的直径应选多大，才能获得较好的效果？

5. 求曲线 $y=\tan x$ 在点 $\left(\frac{\pi}{4},1\right)$ 处的曲率圆方程．

6. 求曲线 $y=\ln x$ 在其与 x 轴的交点处的曲率圆方程．

总习题二

1. 填空题

(1) 设 $y=\ln f(\sin x)$，则 $\mathrm{d}y=$ ＿＿＿＿＿＿＿＿．

(2) 设 $y=x\arctan x-\ln\sqrt{1+x^2}$，则 $\mathrm{d}y=$ ＿＿＿＿＿＿．

(3) 设 $f(x^2+1)=x^4+x^2+1$，则 $f'(x^2+1)=$ ＿＿＿＿＿＿＿＿＿＿．

(4) 设 $\begin{cases} x=f(t), \\ y=f(e^{3t}-1), \end{cases}$ 其中 f 为可导函数，且 $f'(0)\neq0$，则 $\dfrac{\mathrm{d}y}{\mathrm{d}x}\Big|_{t=0}=$ ＿＿＿＿＿＿．

(5) 已知 $y=f\left(\dfrac{3x-2}{3x+2}\right)$，$f'(x)=\arcsin x^2$，则 $\dfrac{\mathrm{d}y}{\mathrm{d}x}\Big|_{x=0}=$ ＿＿＿＿＿＿．

(6) 设 $y=x^e+e^x+\ln x+e^e$，则 $y'=$ ＿＿＿＿＿＿．

(7) $(x^x)'=$ ＿＿＿＿＿＿．

(8) 曲线 $y=x+e^x$ 在点 $(0,1)$ 处的切线方程是＿＿＿＿＿＿．

(9) $\mathrm{d}y-\Delta y$ 的近似值是＿＿＿＿＿＿．

(10) 设 $y=x^n+e$，则 $y^{(n)}=$ ＿＿＿＿＿＿．

2. 选择题

(1) 设 $f(x)$ 在 $x=2$ 处连续，且 $\lim\limits_{x\to2}\dfrac{f(x)}{x-2}=3$，则 $f'(2)$ 为（　　）．

A. 2 　　　　　　　　　B. 3

C. 6 　　　　　　　　　D. 无法确定

(2) 设 $f(x)$ 可导，则 $\lim\limits_{x\to0}\dfrac{f(2-2x)-f(2)}{x}=$（　　）．

A. $f'(2)$ 　　　　　　　B. $-f'(2)$

C. $2f'(2)$ 　　　　　　D. $-2f'(2)$

(3) 设 $f(x)$ 在点 x_0 处可导，则下列命题中正确

的是(　　).

  A. $\lim\limits_{x\to x_0}\dfrac{f(x)-f(x_0)}{x-x_0}$ 存在

  B. $\lim\limits_{x\to x_0}\dfrac{f(x)-f(x_0)}{x-x_0}$ 不存在

  C. $\lim\limits_{x\to x_0^+}\dfrac{f(x)-f(x_0)}{x}$ 存在

  D. $\lim\limits_{\Delta x\to 0}\dfrac{f(x)-f(x_0)}{\Delta x}$ 不存在

  (4) 设 $f(x)=\begin{cases}\dfrac{|x^2-1|}{x-1}, & x\neq1,\\ 2, & x=1,\end{cases}$ 则在点 $x=1$ 处

函数 $f(x)$(　　).

  A. 不连续

  B. 连续但不可导

  C. 可导且导数不连续

  D. 可导且导数连续

  (5) 曲线 $y=\dfrac{x^2+2x-3}{(x^3-x)(x^2+1)}$ 的竖直渐近线的条

数是(　　).

  A. 0   B. 1

  C. 2   D. 3

  (6) 设 $f(x)$ 的导数在 $x=a$ 处连续，又 $\lim\limits_{x\to a}\dfrac{f'(x)}{x-a}=$

-1，则(　　).

  A. $x=a$ 是 $f(x)$ 的极小值点

  B. $x=a$ 是 $f(x)$ 的极大值点

  C. $(a,f(a))$ 是曲线 $y=f(x)$ 的拐点

  D. $x=a$ 不是 $f(x)$ 的极值点，$(a,f(a))$ 也不是
   曲线 $y=f(x)$ 的拐点

  (7) 若 $f(x)=-f(-x)$，在 $(0,+\infty)$ 内 $f'(x)>0$,
$f''(x)>0$，则在 $(-\infty,0)$ 内(　　).

  A. $f'(x)<0$，$f''(x)<0$

  B. $f'(x)<0$，$f''(x)>0$

  C. $f'(x)>0$，$f''(x)<0$

  D. $f'(x)>0$，$f''(x)>0$

  (8) 设 $f(x)=x^2|x|$，若 $f^{(n)}(0)$ 存在，而
$f^{(n+1)}(0)$ 不存在，则 $n=$(　　).

  A. 1   B. 2

  C. 3   D. 4

  (9) $f(x)=x^3-6x^2-11x-6$ 在 $[2,4]$ 上(　　).

  A. 凸的

  B. 凹的

  C. 既有凹的又有凸的

  D. 单调增加

  (10) 设 $f(x)$ 在 $[0,1]$ 上满足 $f''(x)>0$，则
$f'(1)$、$f'(0)$ 和 $f(1)-f(0)$ 的大小顺序为(　　).

  A. $f'(1)>f'(0)>f(1)-f(0)$

  B. $f'(1)>f(1)-f(0)>f'(0)$

  C. $f(1)-f(0)>f'(1)>f'(0)$

  D. $f'(1)>f(0)-f(1)>f'(0)$

  3. 求由方程 $x-y+\dfrac{1}{2}\sin y=0$ 确定的函数 $y=$

$y(x)$，并求 $\dfrac{d^2y}{dx^2}$.

  4. 求下列极限：

  (1) $\lim\limits_{x\to0}\dfrac{\tan x-x}{x^2\sin x}$;   (2) $\lim\limits_{x\to0}\dfrac{\ln(1+x^2)}{\sec x-\cos x}$;

  (3) $\lim\limits_{x\to0}\dfrac{\sqrt{x^2+1}-\cos x}{x^2}$; (4) $\lim\limits_{x\to+\infty}\left(\dfrac{2}{\pi}\arctan x\right)^x$.

  5. 设由方程 $\begin{cases}x=t^2+2t,\\ t^2-y+\varepsilon\sin y=1\end{cases}$ $(0<\varepsilon<1)$ 确定函数

$y=y(x)$ 求 $\dfrac{dy}{dx}$.

  6. 证明：当 $x\geqslant1$ 时，$2\arctan x+\arcsin\dfrac{2x}{1+x^2}=\pi$.

  7. 证明：当 $x>1$ 时有 $e^x>\dfrac{e}{2}(x^2+1)$.

  8. 若 $f(x)$ 具有连续的二阶导数，且 $f(0)=$
$f'(0)=0$，$f''(0)=6$. 求 $\lim\limits_{x\to0}\dfrac{f(\sin^2 x)}{x^4}$.

  9. 已知 $f(x)$ 二阶可导，且 $\lim\limits_{x\to0}\dfrac{f(x)}{x}=0$，$f(1)=0$,

试证：在 $(0,1)$ 内至少存在一点 ξ，使得 $f''(\xi)=0$.

  10. 设 $f(x)$ 在 $[0,1]$ 上连续，在 $(0,1)$ 内可导,

且 $\lim\limits_{x\to1^-}\dfrac{f(x)}{\sin\pi x}=a$($a$ 为有限常数)，证明：存在一点

$\xi\in(0,1)$，使 $\xi f'(\xi)=-3f(\xi)$.

  11. 设 $f(x)$ 在 $[1,2]$ 上具有二阶导数 $f''(x)$，且
$f(2)=f(1)=0$. 若 $F(x)=(x-1)f(x)$，证明：至少
存在一点 $\xi\in(1,2)$，使得 $F''(\xi)=0$.

  12. 设函数 $f(x)$ 在 $[1,4]$ 上连续，在 $(1,4)$ 内可

导，且 $f(1)+\dfrac{f(2)}{2}+\dfrac{f(3)}{3}=3$，$f(4)=4$，试证明：

（1）存在 $\xi\in[1,3]$，使得 $f(\xi)=\xi$.

（2）存在 $\eta\in(1,4)$，使得 $f'(\eta)=\dfrac{f(\eta)}{\eta}$.

13. 设 $f(x)$ 在 $[0,1]$ 上连续，在 $(0,1)$ 内可导，且 $f(0)=f(1)=0$，$f\left(\dfrac{1}{2}\right)=1$，试证：

（1）存在 $\eta\in\left(\dfrac{1}{2},\ 1\right)$，使 $f(\eta)=\eta$；

（2）对任意的实数 λ，存在 $\xi\in(0,\eta)$，使 $f'(\xi)-\lambda[f(\xi)-\xi]=1$.

14. 设 $f(x)$ 在 $[0,+\infty)$ 可导，且 $f'(x)\geqslant k>0$，$f(0)<0$，证明：方程 $f(x)=0$ 在 $(0,+\infty)$ 内有唯一的实根.

3

第 3 章

不定积分

"只有在微积分发明之后，物理学才成为一门科学．只有在认识到自然现象是连续之后，构造抽象模型的努力才取得成功．"

——黎曼

　　前一章介绍了函数的导数与微分，本章将进入微积分课程中的积分学部分，主要介绍微分的反问题：已知某一函数的导函数，求此函数．这种逆运算称为不定积分．不定积分的出现源于 17 世纪牛顿(Newton)和莱布尼茨(Leibniz)的工作，他们发现了微分和积分的互逆关系，并且找到了求不定积分的基本方法．本章将介绍不定积分的定义和计算方法，为下一章定积分做准备．

　　本章给出了不定积分的概念和几何意义，并指出不定积分与导数间的互逆关系．利用这一关系，得到不定积分的性质，基本积分公式和不定积分的基本方法——换元法和分部积分法．最后，结合这些方法，给出有理函数、三角函数有理式不定积分的一般方法．

基本要求：

1. 理解原函数和不定积分的概念、不定积分的基本性质，掌握不定积分的基本积分表中的公式．

2. 掌握不定积分的求法，不定积分的换元法和分部积分法．

3. 会求有理函数、三角函数有理式的积分．

知识结构图：

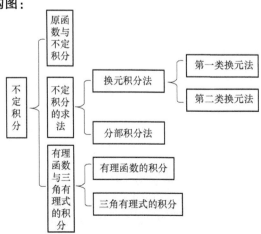

3.1 不定积分的概念与性质

3.1.1 原函数与不定积分的概念

微课视频 3.1
不定积分的定义和性质

1. 原函数的概念

> **定义 3.1** 给定区间 I 上的函数 $f(x)$，若存在可导函数 $F(x)$，使得 $F(x)$ 的导函数恰为 $f(x)$，即对任一个 $x \in I$，都有
> $$F'(x) = f(x) \text{ 或 } dF(x) = f(x)dx,$$
> 则称函数 $F(x)$ 为 $f(x)$（或 $f(x)dx$）在区间 I 上的一个原函数.

例如，因为 $(\sin x)' = \cos x$，所以 $\sin x$ 是 $\cos x$ 的一个原函数.

关于原函数的存在性问题，给出以下定理，其证明将在下一章给出.

> **定理 3.1**（原函数存在定理）   设 $f(x)$ 为区间 I 上的连续函数，则存在函数 $F(x)$，使得对任意 $x \in I$，都有
> $$F'(x) = f(x).$$

简单地说就是：连续函数一定存在原函数.

注：（1）若函数 $f(x)$ 在区间 I 上有原函数 $F(x)$，则原函数不唯一.

由于原函数 $F(x)$ 满足，对任意 $x \in I$，都有 $F'(x) = f(x)$. 因此，对任意常数 C 都有
$$[F(x) + C]' = F'(x) = f(x),$$
从而，函数族 $\{F(x) + C\}$ 中的任何一个函数都是 $f(x)$ 的原函数.

（2）若函数 $\Phi(x)$ 是 $f(x)$ 的另一个原函数，即对任一个 $x \in I$，有
$$\Phi'(x) = f(x).$$
从而，
$$[\Phi(x) - F(x)]' = \Phi'(x) - F'(x) = f(x) - f(x) \equiv 0,$$
结合第 3 章中拉格朗日中值定理的推论得
$$\Phi(x) - F(x) = C_0,$$
其中 C_0 为个常数，即
$$\Phi(x) = F(x) + C_0.$$

（3）函数 $f(x)$ 的任何一个原函数 $\Phi(x)$ 都可以表示为它的一个原函数 $F(x)$ 与某个常数 C_0 的和. 由此可知，函数族
$$\{F(x) + C \mid -\infty < C < +\infty\}$$

表示了 $f(x)$ 的全体原函数，我们称之为不定积分.

2. 不定积分的概念

> **定义 3.2**　在区间 I 上，函数 $f(x)$ 的全体原函数称为 $f(x)$ 在区间 I 上的**不定积分**，记作
>
> $$\int f(x)\mathrm{d}x,$$
>
> 其中，符号 $\int$ 称为积分号；$f(x)$ 称为被积函数；$f(x)\mathrm{d}x$ 称为被积表达式；x 称为积分变量.

注：若在区间 I 上，$F'(x)=f(x)$，则

$$\int f(x)\mathrm{d}x = F(x) + C.$$

例 1　求 $\int\cos x\mathrm{d}x$.

解　因为 $(\sin x)'=\cos x$，所以 $\sin x$ 是 $\cos x$ 的一个原函数，故

$$\int\cos x\mathrm{d}x = \sin x + C.$$

例 2　求 $\int\dfrac{1}{x}\mathrm{d}x$.

解　当 $x\in(0,+\infty)$ 时，由 $(\ln x)'=\dfrac{1}{x}$，得

$$\int\frac{1}{x}\mathrm{d}x = \ln x + C.$$

当 $x\in(-\infty,0)$ 时，由 $[\ln(-x)]'=\dfrac{1}{-x}(-1)=\dfrac{1}{x}$，得

$$\int\frac{1}{x}\mathrm{d}x = \ln(-x) + C.$$

综上所述结果，得

$$\int\frac{1}{x}\mathrm{d}x = \ln|x| + C.$$

例 3　设曲线通过点 $(2,3)$，且曲线上任一点处的切线斜率等于该点横坐标的两倍，求该曲线的方程.

解　设所求的曲线方程为 $y=f(x)$，则

$$f'(x)=2x,$$

于是

$$f(x) = \int 2x\mathrm{d}x = x^2 + C.$$

因为所求曲线通过点 $(2,3)$，即 $f(2)=3$，故 $C=-1$.

因此，所求曲线方程为

$$y=x^2-1.$$

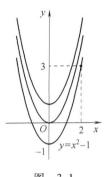

图 3-1

其图形如图 3-1 所示.

注：函数 $f(x)$ 的原函数 $y = F(x)$ 的图形称为**积分曲线**，全体原函数的图形称为 $f(x)$ 的积分曲线族，它是由某条积分曲线沿 y 轴方向平移而得到的. 本例即是求函数 $2x$ 通过点 $(2,3)$ 的那条积分曲线.

3.1.2　不定积分的性质

由于求不定积分与求导数互为逆运算，因此有：

性质 1　$\left[\int f(x)\mathrm{d}x\right]' = f(x)$ 或 $\mathrm{d}\int f(x)\mathrm{d}x = f(x)\mathrm{d}x$；

$\int F'(x)\mathrm{d}x = F(x) + C$ 或 $\int \mathrm{d}F(x) = F(x) + C.$

性质 2　设函数 $f(x)$ 及 $g(x)$ 的原函数均存在，则

$$\int [f(x) \pm g(x)]\mathrm{d}x = \int f(x)\mathrm{d}x \pm \int g(x)\mathrm{d}x.$$

性质 3　设函数 $f(x)$ 的原函数存在，k 为非零常数，则

$$\int kf(x)\mathrm{d}x = k\int f(x)\mathrm{d}x.$$

3.1.3　基本积分公式及举例

1. 基本积分公式

既然积分运算是微分运算的逆运算，那么很自然地可以由基本初等函数的导数公式得到下列基本积分公式：

（1）$\int k\mathrm{d}x = kx + C$　（k 是常数）；

（2）$\int x^{\mu}\mathrm{d}x = \dfrac{1}{\mu + 1}x^{\mu+1} + C$　（$\mu \neq -1$）；

（3）$\int \dfrac{1}{x}\mathrm{d}x = \ln|x| + C$；

（4）$\int a^{x}\mathrm{d}x = \dfrac{a^{x}}{\ln a} + C$　（$a > 0$，且 $a \neq 1$）；

（5）$\int \mathrm{e}^{x}\mathrm{d}x = \mathrm{e}^{x} + C$；

（6）$\int \sin x\mathrm{d}x = -\cos x + C$；

（7）$\int \cos x\mathrm{d}x = \sin x + C$；

（8）$\int \sec^2 x \mathrm{d}x = \tan x + C$；

（9）$\int \csc^2 x \mathrm{d}x = -\cot x + C$；

（10）$\int \sec x \tan x \mathrm{d}x = \sec x + C$；

（11）$\int \csc x \cot x \mathrm{d}x = -\csc x + C$；

（12）$\int \dfrac{1}{\sqrt{1 - x^2}} \mathrm{d}x = \arcsin x + C$；

（13）$\int \dfrac{1}{1 + x^2} \mathrm{d}x = \arctan x + C$.

以上公式是计算不定积分的基础，必须熟记.

2. 举例

下面结合不定积分的性质和基本积分表，举几个常见的例子.

例 4　求 $\int x^2 \sqrt{x} \mathrm{d}x$.

解　$\int x^2 \sqrt{x} \mathrm{d}x = \int x^{\frac{5}{2}} \mathrm{d}x = \dfrac{2}{7} x^{\frac{7}{2}} + C$.

例 5　求 $\int (1 - \sqrt[3]{x^2})^2 \mathrm{d}x$.

解　$\int (1 - \sqrt[3]{x^2})^2 \mathrm{d}x = \int \left(1 - 2x^{\frac{2}{3}} + x^{\frac{4}{3}}\right) \mathrm{d}x$

$$= \int 1 \mathrm{d}x - 2 \int x^{\frac{2}{3}} \mathrm{d}x + \int x^{\frac{4}{3}} \mathrm{d}x$$

$$= x - \frac{6}{5} x^{\frac{5}{3}} + \frac{3}{7} x^{\frac{7}{3}} + C.$$

例 6　求 $\int \dfrac{x^6 + 2x^4 + x^2 + 1}{1 + x^2} \mathrm{d}x$.

解　$\int \dfrac{x^6 + 2x^4 + x^2 + 1}{1 + x^2} \mathrm{d}x = \int \dfrac{x^4(x^2 + 1) + x^2(x^2 + 1) + 1}{1 + x^2} \mathrm{d}x$

$$= \int \left(x^4 + x^2 + \frac{1}{1 + x^2}\right) \mathrm{d}x$$

$$= \frac{1}{5} x^5 + \frac{1}{3} x^3 + \arctan x + C.$$

例 7　求 $\int \sin^2 \dfrac{x}{2} \mathrm{d}x$.

解　$\int \sin^2 \dfrac{x}{2} \mathrm{d}x = \dfrac{1}{2} \int (1 - \cos x) \mathrm{d}x = \dfrac{x}{2} - \dfrac{\sin x}{2} + C$.

习题 3-1

1. 利用导数验证下列不定积分:

(1) $\int \sin 2x \mathrm{d}x = -\dfrac{1}{2}\cos 2x + C$;

(2) $\int \dfrac{2}{x^2 + 2x + 5}\mathrm{d}x = \arctan \dfrac{x+1}{2} + C$.

2. 请问 $\int f'(x)\mathrm{d}x$ 与 $\dfrac{\mathrm{d}}{\mathrm{d}x}\left(\int f(x)\mathrm{d}x\right)$ 是否相等?

3. 求下列不定积分:

(1) $\int (\mathrm{e}^x + \sin x)\mathrm{d}x$;　　(2) $\int \mathrm{e}^x 2^{\frac{x}{2}}\mathrm{d}x$;

(3) $\int x^3 \sqrt{x}\,\mathrm{d}x$;　　(4) $\int \left(\dfrac{1}{x^3} + \sqrt{x}\right)^2 \mathrm{d}x$;

(5) $\int \dfrac{\sqrt{x^3} + 1}{\sqrt{x}}\mathrm{d}x$;　　(6) $\int \dfrac{x^2 + x + 1}{x(x^2 + 1)}\mathrm{d}x$;

(7) $\int x^{-1}(x - 1)^2 \mathrm{d}x$;　　(8) $\int \dfrac{1}{\sqrt{x\sqrt{x\sqrt{x}}}}\mathrm{d}x$;

(9) $\int \dfrac{3^x - 5^x}{2^x}\mathrm{d}x$;　　(10) $\int \dfrac{\mathrm{e}^{2x} - 1}{\mathrm{e}^x}\mathrm{d}x$;

(11) $\int \tan^2 x \mathrm{d}x$;　　(12) $\int \cos^2 \dfrac{x}{2}\mathrm{d}x$;

(13) $\int \sec x(\sec x - \tan x)\mathrm{d}x$;

(14) $\int \dfrac{\sin 2x}{\cos x}\mathrm{d}x$;

(15) $\int \sin x(\csc x - 2\cot x)\mathrm{d}x$;

(16) $\int \dfrac{1 + \sin 2x}{\cos x + \sin x}\mathrm{d}x$;

(17) $\int \dfrac{1}{1 - \cos 2x}\mathrm{d}x$;　　(18) $\int \dfrac{\sec^2 \dfrac{x}{2}}{\sin^2 \dfrac{x}{2}}\mathrm{d}x$;

(19) $\int \dfrac{\cos 2x}{\cos x - \sin x}\mathrm{d}x$;　　(20) $\int \dfrac{\cos 2x}{\sin^2 x \cos^2 x}\mathrm{d}x$;

(21) $\int \sqrt{\cos 2x + 1}\,\mathrm{d}x$;

(22) $\int \dfrac{\sqrt{1 - x^2} - 2 - 2x^2}{(1 + x^2)\sqrt{1 - x^2}}\mathrm{d}x$;

(23) $\int \dfrac{(x - 1)(x + 3)}{x^2}\mathrm{d}x$;

(24) $\int \dfrac{\sqrt{1 + x^2}}{\sqrt{1 - x^4}}\mathrm{d}x$;

(25) $\int (1 + x)(1 + \sqrt{x})\mathrm{d}x$;

(26) $\int \left(\dfrac{\sqrt{x + 1}}{\sqrt{1 - x}} + \dfrac{\sqrt{1 - x}}{\sqrt{x + 1}}\right)\mathrm{d}x$.

4. 已知 $f'(x) = \mathrm{e}^{x^2}$, 求 $\mathrm{d}\left(\int f'(x)\mathrm{d}x\right)$.

5. 已知一曲线通过原点, 且曲线上任一点处的切线斜率等于该点横坐标的平方, 求该曲线的方程.

3.2　换元积分法与分部积分法

　　　　利用基本积分公式和不定积分的基本性质可以求解一部分不定积分. 本节将利用复合函数求导法则和两函数之积求导法则分别得到换元积分法(简称换元法)和分部积分法, 部分地解决两函数之积的不定积分问题. 换元积分法分为第一类换元法和第二类换元法. 它最先是由牛顿在 1666 年的论文《流数简论》中提出. 紧接着, 在 1673 年至 1674 年, 莱布尼茨也创立了不定积分的变换法, 就是当今的换元法和分部积分法. 下面, 首先介绍换元法.

3.2.1 换元法

1. 第一类换元法

微课视频 3.2
换元积分法

> **定理 3.2**　设函数 $F(u)$ 是 $f(u)$ 的一个原函数，$u = \varphi(x)$ 可导，则有换元积分公式
>
> $$\int f(\varphi(x))\varphi'(x)\,\mathrm{d}x = \left[\int f(u)\,\mathrm{d}u\right]_{u=\varphi(x)} \qquad (1)$$
> $$= F(\varphi(x)) + C.$$

证　由复合函数求导法则，得

$$[F(\varphi(x))]' = F'(\varphi(x))\varphi'(x) = f(\varphi(x))\varphi'(x),$$

所以换元积分公式(1)成立. 证毕.

运用第一类换元积分公式(1)的关键在于找到 $\varphi(x)$，利用换元 $\mathrm{d}u = \varphi'(x)\,\mathrm{d}x$ 把原有的积分表达式凑成 $f(\varphi(x))\varphi'(x)\,\mathrm{d}x = f(u)\,\mathrm{d}u$，这种方法也称为**凑微分法**.

例 1　求 $\displaystyle\int \frac{1}{(4+3x)^3}\mathrm{d}x$.

解　令 $u = 4+3x$，得

$$\int \frac{1}{(4+3x)^3}\mathrm{d}x = \frac{1}{3}\int \frac{1}{(4+3x)^3}(4+3x)'\mathrm{d}x$$
$$= \frac{1}{3}\int \frac{1}{u^3}\mathrm{d}u = -\frac{1}{6}\frac{1}{u^2} + C$$
$$= -\frac{1}{6(4+3x)^2} + C.$$

练习 1　求 $\displaystyle\int \sin 2x\,\mathrm{d}x$.

例 2　求 $\displaystyle\int \frac{1}{a^2+x^2}\mathrm{d}x$.

解　$\displaystyle\int \frac{1}{a^2+x^2}\mathrm{d}x = \int \frac{1}{a^2}\cdot\frac{1}{1+\dfrac{x^2}{a^2}}\mathrm{d}x$

$$= \frac{1}{a}\int \frac{1}{1+\left(\dfrac{x}{a}\right)^2}\mathrm{d}\left(\frac{x}{a}\right)$$
$$= \frac{1}{a}\arctan\frac{x}{a} + C.$$

例 3　求 $\displaystyle\int \frac{1}{a^2-x^2}\mathrm{d}x$.

解 $\displaystyle\int \frac{1}{a^2 - x^2}\mathrm{d}x = \frac{1}{2a}\int \left(\frac{1}{a-x} + \frac{1}{a+x}\right)\mathrm{d}x$

$\displaystyle = \frac{1}{2a}\int \frac{1}{a-x}\mathrm{d}x + \frac{1}{2a}\int \frac{1}{a+x}\mathrm{d}x$

$\displaystyle = -\frac{1}{2a}\int \frac{1}{a-x}\mathrm{d}(a-x) + \frac{1}{2a}\int \frac{1}{a+x}\mathrm{d}(a+x)$

$\displaystyle = -\frac{1}{2a}\ln|a-x| + \frac{1}{2a}\ln|a+x| + C$

$\displaystyle = \frac{1}{2a}\ln\left|\frac{a+x}{a-x}\right| + C.$

例 4   求 $\displaystyle\int \frac{1}{\sqrt{a^2 - x^2}}\mathrm{d}x$ $(a > 0)$.

解 $\displaystyle\int \frac{1}{\sqrt{a^2 - x^2}}\mathrm{d}x = \int \frac{1}{a}\cdot\frac{1}{\sqrt{1 - \dfrac{x^2}{a^2}}}\mathrm{d}x = \int \frac{1}{\sqrt{1 - \left(\dfrac{x}{a}\right)^2}}\mathrm{d}\left(\frac{x}{a}\right)$

$\displaystyle = \arcsin\frac{x}{a} + C.$

例 5   求 $\displaystyle\int \frac{1}{x(\ln x)^2}\mathrm{d}x$.

解 $\displaystyle\int \frac{1}{x(\ln x)^2}\mathrm{d}x = \int \frac{1}{(\ln x)^2}\mathrm{d}(\ln|x|) = \int \frac{1}{(\ln x)^2}\mathrm{d}(\ln x)$

$\displaystyle = -\frac{1}{(\ln x)} + C.$

例 6   求 $\displaystyle\int \tan x\,\mathrm{d}x$.

解   设 $u = \cos x$，则

$\displaystyle\int \tan x\,\mathrm{d}x = \int \frac{\sin x}{\cos x}\mathrm{d}x = -\int \frac{1}{\cos x}\mathrm{d}(\cos x)$

$\displaystyle = -\int \frac{1}{u}\mathrm{d}u = -\ln|u| + C = -\ln|\cos x| + C.$

注：同理可得 $\displaystyle\int \cot x\,\mathrm{d}x = \ln|\sin x| + C$.

例 7   求 $\displaystyle\int 2\sin 2x\cos 3x\,\mathrm{d}x$.

解   由积化和差公式

$$\sin A\cos B = \frac{1}{2}[\sin(A+B) + \sin(A-B)],$$

得

$$\int 2\sin 2x\cos 3x\mathrm{d}x = \int[\sin 5x + \sin(-x)]\mathrm{d}x$$

$$= \frac{1}{5}\int\sin 5x\mathrm{d}(5x) - \int\sin x\mathrm{d}x$$

$$= -\frac{1}{5}\cos 5x + \cos x + C.$$

例 8　　求 $\int\cos^3 x\sin^2 x\mathrm{d}x.$

解　　$\int\cos^3 x\sin^2 x\mathrm{d}x = \int\cos^2 x\sin^2 x\mathrm{d}(\sin x)$

$$= \int(1 - \sin^2 x)\sin^2 x\mathrm{d}(\sin x)$$

$$= \int\sin^2 x\mathrm{d}(\sin x) - \int\sin^4 x\mathrm{d}(\sin x)$$

$$= \frac{1}{3}\sin^3 x - \frac{1}{5}\sin^5 x + C.$$

例 9　　求 $\int\sec^4 x\mathrm{d}x.$

解　　$\int\sec^4 x\mathrm{d}x = \int\sec^2 x \cdot \sec^2 x\mathrm{d}x = \int\sec^2 x\mathrm{d}(\tan x)$

$$= \int(\tan^2 x + 1)\mathrm{d}(\tan x) = \frac{1}{3}\tan^3 x + \tan x + C.$$

例 10　　求 $\int\sec x\mathrm{d}x.$

解　　$\int\sec x\mathrm{d}x = \int\dfrac{1}{\cos x}\mathrm{d}x = \int\dfrac{\cos x}{\cos^2 x}\mathrm{d}x = \int\dfrac{1}{1 - \sin^2 x}\mathrm{d}(\sin x)$

$$= \frac{1}{2}\ln\left|\frac{1 + \sin x}{1 - \sin x}\right| + C = \frac{1}{2}\ln\left|\frac{(1 + \sin x)^2}{\cos^2 x}\right| + C$$

$$= \ln\left|\frac{1 + \sin x}{\cos x}\right| + C = \ln|\sec x + \tan x| + C.$$

同理可得 $\int\csc x\mathrm{d}x = \ln|\csc x - \cot x| + C.$

通过上述例题可以看到，利用定理 3.2 求不定积分，需要一定的技巧，读者必须熟悉下列基本题型与凑微分的方法：

(1) $\int f(ax + b)\mathrm{d}x = \dfrac{1}{a}\int f(ax + b)\mathrm{d}(ax + b)\ (a \neq 0);$

(2) $\int f(x^\mu)x^{\mu-1}\mathrm{d}x = \dfrac{1}{\mu}\int f(x^\mu)\mathrm{d}(x^\mu)\ (\mu \neq 0);$

(3) $\int f(\ln x)\dfrac{1}{x}\mathrm{d}x = \int f(\ln x)\mathrm{d}(\ln x);$

（4）$\int f(a^x)a^x dx = \dfrac{1}{\ln a}\int f(a^x)d(a^x)\ (a>0,\ a\neq 1)$,

特别地，$\int f(e^x)e^x dx = \int f(e^x)d(e^x)$;

（5）$\int f(\sin x)\cos x dx = \int f(\sin x)d(\sin x)$;

（6）$\int f(\cos x)\sin x dx = -\int f(\cos x)d(\cos x)$;

（7）$\int f(\tan x)\sec^2 x dx = \int f(\tan x)d(\tan x)$;

（8）$\int f(\arctan x)\dfrac{1}{1+x^2}dx = \int f(\arctan x)d(\arctan x)$;

（9）$\int f(\arcsin x)\dfrac{1}{\sqrt{1-x^2}}dx = \int f(\arcsin x)d(\arcsin x)$;

（10）$\int f(g(x))g'(x)dx = \int f(g(x))dg(x)$.

2. 第二类换元法

> **定理 3.3** 设 $x=\psi(t)$ 是单调、可导的函数，且 $\psi'(t)\neq 0$，$x=\psi(t)$ 的反函数记为 $t=\psi^{-1}(x)$；又设 $f(\psi(t))\psi'(t)$ 具有原函数 $F(t)$，则 $F(\psi^{-1}(x))$ 是 $f(x)$ 的原函数，即有换元积分公式
> $$\int f(x)dx \overset{x=\psi(t)}{=\!=} \int f(\psi(t))\psi'(t)dt = \big[F(t)+C\big]_{t=\psi^{-1}(x)}. \quad (2)$$

注：定理 3.3 中的换元是 $x=\psi(t)$ 与第一类换元 $\varphi(x)=u$ 恰好相反，称形如 $x=\psi(t)$ 的换元为**第二类换元法**.

第二类换元法主要包括三角代换、根式代换和倒代换.

（1）三角代换

例 11　求 $\int \sqrt{a^2-x^2}\,dx\quad (a>0)$.

解　令 $x=a\sin t$，$-\dfrac{\pi}{2}<t<\dfrac{\pi}{2}$，则

$$dx=a\cos t\,dt,\quad \sqrt{a^2-x^2}=|a\cos t|=a\cos t.$$

于是，

$$\int \sqrt{a^2-x^2}\,dx = \int a\cos t\cdot a\cos t\,dt = a^2\int \dfrac{1+\cos 2t}{2}dt$$

$$= a^2\left(\dfrac{1}{2}t+\dfrac{1}{4}\sin 2t\right)+C.$$

为了把 $\sin 2t$ 变回 x 的函数，根据变换 $x=a\sin t$ 作辅助三角形（见图 3-2），从而有

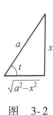

图　3-2

$$\sin 2t = 2\sin t \cos t = 2 \cdot \frac{x}{a} \cdot \frac{\sqrt{a^2 - x^2}}{a},$$

因此，有

$$\int \sqrt{a^2 - x^2}\,\mathrm{d}x = \frac{x}{2}\sqrt{a^2 - x^2} + \frac{a^2}{2}\arcsin\frac{x}{a} + C.$$

例 12　求 $\displaystyle\int \frac{\mathrm{d}x}{\sqrt{x^2 + a^2}}\quad (a > 0)$.

解　令 $x = a\tan t$，$-\dfrac{\pi}{2} < t < \dfrac{\pi}{2}$，则

$$\mathrm{d}x = a\sec^2 t\,\mathrm{d}t,\quad \sqrt{x^2 + a^2} = \sqrt{a^2\tan^2 t + a^2} = a\sec t.$$

于是，

$$\int \frac{\mathrm{d}x}{\sqrt{x^2 + a^2}} = \int \frac{a\sec^2 t}{a\sec t}\,\mathrm{d}t = \int \sec t\,\mathrm{d}t = \ln|\sec t + \tan t| + C_1.$$

作辅助三角形(见图 3-3)，有

$$\sec t = \frac{\sqrt{x^2 + a^2}}{a},\quad \tan t = \frac{x}{a},$$

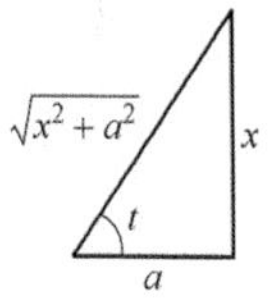

代入，得

图　3-3

$$\int \frac{\mathrm{d}x}{\sqrt{x^2 + a^2}} = \ln\left|\frac{\sqrt{x^2 + a^2}}{a} + \frac{x}{a}\right| + C_1$$

$$= \ln(x + \sqrt{x^2 + a^2}) + C,$$

其中 $C = C_1 - \ln a$.

可见，三角代换是一般规律，具体如下：

1）被积函数中含有 $\sqrt{a^2 - x^2}$，可作代换 $x = a\sin t$ 或 $x = a\cos t$；

2）被积函数中含有 $\sqrt{a^2 + x^2}$，可作代换 $x = a\tan t$ 或 $x = a\cot t$；

3）被积函数中含有 $\sqrt{x^2 - a^2}$，可作代换 $x = a\sec t$ 或 $x = a\csc t$.

（2）根式代换

根式代换是令被积函数中的根式为新变量 t 的代换，一般适用于从代换中便于解出 x 的根式.

例 13　求 $\displaystyle\int \frac{x\mathrm{d}x}{\sqrt{x - 1}}$.

解　令 $\sqrt{x-1} = t$，$x = t^2 + 1$，则 $\mathrm{d}x = 2t\mathrm{d}t$. 于是，

$$\int \frac{x\mathrm{d}x}{\sqrt{x - 1}} = \int \frac{t^2 + 1}{t} \cdot 2t\mathrm{d}t = 2\int (t^2 + 1)\mathrm{d}t$$

$$= \frac{2}{3}t^3 + 2t + C = \frac{2}{3}\sqrt{(x - 1)^3} + 2\sqrt{x - 1} + C.$$

例 14   求 $\displaystyle\int \frac{\mathrm{d}x}{\sqrt{x}\,(1+\sqrt[3]{x}\,)}$.

解   令 $\sqrt[6]{x}=t$，$x=t^6$，则 $\mathrm{d}x=6t^5\mathrm{d}t$. 于是，

$$\int \frac{\mathrm{d}x}{\sqrt{x}\,(1+\sqrt[3]{x}\,)} = \int \frac{6t^5\mathrm{d}t}{t^3(1+t^2)} = 6\int \frac{t^2}{1+t^2}\mathrm{d}t = 6\int\left(1-\frac{1}{1+t^2}\right)\mathrm{d}t$$

$$= 6(t-\arctan t) + C$$

$$= 6\sqrt[6]{x} - 6\arctan\sqrt[6]{x} + C.$$

（3）倒代换

倒代换是指变换 $x=\dfrac{1}{t}$，利用倒代换常常可以消去被积函数分母中的变量因子.

例 15   求 $\displaystyle\int \frac{1}{x(x^4+1)}\mathrm{d}x$.

解   令 $x=\dfrac{1}{t}$，则 $\mathrm{d}x=-\dfrac{1}{t^2}\mathrm{d}t$. 于是，

$$\int \frac{1}{x(x^4+1)}\mathrm{d}x = \int \frac{1}{\dfrac{1}{t}\left(\dfrac{1}{t^4}+1\right)}\left(-\frac{1}{t^2}\right)\mathrm{d}t = -\int \frac{t^3}{1+t^4}\mathrm{d}t$$

$$= -\frac{1}{4}\int \frac{1}{1+t^4}\mathrm{d}(1+t^4) = -\frac{1}{4}\ln(1+t^4) + C$$

$$= \frac{1}{4}\ln\frac{x^4}{1+x^4} + C.$$

为计算积分的方便，特将几个常见积分的结果列出，以后可作为积分公式使用（其中常数 $a>0$）.

（11）$\displaystyle\int\tan x\,\mathrm{d}x = -\ln|\cos x| + C$；

（12）$\displaystyle\int\cot x\,\mathrm{d}x = \ln|\sin x| + C$；

（13）$\displaystyle\int\sec x\,\mathrm{d}x = \ln|\sec x + \tan x| + C$；

（14）$\displaystyle\int\csc x\,\mathrm{d}x = \ln|\csc x - \cot x| + C$；

（15）$\displaystyle\int \frac{\mathrm{d}x}{a^2+x^2} = \frac{1}{a}\arctan\frac{x}{a} + C$；

（16）$\displaystyle\int \frac{\mathrm{d}x}{a^2-x^2} = \frac{1}{2a}\ln\left|\frac{a+x}{a-x}\right| + C$；

（17）$\displaystyle\int \frac{\mathrm{d}x}{\sqrt{a^2-x^2}} = \arcsin\frac{x}{a} + C$；

(18) $\int \dfrac{\mathrm{d}x}{\sqrt{x^2 \pm a^2}} = \ln \mid x + \sqrt{x^2 \pm a^2} \mid + C.$

3.2.2　分部积分法

前面，我们利用复合函数求导法则，得到不定积分换元公式. 下面我们将以乘积的求导法则为基础，建立新的积分方法——分部积分法.

微课视频 3.3
分部积分

设函数 $u=u(x)$ 及 $v=v(x)$ 具有连续导数，则由乘积求导公式

$$(uv)' = u'v + uv',$$

得

$$uv' = (uv)' - u'v.$$

上式两边求不定积分，得

$$\int uv' \mathrm{d}x = uv - \int u'v \mathrm{d}x,$$

上式又可写为

$$\int u \mathrm{d}v = uv - \int v \mathrm{d}u. \qquad (3)$$

称式(3)为**分部积分公式**. 以下通过例题说明式(3)的运用.

> **例 16**　求 $\int x\mathrm{e}^x \mathrm{d}x.$

解　取 $u=x$，$\mathrm{e}^x \mathrm{d}x = \mathrm{d}\mathrm{e}^x = \mathrm{d}v$，则

$$\int x\mathrm{e}^x \mathrm{d}x = \int u \mathrm{d}v = uv - \int v \mathrm{d}u$$

$$= x\mathrm{e}^x - \int \mathrm{e}^x \mathrm{d}x = x\mathrm{e}^x - \mathrm{e}^x + C.$$

由此可见，正确地选取 u 和 $\mathrm{d}v$ 是能够成功运用分部积分公式的关键. 选取 u 和 $\mathrm{d}v$ 的一般原则为：

（1）选作 $\mathrm{d}v$ 的部分容易求得 v；

（2）$\int v\mathrm{d}u$ 要比 $\int u\mathrm{d}v$ 容易积出.

> **例 17**　求 $\int x\sin x \mathrm{d}x.$

解　取 $u=x$，$\sin x \mathrm{d}x = \mathrm{d}(-\cos x) = \mathrm{d}v$，则

$$\int x\sin x \mathrm{d}x = -\int x\mathrm{d}\cos x = -x\cos x + \int \cos x \mathrm{d}x$$

$$= -x\cos x + \sin x + C.$$

当被积函数是幂函数与正(余)弦函数或幂函数与指数函数的乘积时，可考虑使用分部积分法，且可将幂函数取作 u. 这里假定幂指数是正整数.

分部积分法运用熟练后，就只要把被积表达式凑成 udv 的形式，而不必再把 u、dv 具体写出来.

> **例 18**　求 $\int x^2\ln x dx$.

解　$\int x^2\ln x dx = \dfrac{1}{3}\int \ln x d(x^3) = \dfrac{1}{3}x^3\cdot\ln x - \dfrac{1}{3}\int x^3\cdot\dfrac{1}{x}dx$

$\qquad\qquad = \dfrac{1}{3}x^3\ln x - \dfrac{1}{9}x^3 + C.$

> **例 19**　求 $\int \arccos x dx$.

解　$\int \arccos x dx = x\arccos x + \int x\dfrac{1}{\sqrt{1-x^2}}dx$

$\qquad\qquad = x\arccos x - \sqrt{1-x^2} + C.$

由上述例题可知，被积函数是幂函数与对数函数或幂函数与反三角函数的乘积时，可考虑使用分部积分法，且可将对数函数或反三角函数取作 u.

当被积函数是指数函数与正（余）弦函数的乘积时，指数函数或正（余）弦函数都可取作 u. 但必须注意，用两次分部积分时，应将相同类型的函数取作 u.

> **例 20**　求 $\int e^x\cos x dx$.

解　$\int e^x\cos x dx = \int e^x d(\sin x) = e^x\sin x - \int e^x\sin x dx$

$\qquad\qquad = e^x\sin x + \int e^x d(\cos x)$

$\qquad\qquad = e^x\sin x + e^x\cos x - \int e^x\cos x dx,$

所以，$\int e^x\cos x dx = \dfrac{1}{2}e^x(\sin x + \cos x) + C.$

下面例题中所用的方法也是比较典型的.

> **例 21**　求 $\int \sec^3 x dx$.

解　$\int \sec^3 x dx = \int \sec x d(\tan x) = \sec x\tan x - \int \tan^2 x\sec x dx$

$\qquad\qquad = \sec x\tan x - \int(\sec^2 x - 1)\sec x dx$

$\qquad\qquad = \sec x\tan x - \int \sec^3 x dx + \int \sec x dx$

$\qquad\qquad = \sec x\tan x + \ln|\sec x + \tan x| - \int \sec^3 x dx,$

所以，

$$\int \sec^3 x \mathrm{d}x = \frac{1}{2}\sec x \tan x + \frac{1}{2}\ln|\sec x + \tan x| + C.$$

例 22 求 $\int \dfrac{\arctan\sqrt{x}}{\sqrt{x}}\mathrm{d}x$.

解 令 $\sqrt{x}=t$，则 $x=t^2$，$\mathrm{d}x=2t\mathrm{d}t$. 于是，

$$\int \frac{\arctan\sqrt{x}}{\sqrt{x}}\mathrm{d}x = 2\int \arctan t \mathrm{d}t = 2\left(t\arctan t - \int \frac{t}{1+t^2}\mathrm{d}t\right)$$

$$= 2t\arctan t - \ln(1+t^2) + C$$

$$= 2\sqrt{x}\arctan\sqrt{x} - \ln(1+x) + C.$$

例 23 设 $I_n = \int \sin^n x \mathrm{d}x (n \geqslant 2)$，证明

$$nI_n = -\sin^{n-1}x\cos x + (n-1)I_{n-2}.$$

证 $I_n = \int \sin^{n-1}x\sin x\mathrm{d}x = -\int \sin^{n-1}x\mathrm{d}(\cos x)$

$$= -\sin^{n-1}x\cos x + (n-1)\int \sin^{n-2}x\cos^2 x\mathrm{d}x$$

$$= -\sin^{n-1}x\cos x + (n-1)\int \sin^{n-2}x(1-\sin^2 x)\mathrm{d}x$$

$$= -\sin^{n-1}x\cos x + (n-1)I_{n-2} - (n-1)I_n,$$

从而有

$$nI_n = -\sin^{n-1}x\cos x + (n-1)I_{n-2}.$$

证毕.

练习 2 设 $I_n = \int \dfrac{1}{(x^2+a^2)^n}\mathrm{d}x$，试证明：对 $n=2,3,4,\cdots$ 有

$$I_{n+1} = \frac{1}{2na^2}\left[\frac{x}{(x^2+a^2)^{n-1}}+(2n-1)I_n\right]. \tag{4}$$

最后指出并非所有连续函数的不定积分都可由初等函数表示，如 $\int \mathrm{e}^{-x^2}\mathrm{d}x$，$\int \dfrac{\sin x}{x}\mathrm{d}x$，$\int \sin x^2\mathrm{d}x$.

习题 3-2

1. 在下列各式等号右端的空白处填入适当的系数，使等式成立：

(1) $\mathrm{d}x = ($　　$)\mathrm{d}(ax+b)$；

(2) $\dfrac{1}{x}\mathrm{d}x = ($　　$)\mathrm{d}(\ln x^2)$；

(3) $x\mathrm{d}x = ($　　$)\mathrm{d}(9x^2)$；

(4) $x\mathrm{d}x = ($　　$)\mathrm{d}(5x^2-1)$；

(5) $x\mathrm{e}^{x^2}\mathrm{d}x = ($　　$)\mathrm{d}(\mathrm{e}^{x^2})$；

(6) $\cos\dfrac{x}{2}\mathrm{d}x = ($　　$)\mathrm{d}\left(\sin\dfrac{x}{2}\right)$；

（7）$\dfrac{1}{\sqrt{1-4x^2}}\mathrm{d}x=(\quad)\mathrm{d}(\arccos 2x)$；

（8）$\dfrac{1}{1+x^2}\mathrm{d}x=(\quad)\mathrm{d}(1-\arctan x)$.

2. 利用换元法求下列不定积分：

（1）$\displaystyle\int(3x-2)^{60}\mathrm{d}x$； 　（2）$\displaystyle\int\dfrac{\mathrm{d}x}{5x+1}$；

（3）$\displaystyle\int\dfrac{1}{\sqrt{1-2x}}\mathrm{d}x$； 　（4）$\displaystyle\int\dfrac{x\mathrm{d}x}{4x^2+1}$；

（5）$\displaystyle\int\dfrac{1}{x^2-4}\mathrm{d}x$； 　（6）$\displaystyle\int\dfrac{1}{x^2+3x+2}\mathrm{d}x$；

（7）$\displaystyle\int\dfrac{\mathrm{d}x}{\sqrt{2x+3}+\sqrt{2x-1}}$；

（8）$\displaystyle\int\dfrac{x^3}{x^4-1}\mathrm{d}x$； 　（9）$\displaystyle\int\dfrac{x}{(2x-1)^2}\mathrm{d}x$；

（10）$\displaystyle\int\dfrac{1}{x\ln x\ln\ln x}\mathrm{d}x$； 　（11）$\displaystyle\int\dfrac{\mathrm{e}^{\ln x}\mathrm{d}x}{x}$；

（12）$\displaystyle\int(x\ln x)(1+\ln x)\mathrm{d}x$；

（13）$\displaystyle\int\dfrac{\tan x+x\sec^2 x}{(x\tan x)^{10}}\mathrm{d}x$； 　（14）$\displaystyle\int\dfrac{x^4\mathrm{d}x}{\sqrt{1-x^{10}}}$；

（15）$\displaystyle\int\dfrac{1}{1-x^2}\ln\dfrac{1+x}{1-x}\mathrm{d}x$； 　（16）$\displaystyle\int\dfrac{1}{\mathrm{e}^x+\mathrm{e}^{-x}}\mathrm{d}x$；

（17）$\displaystyle\int\mathrm{e}^{|x|}\mathrm{d}x$； 　（18）$\displaystyle\int x^3\mathrm{e}^{-x^4}\mathrm{d}x$；

（19）$\displaystyle\int\mathrm{e}^x\mathrm{e}^{\mathrm{e}^x}\mathrm{d}x$； 　（20）$\displaystyle\int\mathrm{e}^x\cos(\mathrm{e}^x)\mathrm{d}x$；

（21）$\displaystyle\int\cos^2 x\mathrm{d}x$； 　（22）$\displaystyle\int\dfrac{\mathrm{d}x}{1+\cos\dfrac{x}{2}}$；

（23）$\displaystyle\int\dfrac{x\arctan x^2}{1+x^4}\mathrm{d}x$； 　（24）$\displaystyle\int\dfrac{\arcsin^2 x\mathrm{d}x}{\sqrt{1-x^2}}$；

（25）$\displaystyle\int\cos x\sin 5x\mathrm{d}x$； 　（26）$\displaystyle\int\sin 3x\sin x\mathrm{d}x$；

（27）$\displaystyle\int\sin^5 x\cos^2 x\mathrm{d}x$； 　（28）$\displaystyle\int\sin^3 x\mathrm{d}x$；

（29）$\displaystyle\int\tan^3 x\sec x\mathrm{d}x$； 　（30）$\displaystyle\int\tan x\sec^2 x\mathrm{d}x$；

（31）$\displaystyle\int\dfrac{\mathrm{d}x}{\sin x\cos x}$； 　（32）$\displaystyle\int\dfrac{\tan x}{\ln\cos x}\mathrm{d}x$；

（33）$\displaystyle\int\dfrac{1}{\sqrt{x-x^2}}\mathrm{d}x$； 　（34）$\displaystyle\int\dfrac{1}{\sqrt{x}+2}\mathrm{d}x$；

（35）$\displaystyle\int\dfrac{1}{\sqrt{x}}\sin\sqrt{x}\mathrm{d}x$； 　（36）$\displaystyle\int\dfrac{\sqrt{x}}{x+x^2}\mathrm{d}x$；

（37）$\displaystyle\int\dfrac{x^2}{\sqrt{a^2-x^2}}\mathrm{d}x,\ a>0$；

（38）$\displaystyle\int\dfrac{x\mathrm{d}x}{2-\sqrt{1-x^2}}$；

（39）$\displaystyle\int\dfrac{\mathrm{d}x}{x+\sqrt{1-x^2}}$； 　（40）$\displaystyle\int\dfrac{x^3}{\sqrt{4+x^2}}\mathrm{d}x$；

（41）$\displaystyle\int x\sqrt{1+x^2}\mathrm{d}x$； 　（42）$\displaystyle\int\dfrac{\sqrt{x^2-4}}{x}\mathrm{d}x$；

（43）$\displaystyle\int\dfrac{1}{x^3\sqrt{x^2-1}}\mathrm{d}x$； 　（44）$\displaystyle\int\dfrac{\mathrm{d}x}{\mathrm{e}^x+1}$；

（45）$\displaystyle\int\dfrac{\mathrm{d}x}{\sqrt{1+\mathrm{e}^x}}$； 　（46）$\displaystyle\int\dfrac{1}{1+\sqrt{x}}\mathrm{d}x$；

（47）$\displaystyle\int\dfrac{x\mathrm{d}x}{\sqrt{3x+1}}$； 　（48）$\displaystyle\int\dfrac{\mathrm{d}x}{(\sqrt{x}+\sqrt[3]{x})^2}$.

3. 求下列不定积分：

（1）$\displaystyle\int x^2\cos x\mathrm{d}x$； 　（2）$\displaystyle\int x^2\mathrm{e}^{-x}\mathrm{d}x$；

（3）$\displaystyle\int x\sin^2 x\mathrm{d}x$； 　（4）$\displaystyle\int\ln x\mathrm{d}x$；

（5）$\displaystyle\int\ln(1+x^2)\mathrm{d}x$； 　（6）$\displaystyle\int\dfrac{\ln^2 x}{x^2}\mathrm{d}x$；

（7）$\displaystyle\int x\ln(x+1)\mathrm{d}x$； 　（8）$\displaystyle\int\dfrac{\ln x}{(1-x)^2}\mathrm{d}x$；

（9）$\displaystyle\int x^{-\frac{1}{2}}\ln(2x+1)\mathrm{d}x$； 　（10）$\displaystyle\int\arcsin x\mathrm{d}x$；

（11）$\displaystyle\int\arctan x\mathrm{d}x$； 　（12）$\displaystyle\int x(\arctan x)^2\mathrm{d}x$；

（13）$\displaystyle\int\mathrm{e}^x\cos x\mathrm{d}x$； 　（14）$\displaystyle\int(\mathrm{e}^x\sin x)^2\mathrm{d}x$；

（15）$\displaystyle\int x\sin x\cos x\mathrm{d}x$； 　（16）$\displaystyle\int\dfrac{x}{\cos^2 x}\mathrm{d}x$；

（17）$\displaystyle\int x\tan x\sec^2 x\mathrm{d}x$； 　（18）$\displaystyle\int\sqrt{x}\ln\sqrt{x}\mathrm{d}x$；

（19）$\displaystyle\int\left(1+\dfrac{1}{\sqrt{x+1}}\right)\arctan\sqrt{x+1}\mathrm{d}x$；

（20）$\displaystyle\int(\arcsin x)^2\mathrm{d}x$； 　（21）$\displaystyle\int\cos(\ln x)\mathrm{d}x$；

（22）$\displaystyle\int x^3\mathrm{e}^{x^2}\mathrm{d}x$； 　（23）$\displaystyle\int\mathrm{e}^{\sqrt[3]{x}}\mathrm{d}x$；

（24）$\displaystyle\int\sin x\ln(\cos x)\mathrm{d}x$.

4. 已知 $f(x)=\dfrac{\mathrm{e}^x}{x}$，求 $\displaystyle\int xf''(x)\mathrm{d}x$.

3.3　有理函数与三角有理式的积分

本节将介绍有理函数不定积分的一般方法，并通过换元等技巧把一些三角函数有理式化为有理函数，从而求出其不定积分.

3.3.1　有理函数的积分

两个多项式函数的商

$$R(x)=\frac{P(x)}{Q(x)}=\frac{a_0x^m+a_1x^{m-1}+\cdots+a_m}{b_0x^n+b_1x^{n-1}+\cdots+b_n}$$

微课视频 3.4
有理函数的积分

称为**有理函数**，其中多项式 $P(x)$ 与 $Q(x)$ 之间没有公因式，且 $a_0\neq0$，$b_0\neq0$.

当 $m<n$ 时，称 $R(x)=\dfrac{P(x)}{Q(x)}$ 为有理**真分式**，

当 $m\geqslant n$ 时，称 $R(x)=\dfrac{P(x)}{Q(x)}$ 为有理**假分式**.

形如

$$\frac{A}{x-c}\text{、}\quad\frac{A}{(x-c)^k}\text{、}\quad\frac{Ax+B}{x^2+px+q}\text{、}\quad\frac{Ax+B}{(x^2+px+q)^k}$$

的真分式统称为**部分分式**（**或简单分式**），其中 A，B，c，p，q 均为实常数，$k>1$ 为正整数，且 $p^2-4q<0$.

一般地，有理函数的不定积分可先把有理函数分为一个多项式与若干个部分分式之和，然后分别对多项式和部分分式求不定积分. 步骤如下：

第一步，用多项式除法把假分式化为多项式与一个真分式之和. 例如，3.1 节例 6 中

$$\frac{x^6+2x^4+x^2+1}{1+x^2}=\frac{x^4(x^2+1)+x^2(x^2+1)+1}{1+x^2}=x^4+x^2+\frac{1}{1+x^2}.$$

由于多项式函数的不定积分已在前面两节中讨论过，下面仅讨论真分式的不定积分.

第二步，对于真分式 $\dfrac{P(x)}{Q(x)}$，把分母 $Q(x)$ 在实数范围内分解为一次多项式和二次质因式之积

$$Q(x)=b_0(x-c_1)^{\alpha_1}\cdots(x-c_k)^{\alpha_k}(x^2+p_1x+q_1)^{\beta_1}\cdots(x^2+p_lx+q_l)^{\beta_l},$$

其中

$$p_i^2-4q_i<0(i=1,\ 2,\ \cdots,\ l),\ \alpha_1+\cdots+\alpha_k+\beta_1+\cdots+\beta_l=n.$$

第三步，把真分式 $\dfrac{P(x)}{Q(x)}$ 写成几个部分分式之和

$$\frac{P(x)}{Q(x)}=\frac{A_1}{x-c_1}+\frac{A_2}{(x-c_1)^2}+\cdots+\frac{A_{\alpha_1}}{(x-c_1)^{\alpha_1}}+\cdots+\frac{B_1}{x-c_k}+\frac{B_2}{(x-c_k)^2}+\cdots+$$

$$\frac{B_{\alpha_k}}{(x-c_k)^{\alpha_k}}+\frac{C_1x+D_1}{x^2+p_1x+q_1}+\frac{C_2x+D_2}{(x^2+p_1x+q_1)^2}+\cdots+\frac{C_{\beta_1}x+D_{\beta_1}}{(x^2+p_1x+q_1)^{\beta_1}}+\cdots+$$

$$\frac{E_1x+F_1}{x^2+p_lx+q_l}+\frac{E_2x+F_2}{(x^2+p_lx+q_l)^2}+\cdots+\frac{E_{\beta_l}x+F_{\beta_l}}{(x^2+p_lx+q_l)^{\beta_l}},$$

其中 $A_1,\cdots,A_{\alpha_1},\cdots,B_1,\cdots,B_{\alpha_k},C_1,\cdots,C_{\beta_1},D_1,\cdots,D_{\beta_1},\cdots,E_1,\cdots,$ $E_{\beta_l},F_1,\cdots,F_{\beta_l}$ 待定. 例如,

$$\frac{3x^2+x+1}{(x-1)(x^2+2x+2)}=\frac{A}{x-1}+\frac{Cx+D}{x^2+2x+2}. \tag{1}$$

第四步, 确定部分分式中的待定系数.

如式(1)中, 两边同时乘以 $(x-1)(x^2+2x+2)$, 得

$$3x^2+x+1=(A+C)x^2+(D-C+2A)x+(2A-D),$$

比较系数得

$$\begin{cases} A+C=3, \\ D-C+2A=1, \\ 2A-D=1, \end{cases}$$

解得 $A=1$, $C=2$, $D=1$, 即

$$\frac{3x^2+x+1}{(x-1)(x^2+2x+2)}=\frac{1}{x-1}+\frac{2x+1}{x^2+2x+2}. \tag{2}$$

第五步, 分别对部分分式求不定积分. 真分式的积分就转化为

$$\int\frac{A}{x-c}\mathrm{d}x, \ \int\frac{A}{(x-c)^k}\mathrm{d}x, \ \int\frac{Ax+B}{x^2+px+q}\mathrm{d}x,$$

$$\int\frac{Ax+B}{(x^2+px+q)^k}\mathrm{d}x(p^2-4q<0)$$

四种类型的部分分式的积分. 其中, 不定积分 $\int\frac{A}{x-c}\mathrm{d}x$ 及 $\int\frac{A}{(x-c)^k}\mathrm{d}x$ 已在3.2节例1中提及. 下面以式(2)右边第二项为例, 讨论 $\int\frac{Ax+B}{x^2+px+q}\mathrm{d}x(p^2-4q<0)$ 的不定积分. 即

$$\int\frac{2x+1}{x^2+2x+2}\mathrm{d}x=\int\frac{2x+2-1}{x^2+2x+2}\mathrm{d}x$$

$$=\int\frac{\mathrm{d}(x^2+2x+2)}{x^2+2x+2}-\int\frac{1}{x^2+2x+2}\mathrm{d}x$$

$$=\ln(x^2+2x+2)-\int\frac{1}{(x+1)^2+1}\mathrm{d}(x+1)$$

$$=\ln(x^2+2x+2)-\arctan(x+1)+C.$$

而其一般形式 $\displaystyle\int \frac{Ax+B}{(x^2+px+q)^k}\mathrm{d}x\,(p^2-4q<0)$ 的不定积分将

在二维码中给出.

定理 3.4 有理函数的原函数都是初等函数.

例 1　求 $\displaystyle\int \frac{1}{x^2-3x+2}\mathrm{d}x$.

解　第一步,把分母分解成一次多项式之积,即
$$x^2-3x+2=(x-1)(x-2).$$
第二步,把被积函数化为部分分式之和,设
$$\frac{1}{x^2-3x+2}=\frac{A}{x-1}+\frac{B}{x-2},$$
其中 A、B 为待定系数.

第三步,确定部分分式中的待定系数. 上式两端同乘以分母,得
$$1=A(x-2)+B(x-1).$$
比较系数得
$$A+B=0,\ -2A-B=1,$$
解得
$$A=-1,\ B=1.$$
所以
$$\frac{1}{x^2-3x+2}=\frac{1}{x-2}-\frac{1}{x-1}.$$
第四步,分别对部分分式求不定积分,得
$$\begin{aligned}
\int \frac{1}{x^2-3x+2}\mathrm{d}x &= \int\left(\frac{1}{x-2}-\frac{1}{x-1}\right)\mathrm{d}x\\
&= \ln|x-2|-\ln|x-1|+C\\
&= \ln\left|\frac{x-2}{x-1}\right|+C.
\end{aligned}$$

例 2　求 $\displaystyle\int \frac{x-3}{(x-1)(x^2-1)}\mathrm{d}x$.

解　第一步,把分母分解成一次多项式之积,即
$$(x-1)(x^2-1)=(x-1)^2(x+1).$$
第二步,把被积函数转化成部分分式之和,设
$$\frac{x-3}{(x-1)(x^2-1)}=\frac{A_1}{x-1}+\frac{A_2}{(x-1)^2}+\frac{B}{x+1},$$
其中 A_1,A_2,B 为待定系数.

第三步，确定部分分式中的待定系数. 上式两端同乘以分母，得

$$x-3=A_1(x^2-1)+A_2(x+1)+B(x-1)^2.$$

比较系数得

$$A_1+B=0,\ A_2-2B=1,\ -A_1+A_2+B=-3,$$

解得

$$A_1=1,\ A_2=-1,\ B=-1.$$

所以，

$$\frac{x-3}{(x-1)(x^2-1)}=\frac{1}{x-1}-\frac{1}{(x-1)^2}-\frac{1}{x+1}.$$

第四步，分别对部分分式求不定积分，得

$$\int\frac{x-3}{(x-1)(x^2-1)}\mathrm{d}x=\int\frac{1}{x-1}\mathrm{d}x-\int\frac{1}{x+1}\mathrm{d}x-\int\frac{1}{(x-1)^2}\mathrm{d}x$$

$$=\ln\left|\frac{x-1}{x+1}\right|+\frac{1}{x-1}+C.$$

例 3　求 $\displaystyle\int\frac{x^3-2x^2+3x-3}{x^2-2x+2}\mathrm{d}x$.

解

$$\int\frac{x^3-2x^2+3x-3}{x^2-2x+2}\mathrm{d}x=\int x\mathrm{d}x+\int\frac{x-1-2}{x^2-2x+2}\mathrm{d}x$$

$$=\frac{x^2}{2}+\int\frac{x-1}{x^2-2x+2}\mathrm{d}x-2\int\frac{1}{(x-1)^2+1}\mathrm{d}x$$

$$=\frac{x^2}{2}+\frac{1}{2}\int\frac{\mathrm{d}(x^2-2x+2)}{x^2-2x+2}-2\int\frac{1}{(x-1)^2+1}\mathrm{d}x$$

$$=\frac{x^2}{2}+\frac{1}{2}\ln(x^2-2x+2)-2\arctan(x-1)+C.$$

3.3.2　三角有理式的积分

三角有理式是指由 $\sin x$，$\cos x$ 及常数经过有限次四则运算所构成的函数，记为 $R(\sin x,\cos x)$. 因为

$$\sin x=2\sin\frac{x}{2}\cos\frac{x}{2}=\frac{2\tan\frac{x}{2}}{\sec^2\frac{x}{2}}=\frac{2\tan\frac{x}{2}}{1+\tan^2\frac{x}{2}},$$

$$\cos x=\cos^2\frac{x}{2}-\sin^2\frac{x}{2}=\frac{1-\tan^2\frac{x}{2}}{\sec^2\frac{x}{2}}=\frac{1-\tan^2\frac{x}{2}}{1+\tan^2\frac{x}{2}},$$

所以三角有理式的积分，可用代换（称为"**万能代换**"）

$$\tan\frac{x}{2}=u,\ \mathrm{d}x=\frac{2}{1+u^2}\mathrm{d}u$$

转化为有理函数的积分，即

$$\int R(\sin x,\ \cos x)\mathrm{d}x = \int R\left(\frac{2u}{1+u^2},\ \frac{1-u^2}{1+u^2}\right)\cdot\frac{2}{1+u^2}\mathrm{d}u.$$

例 4　求 $\displaystyle\int\frac{1}{3\sin x+2\cos x+3}\mathrm{d}x$.

解　令 $u=\tan\dfrac{x}{2}$，则 $\sin x=\dfrac{2u}{1+u^2}$，$\cos x=\dfrac{1-u^2}{1+u^2}$，$\mathrm{d}x=\dfrac{2}{1+u^2}\mathrm{d}u$. 于是，

$$\int\frac{1}{3\sin x+2\cos x+3}\mathrm{d}x = \int\frac{1}{\dfrac{6u}{1+u^2}+\dfrac{2-2u^2}{1+u^2}+3}\frac{2}{1+u^2}\mathrm{d}u$$

$$=\frac{1}{2}\int\left(\frac{1}{u+1}-\frac{1}{u+5}\right)\mathrm{d}u=\frac{1}{2}\ln\left|\frac{u+1}{u+5}\right|+C$$

$$=\frac{1}{2}\ln\left|\frac{\tan\dfrac{x}{2}+1}{\tan\dfrac{x}{2}+5}\right|+C.$$

例 5　求 $\displaystyle\int\frac{1}{\sin^3 x}\mathrm{d}x$.

解法 1　令 $u=\tan\dfrac{x}{2}$，则 $\sin x=\dfrac{2u}{1+u^2}$，$\mathrm{d}x=\dfrac{2}{1+u^2}\mathrm{d}u$. 于是，

$$\int\frac{1}{\sin^3 x}\mathrm{d}x = \int\left(\frac{1+u^2}{2u}\right)^3\cdot\frac{2}{1+u^2}\mathrm{d}u$$

$$=\int\left(\frac{u}{4}+\frac{1}{2u}+\frac{1}{4u^3}\right)\mathrm{d}u=\frac{u^2}{8}+\frac{\ln|u|}{2}-\frac{1}{8u^2}+C$$

$$=\frac{1}{8}\left(\tan\frac{x}{2}\right)^2+\frac{\ln\left|\tan\dfrac{x}{2}\right|}{2}-\frac{1}{8\left(\tan\dfrac{x}{2}\right)^2}+C$$

$$=-\frac{1}{2}\csc x\cot x+\frac{1}{2}\ln|\csc x-\cot x|+C.$$

解法 2　$\displaystyle\int\frac{1}{\sin^3 x}\mathrm{d}x = \int\csc x\cdot\csc^2 x\,\mathrm{d}x = -\int\csc x\,\mathrm{d}(\cot x)$

$$=-\csc x\cot x+\int\cot x\,\mathrm{d}(\csc x)$$

$$=-\csc x\cot x-\int\csc x\cot^2 x\,\mathrm{d}x$$

$$=-\csc x\cot x-\int\csc x(\csc^2 x-1)\,\mathrm{d}x$$

$$=-\csc x\cot x-\int\csc^3 x\,\mathrm{d}x+\int\csc x\,\mathrm{d}x.$$

所以

$$\int \frac{1}{\sin^3 x}\mathrm{d}x = -\frac{1}{2}\csc x \cot x + \frac{1}{2}\ln|\csc x - \cot x| + C.$$

注：（1）本节介绍的方法只是一般性方法，并非最佳方法，见例5；

（2）有的积分的被积函数虽然含有根式，但可通过根式代换化为有理函数，见3.2节根式代换部分.

习题 3-3

1. 求下列有理函数的不定积分：

（1）$\displaystyle\int \frac{1}{x^2 - 4x + 3}\mathrm{d}x$；   （2）$\displaystyle\int \frac{x + 3}{x^2 - 6x + 5}\mathrm{d}x$；

（3）$\displaystyle\int \frac{x^3}{x^2 - 1}\mathrm{d}x$；   （4）$\displaystyle\int \frac{x^4 + x^2 + 1}{x^2 + 1}\mathrm{d}x$；

（5）$\displaystyle\int \frac{2x + 3}{x^2 + 3x + 5}\mathrm{d}x$；

（6）$\displaystyle\int \frac{1}{(x + 1)(x + 2)(x + 3)}\mathrm{d}x$；

（7）$\displaystyle\int \frac{3x^2 + x - 5}{(x + 2)^2(x - 3)}\mathrm{d}x$；

（8）$\displaystyle\int \frac{3x - 5}{x^2 - 7x + 10}\mathrm{d}x$；   （9）$\displaystyle\int \frac{x^2 + 2}{x^3 + 1}\mathrm{d}x$；

（10）$\displaystyle\int \frac{x}{(x + 2)^2}\mathrm{d}x$；   （11）$\displaystyle\int \frac{x}{x^2 + x + 1}\mathrm{d}x$；

（12）$\displaystyle\int \frac{x + 3}{(x^2 + 2x + 3)(x + 1)}\mathrm{d}x$；

（13）$\displaystyle\int \frac{2x^2 - 8x - 2}{(x^2 - 1)(x - 1)}\mathrm{d}x$；

（14）$\displaystyle\int \frac{2x^3 + x^2 + 5x + 1}{2x^2 + x + 1}\mathrm{d}x$；

（15）$\displaystyle\int \frac{1 - x}{(x^2 + 1)(x^2 + x)}\mathrm{d}x$；

（16）$\displaystyle\int \frac{\mathrm{d}x}{x^4 + 1}$.

2. 求下列三角有理式的不定积分：

（1）$\displaystyle\int \frac{\sin x \mathrm{d}x}{\cos x + \sin x}$；   （2）$\displaystyle\int \frac{\mathrm{d}x}{1 + \sin x}$；

（3）$\displaystyle\int \frac{\mathrm{d}x}{\sin x + 2\cos x}$；

（4）$\displaystyle\int \frac{\mathrm{d}x}{(5 + 4\cos x)\sin x}$；

（5）$\displaystyle\int \frac{1}{3 + \sin^2 x}\mathrm{d}x$；   （6）$\displaystyle\int \frac{\mathrm{d}x}{1 + \sin x + \cos x}$；

（7）$\displaystyle\int \frac{\sin x}{\cos x(1 - \sin^2 x)}\mathrm{d}x$；

（8）$\displaystyle\int \frac{1 + \sin x}{\sin x(1 + \cos x)}\mathrm{d}x$.

总习题三

1. 选择题：

（1）下列命题正确的是（   ）.

A. 连续偶函数的原函数必为奇函数

B. 有理函数的原函数仍为有理函数

C. 初等函数的原函数仍为初等函数

D. 可导函数 $f(x)$ 是 $f'(x)$ 的原函数

（2）设 $f(x)$ 为可导函数，则下列答案正确的是（   ）.

A. $\displaystyle\int f(x)\mathrm{d}x = f(x)$

B. $\displaystyle\int f'(x)\mathrm{d}x = f(x)$

C. $\mathrm{d}\left(\displaystyle\int f(x)\mathrm{d}x\right) = f(x)\mathrm{d}x$

D. $\displaystyle\int \mathrm{d}f(x) = f(x)$

（3）设 e^{-x} 为 $f(x)$ 的一个原函数，则 $\displaystyle\int x f(x)\mathrm{d}x =$（   ）.

A. $\mathrm{e}^{-x}(1-x) + C$ B. $\mathrm{e}^{-x}(1+x) + C$

C. $-\mathrm{e}^{-x}(1+x) + C$ D. $\mathrm{e}^{-x}(x-1) + C$

2. 填空题:

（1）设 $F'(x) = f(x)$，则 $\int e^{-x} f(e^{-x}) dx = $

_____;

（2）设 $\int x f(x) dx = x\cos^2 x + C$，则 $f(x) = $

_____;

（3）设 $\int x f(x) dx = \arcsin x + C$，则 $\int \dfrac{1}{f(x)} dx = $

_____.

3. 计算题:

（1）$\displaystyle\int \frac{x dx}{1 + \cos x}$;

（2）$\displaystyle\int \cot x (\ln\sin x)^2 dx$;

（3）$\displaystyle\int \cos 6x \sin 5x dx$;

（4）$\displaystyle\int \sin x \sin 2x \sin 3x dx$;

（5）$\displaystyle\int \frac{\sqrt{x}}{x^3 + 4} dx$;

（6）$\displaystyle\int \frac{1}{x + 3\sqrt[3]{x}} dx$;

（7）$\displaystyle\int x \cos^2 x dx$;

（8）$\displaystyle\int \frac{1}{\sin 2x + 2\sin x} dx$;

（9）$\displaystyle\int \frac{\sin x}{\sqrt{1 - \cos x}} dx$;

（10）$\displaystyle\int \frac{x^2}{1 + x^2} \arctan x dx$;

（11）$\displaystyle\int x \sin^2 x dx$;

（12）$\displaystyle\int \sin^2 x \cos^4 x dx$;

（13）$\displaystyle\int \arcsin\sqrt{x} dx$;

（14）$\displaystyle\int \frac{1}{x\sqrt{x^2 - 1}} dx \, (x > 0)$;

（15）$\displaystyle\int \frac{\sqrt[3]{x}}{x(\sqrt{x} + \sqrt[3]{x})} dx$;

（16）$\displaystyle\int \frac{1}{(1 + x^2)(x^2 + x + 1)} dx$;

（17）$\displaystyle\int \frac{x dx}{\sqrt{1 + x^2 + \sqrt{(x^2 + 1)^3}}}$;

（18）$\displaystyle\int \frac{x - 2}{x^2 + 2x + 3} dx$; （19）$\displaystyle\int \frac{xe^x}{(x + 1)^2} dx$;

（20）$\displaystyle\int \frac{1}{x(x^n + 4)} dx \, (n \text{ 为正整数})$;

（21）$\displaystyle\int \frac{2 - x^4}{1 + x^2} dx$; （22）$\displaystyle\int \frac{1 + x\ln x - x}{x^2} dx$;

（23）$\displaystyle\int \frac{\ln 2x}{x\ln 4x} dx$; （24）$\displaystyle\int \frac{\ln(\arcsin x)}{\sqrt{1 - x^2}} dx$;

（25）$\displaystyle\int \ln(1 + \sqrt{x}) dx$; （26）$\displaystyle\int \sqrt{\frac{x}{2 - x}} dx$;

（27）$\displaystyle\int \sqrt{\frac{1 - x}{1 + x}} \frac{1}{x} dx$; （28）$\displaystyle\int \frac{4\sin x + 3\cos x}{\sin x + 2\cos x} dx$;

（29）$\displaystyle\int x\tan x\sec^4 x dx$; （30）$\displaystyle\int \frac{x + 5}{x^2 - 2x + 2} dx$;

（31）$\displaystyle\int \frac{x^{11}}{x^8 + 3x^4 + 2} dx$;

（32）$\displaystyle\int \frac{1}{\sin x(2 + \cos x)} dx$;

（33）$\displaystyle\int \frac{dx}{\sin^4 x + \cos^4 x}$.

4. 求 $\displaystyle\int (\sin x + \cos x)^n \cos 2x dx \, (n \text{ 为正整数})$.

5. 设 $f(x) = \begin{cases} 1 - x^2 & |x| \leq 1, \\ 1 - |x| & |x| > 1, \end{cases}$ 求 $\displaystyle\int f(x) dx$.

第 4 章
定积分及其应用

"要发明，就要挑选恰当的符号，要做到这一点，就要用含义简明的少量符号来表达和比较忠实地描绘事物的内在本质，从而最大限度地减少人的思维劳动."

——莱布尼茨

上一章讨论了不定积分，本章要介绍微积分学的另一个重要内容——定积分. 定积分是从实际问题中抽象出来的一个重要的基本概念. 17 世纪中叶，牛顿和莱布尼茨先后独立发现了积分与微分的内在关系，这使得定积分成为解决许多实际问题的有力工具.

本章首先从几何和物理问题引入定积分的概念，然后讨论定积分的性质和计算方法，接着用定积分解决一些简单的几何问题和物理问题，最后，将定积分的概念推广到反常积分.

基本要求：

1. 理解定积分的概念和几何意义（对于利用定积分定义求定积分与求极限不做要求），了解定积分的性质和积分中值定理，掌握用定积分表达和计算函数的平均值.

2. 理解变上限的积分作为其上限的函数及其求导定理；掌握牛顿-莱布尼茨（Newton-Leibniz）公式.

3. 掌握定积分的换元积分法与分部积分法，会求有理函数、三角函数有理式和简单无理函数的积分（淡化特殊积分技巧的训练，对于求有理函数积分的一般方法不做要求，对于一些简单有理函数、三角有理函数和无理函数的积分可作为积分法的例题做适当训练）.

4. 理解科学技术问题中建立定积分表达式的微元法（元素法）的思想，会建立某些简单几何量的积分表达式（平面图形的面积、平面曲线的弧长、体积等）.

5. 了解两类反常积分及其收敛性的概念.

知识结构图：

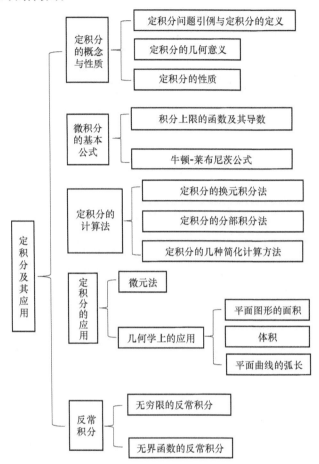

4.1　定积分的概念与性质

4.1.1　定积分问题引例

引例 1　曲边梯形的面积

考虑图 4-1 和图 4-2 中阴影部分的面积.

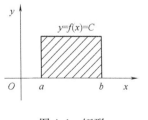

图 4-1　矩形

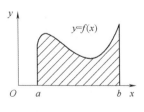

图 4-2　曲边梯形

微课视频 4.1
平面图形的面积

图 4-1 中阴影部分为矩形，它的高为 $y = f(x) = C$（$C \geq 0$ 且 C 为常数），底边为 $[a, b]$，所以它的面积为

$$S = C(b-a) = f(\eta)(b-a), \tag{1}$$

其中 η 为区间 $[a,b]$ 上的任意一点. 除矩形的面积外, 初等数学中还学习了三角形、梯形、圆和扇形等规则图形的面积. 那么, 图 4-2 所示阴影部分的面积如何求解呢?

如图 4-2 所示, 在平面直角坐标系 Oxy 中, 由直线 $x=a$、$x=b$、x 轴及连续曲线 $y=f(x)$ $(f(x) \geqslant 0)$ 所围成的平面图形称为**曲边梯形**. 下面来求该曲边梯形的面积 A. 对于曲边梯形, 由于底边上各点处的高 $f(x)$ 随 x 在区间 $[a,b]$ 上变化而变化, 故它的面积不能像式 (1) 一样直接计算. 由于 $f(x)$ 是连续函数, 所以当 x 变化不大时, $f(x)$ 的变化也不大, 即在自变量 x 取很小一段区间时所对应的小曲边梯形的高可以近似看成常数, 从而可以借助式 (1) 求出该小曲边梯形的面积. 因此, 如图 4-3 所示, 可以**首先**用垂直于 x 轴的直线段把整个曲边梯形**分割**为若干个小曲边梯形 (此时, 区间 $[a,b]$ 相应地分割为若干个小区间), **然后**把每个小曲边梯形近似看成类似于图 4-1 所示的小矩形, 用小矩形的面积**近似**代替小曲边梯形的面积 (直观地, 小曲边梯形的底边长度越小, 小矩形的面积就越接近小曲边梯形的面积), 接着把所有这些小矩形面积**求和**即得到曲边梯形面积的近似值. 如果每个小曲边梯形的底边长度趋于零, 则所有小矩形面积和的**极限**即为所求曲边梯形的面积 A. 这一求曲边梯形面积的过程详述如下:

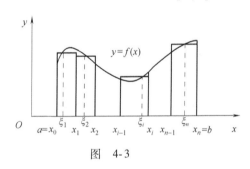

图   4-3

（1）分割

在区间 $[a,b]$ 上任意插入 $n-1$ 个分点

$$a = x_0 < x_1 < x_2 < \cdots < x_{n-1} < x_n = b,$$

把 $[a,b]$ 分成 n 个小区间

$$[x_0, x_1], [x_1, x_2], \cdots, [x_{n-1}, x_n],$$

它们的长度依次为

$$\Delta x_1 = x_1 - x_0, \ \Delta x_2 = x_2 - x_1, \ \cdots, \ \Delta x_n = x_n - x_{n-1}.$$

过每一个分点作垂直于 x 轴的直线段, 把曲边梯形分割成 n 个小曲边梯形.

（2）近似

记第 i 个小区间 $[x_{i-1}, x_i]$ 上的小曲边梯形的面积为 ΔA_i ($i = 1, 2, \cdots, n$), 以在每个小区间 $[x_{i-1}, x_i]$ 上任取一点 ξ_i ($x_{i-1} \leqslant \xi_i \leqslant x_i$) 的函数值 $f(\xi_i)$ 为高、$[x_{i-1}, x_i]$ 为底的小矩形的面积近似替代 ΔA_i, 即

$$\Delta A_i \approx f(\xi_i) \Delta x_i \quad (i = 1, \ 2, \ \cdots, \ n).$$

（3）求和

把 n 个小矩形的面积加起来，得到原曲边梯形面积 A 的近似值，即

$$A = \sum_{i=1}^{n} \Delta A_i \approx f(\xi_1)\Delta x_1 + f(\xi_2)\Delta x_2 + \cdots + f(\xi_n)\Delta x_n$$

$$= \sum_{i=1}^{n} f(\xi_i)\Delta x_i.$$

（4）取极限

若每个小区间的长度 Δx_i 都趋于零，则和式 $\sum_{i=1}^{n} f(\xi_i)\Delta x_i$ 的极限就是曲边梯形面积 A 的精确值．

为保证每个小区间的长度 Δx_i 都趋于零，只需要求小区间长度的最大者趋于零．记 $\lambda = \max\{\Delta x_1, \Delta x_2, \cdots, \Delta x_n\}$，则

$$A = \lim_{\lambda \to 0} \sum_{i=1}^{n} f(\xi_i)\Delta x_i. \tag{2}$$

引例 2　变速直线运动的路程

设物体做直线运动，已知速度 $v = v(t)$ 是时间间隔 $[T_1, T_2]$ 上的连续函数，且 $v(t) \geqslant 0$，试求在这段时间内物体所经过的路程 s．

微课视频 4.2
变速直线运动的路程

如果物体做匀速直线运动，即 $v = v(t) = V$（$V \geqslant 0$ 且 V 为常数），则

$$s = V(T_2 - T_1) = v(\zeta)(T_2 - T_1), \tag{3}$$

其中 ζ 为时间间隔 $[T_1, T_2]$ 上的任意一时刻．

如果物体做变速直线运动，其速度 $v = v(t)$ 随时间 t 的变化而变化，此时所求路程 s 不能再按式（3）来计算．然而，由于 $v(t)$ 是时间 t 的连续函数，当时间 t 在很小的时间间隔内变化时，速度 $v(t)$ 的变化也很小，可以近似地看作是匀速运动．因此，可以先把时间间隔分割为若干小时间段，在每一时间段内以匀速运动近似代替变速运动，即可用式（3）算出该小时间段内路程的近似值；然后，把每一小段路程求和，即可得到整段时间的路程的近似值；最后，通过对每个小时间段的时长趋于零的过程，求得整段时间路程近似值的极限，即为所求变速直线运动的精确值．具体求解步骤如下：

（1）分割

在时间间隔 $[T_1, T_2]$ 上任意插入 $n-1$ 个分点

$$T_1 = t_0 < t_1 < t_2 < \cdots < t_{n-1} < t_n = T_2,$$

把 $[T_1, T_2]$ 分成 n 个小时段

$$[t_0, t_1], [t_1, t_2], \cdots, [t_{n-1}, t_n],$$

各个小时段的时长依次为

$$\Delta t_1 = t_1 - t_0, \quad \Delta t_2 = t_2 - t_1, \quad \cdots, \quad \Delta t_n = t_n - t_{n-1}.$$

（2）近似

记第 i 个小时段 $[t_{i-1}, t_i]$ 内物体经过的路程为 $\Delta s_i (i=1,2,\cdots,n)$，以在每个小时段 $[t_{i-1}, t_i]$ 内任取一个时刻 $\zeta_i (t_{i-1} \leqslant \zeta_i \leqslant t_i)$ 处的速度为该小时间段内的速度，得到物体在该小时段内所经过路程 Δs_i 的近似值

$$\Delta s_i \approx v(\zeta_i) \Delta t_i \quad (i=1,2,\cdots,n).$$

（3）求和

把 n 个小时段上所经过路程 Δs_i 的近似值加起来，得到 $[T_1, T_2]$ 上物体所经过路程 s 的近似值，即

$$s = \sum_{i=1}^{n} \Delta s_i \approx v(\zeta_1) \Delta t_1 + v(\zeta_2) \Delta t_2 + \cdots + v(\zeta_n) \Delta t_n$$

$$= \sum_{i=1}^{n} v(\zeta_i) \Delta t_i.$$

（4）取极限

记 $\lambda = \max\{\Delta t_1, \Delta t_2, \cdots, \Delta t_n\}$，则当 $\lambda \to 0$ 时，$\sum_{i=1}^{n} v(\zeta_i) \Delta t_i$ 的极限就是所求变速直线运动的路程 s，即

$$s = \lim_{\lambda \to 0} \sum_{i=1}^{n} v(\zeta_i) \Delta t_i. \tag{4}$$

4.1.2　定积分的定义

上面两个实际例子分别讨论了计算曲边梯形的面积和变速直线运动的路程，尽管它们一个属于几何学，一个属于物理学，但它们有着以下共同的特点：

（1）解决问题采用的方法与步骤相同；

（2）要计算量都表示为相同结构的一种特定和式的极限；

（3）要计算量都由一个函数及其自变量的变化区间所决定.

类似的实际问题还有很多. 抛开它们的具体意义，抓住它们在数量关系上共同的本质与特性加以概括，可以抽象出下列定积分的定义.

定义 4.1　设函数 $f(x)$ 在 $[a,b]$ 上有界，在 $[a,b]$ 内任意插入 $n-1$ 个分点

$$a = x_0 < x_1 < \cdots < x_{n-1} < x_n = b,$$

把区间 $[a,b]$ 划分成 n 个小区间

$$[x_0, x_1], \quad [x_1, x_2], \quad \cdots, \quad [x_{n-1}, x_n],$$

各个小区间的长度依次为

$$\Delta x_1 = x_1 - x_0, \ \Delta x_2 = x_2 - x_1, \ \cdots, \ \Delta x_n = x_n - x_{n-1}.$$

在每个小区间 $[x_{i-1}, x_i]$ 上任取一点 $\xi_i (x_{i-1} \le \xi_i \le x_i)$，作函数值 $f(\xi_i)$ 与小区间长度 Δx_i 的乘积 $f(\xi_i) \Delta x_i (i = 1, 2, \cdots, n)$，并求和

$$S_n = \sum_{i=1}^{n} f(\xi_i) \Delta x_i.$$

记 $\lambda = \max\{\Delta x_1, \Delta x_2, \cdots, \Delta x_n\}$. 如果当 $\lambda \to 0$ 时，和式 S_n 存在极限且其极限值 I 与闭区间 $[a, b]$ 的划分以及点 ξ_i 的选取无关，则称该极限值 I 为函数 $f(x)$ 在区间 $[a, b]$ 上的**定积分**（简称积分），记作

$$\int_a^b f(x) \mathrm{d}x,$$

即

$$\int_a^b f(x) \mathrm{d}x = I = \lim_{\lambda \to 0} \sum_{i=1}^{n} f(\xi_i) \Delta x_i,$$

其中，$f(x)$ 称为**被积函数**；$f(x) \mathrm{d}x$ 称为**被积表达式**；x 称为**积分变量**；a 称为**积分下限**；b 称为**积分上限**；$[a, b]$ 称为**积分区间**，$\sum_{i=1}^{n} f(\xi_i) \Delta x_i$ 称为**积分和**.

注：（1）由定积分的定义可知，定积分 $\int_a^b f(x) \mathrm{d}x$ **仅与被积函数 $f(x)$ 及积分区间 $[a, b]$ 有关，与积分变量的记号没有关系**，即

$$\int_a^b f(x) \mathrm{d}x = \int_a^b f(t) \mathrm{d}t = \int_a^b f(u) \mathrm{d}u.$$

（2）为保证每个小区间的长度都趋于零，定积分的定义中是求积分和 $\sum_{i=1}^{n} f(\xi_i) \Delta x_i$ 当 $\lambda = \max\{\Delta x_1, \Delta x_2, \cdots, \Delta x_n\} \to 0$ 时的极限值，而不是 $n \to \infty$ 时的极限值.

（3）$\lambda \to 0$ 蕴含着 $n \to \infty$，反之不成立.

如果 $f(x)$ 在 $[a, b]$ 上的定积分存在，则称函数 $f(x)$ 在 $[a, b]$ 上**可积**. 那么，函数 $f(x)$ 在 $[a, b]$ 上满足怎样的条件，函数 $f(x)$ 在 $[a, b]$ 上一定可积呢？关于函数可积的充分条件，本书中不做深入讨论，只给出以下两个结论.

定理 4.1　若函数 $f(x)$ 在区间 $[a, b]$ 上连续，则 $f(x)$ 在 $[a, b]$ 上可积.

定理 4.2　若函数 $f(x)$ 在区间 $[a, b]$ 上有界，且只有有限个间断点，则 $f(x)$ 在 $[a, b]$ 上可积.

利用定积分的定义，前面所讨论的两个实际问题可以分别表述如下：

曲线 $y=f(x)(f(x)\geqslant 0)$、x 轴及两条直线 $x=a$、$x=b$ 所围成的曲边梯形的面积 A 等于函数 $f(x)$ 在区间 $[a,b]$ 上的定积分，即

$$A = \lim_{\lambda \to 0} \sum_{i=1}^{n} f(\xi_i)\Delta x_i = \int_a^b f(x)\mathrm{d}x.$$

物体以 $v=v(t)(v(t)\geqslant 0)$ 做变速直线运动，从时刻 $t=T_1$ 到时刻 $t=T_2$，该物体所经过的路程 s 等于速度函数 $v(t)$ 在区间 $[T_1,T_2]$ 上的定积分，即

$$s = \lim_{\lambda \to 0} \sum_{i=1}^{n} v(\zeta_i)\Delta t_i = \int_{T_1}^{T_2} v(t)\mathrm{d}t.$$

下面举一个利用定义计算定积分的例子.

例 1　　利用定义求定积分 $\int_0^1 x^2 \mathrm{d}x$.

解　因为被积函数 $f(x)=x^2$ 在积分区间 $[0,1]$ 上连续，而闭区间上的连续函数一定可积，所以该定积分与区间 $[0,1]$ 的划分方法及点 ξ_i 的取法无关. 因此，为了便于计算，不妨将区间 $[0,1]$ 分成 n 等份，分点分别为

$$x_i = \frac{i}{n}, \ i=1, \ 2, \ \cdots, \ n-1, \ n,$$

每个小区间 $[x_{i-1},x_i]$ 的长度 $\Delta x_i = \dfrac{1}{n}, i=1,2,\cdots,n$. 取 $\xi_i=x_i, i=1,2,\cdots,n$，得和式

$$\sum_{i=1}^{n} f(\xi_i)\Delta x_i = \sum_{i=1}^{n} \xi_i^2 \Delta x_i = \sum_{i=1}^{n} x_i^2 \Delta x_i = \sum_{i=1}^{n} \left(\frac{i}{n}\right)^2 \cdot \frac{1}{n}$$

$$= \frac{1}{n^3}(1^2 + 2^2 + \cdots + n^2) = \frac{1}{n^3} \cdot \frac{1}{6}n(n+1)(2n+1)$$

$$= \frac{1}{6}\left(1 + \frac{1}{n}\right)\left(2 + \frac{1}{n}\right).$$

当 $\lambda \to 0$ 即 $n \to \infty$ 时，上式极限即为所求的定积分，即

$$\int_0^1 x^2 \mathrm{d}x = \lim_{\lambda \to 0} \sum_{i=1}^{n} f(\xi_i)\Delta x_i = \lim_{n \to \infty} \frac{1}{6}\left(1 + \frac{1}{n}\right)\left(2 + \frac{1}{n}\right) = \frac{1}{3}.$$

4.1.3　定积分的几何意义

下面用曲边梯形的面积来说明定积分的几何意义.

已经知道，如果在 $[a,b]$ 上 $f(x) \geqslant 0$，则定积分 $\int_a^b f(x)\mathrm{d}x$ 在几何上表示由曲线 $y=f(x)$、直线 $x=a$、$x=b$ 与 x 轴所围成的曲边梯形的面积 A（见图 4-4），即

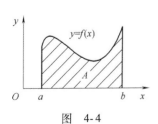

图　4-4

$$\int_a^b f(x)\,\mathrm{d}x = A.$$

如果在 $[a,b]$ 上 $f(x) \leqslant 0$，此时，由曲线 $y=f(x)$、直线 $x=a$、$x=b$ 与 x 轴所围成的曲边梯形位于 x 轴的下方（见图 4-5），则定积分 $\int_a^b f(x)\,\mathrm{d}x$ 在几何上表示了曲边梯形面积 A 的负值，即

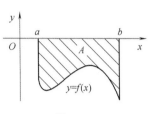

图 4-5

$$\int_a^b f(x)\,\mathrm{d}x = -A.$$

如果在 $[a,b]$ 上 $f(x)$ 有时为正，有时为负时，则由曲线 $y=f(x)$、直线 $x=a$、$x=b$ 与 x 轴围成的图形，某些部分在 x 轴的上方，而其他部分在 x 轴的下方（见图 4-6），此时定积分 $\int_a^b f(x)\,\mathrm{d}x$ 在几何上表示了 x 轴上方的图形面积与 x 轴下方的图形面积之差，即

$$\int_a^b f(x)\,\mathrm{d}x = A_1 - A_2 + A_3 - A_4 + A_5.$$

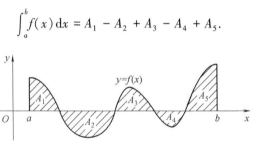

图 4-6

下面举例说明利用定积分的几何意义求定积分.

例 2 利用定积分的几何意义求下列定积分：

(1) $\int_{-2}^4 x\,\mathrm{d}x$;   (2) $\int_0^a \sqrt{a^2 - x^2}\,\mathrm{d}x$ $(a > 0)$.

解 （1）如图 4-7 所示，根据定积分的几何意义，定积分 $\int_{-2}^4 x\,\mathrm{d}x$ 表示图中两个三角形面积的差，而 x 轴上方的三角形面积为 $\frac{1}{2} \times 4 \times 4 = 8$，$x$ 轴下方的三角形面积为 $\frac{1}{2} \times 2 \times 2 = 2$，故

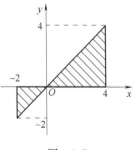

图 4-7

$$\int_{-2}^4 x\,\mathrm{d}x = 8 - 2 = 6.$$

（2）如图 4-8 所示，根据定积分的几何意义，定积分 $\int_0^a \sqrt{a^2 - x^2}\,\mathrm{d}x$ 表示圆心在坐标原点、半径为 a 的四分之一圆的面积，故

$$\int_0^a \sqrt{a^2 - x^2}\,\mathrm{d}x = \frac{1}{4} \cdot \pi \cdot a^2 = \frac{\pi a^2}{4}.$$

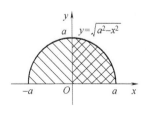

图 4-8

4.1.4 定积分的性质

为了以后应用和计算的方便，先对定积分做以下两点补充规定：

(1) 当 $a=b$ 时，$\int_a^b f(x)\,\mathrm{d}x = 0$；

(2) 当 $a>b$ 时，$\int_a^b f(x)\,\mathrm{d}x = -\int_b^a f(x)\,\mathrm{d}x$.

以上两式表明，如果定积分的上下限相等，则定积分为零；如果交换定积分的上下限，则定积分的绝对值不变而符号相反.

下面讨论定积分的性质. 下列各性质中积分上下限的大小，如不特别指明，均不加限制，并假定各性质中所列出的定积分都是存在的.

性质 1（线性运算法则）　对任意的常数 k_1 和 k_2，

$$\int_a^b \big[\, k_1 f_1(x) + k_2 f_2(x) \,\big]\,\mathrm{d}x = k_1 \int_a^b f_1(x)\,\mathrm{d}x + k_2 \int_a^b f_2(x)\,\mathrm{d}x.$$

证

$$
\begin{aligned}
\int_a^b \big[\, k_1 f_1(x) + k_2 f_2(x) \,\big]\,\mathrm{d}x
&= \lim_{\lambda \to 0} \sum_{i=1}^n \big[\, k_1 f_1(\xi_i) + k_2 f_2(\xi_i) \,\big]\Delta x_i \\
&= \lim_{\lambda \to 0} \sum_{i=1}^n k_1 f_1(\xi_i)\Delta x_i + \lim_{\lambda \to 0} \sum_{i=1}^n k_2 f_2(\xi_i)\Delta x_i \\
&= k_1 \lim_{\lambda \to 0} \sum_{i=1}^n f_1(\xi_i)\Delta x_i + k_2 \lim_{\lambda \to 0} \sum_{i=1}^n f_2(\xi_i)\Delta x_i \\
&= k_1 \int_a^b f_1(x)\,\mathrm{d}x + k_2 \int_a^b f_2(x)\,\mathrm{d}x. \quad \text{证毕.}
\end{aligned}
$$

性质 1 对于任意有限多个函数的情况都成立.

性质 2（积分区间的可加性）　设 $a<c<b$，则

$$\int_a^b f(x)\,\mathrm{d}x = \int_a^c f(x)\,\mathrm{d}x + \int_c^b f(x)\,\mathrm{d}x.$$

证　因为函数 $f(x)$ 在区间 $[a,b]$ 上可积，所以不论把 $[a,b]$ 怎样分割，积分和的极限总是不变的. 因此，在分区间时，可以使 c 永远是个分点. 那么，$[a,b]$ 上的积分和等于 $[a,c]$ 上的积分和加 $[c,b]$ 上的积分和，记为

$$\sum_{[a,b]} f(\xi_i)\Delta x_i = \sum_{[a,c]} f(\xi_i)\Delta x_i + \sum_{[c,b]} f(\xi_i)\Delta x_i.$$

令 $\lambda \to 0$，上式两端同时取极限，即得

$$\int_a^b f(x)\,\mathrm{d}x = \int_a^c f(x)\,\mathrm{d}x + \int_c^b f(x)\,\mathrm{d}x.$$

证毕.

这个性质表明定积分对于积分区间具有**可加性**.

按照定积分的补充规定, 不论 a, b, c 的相对位置如何, 定积分对于积分区间的可加性总成立, 即总有等式

$$\int_a^b f(x)\,\mathrm{d}x = \int_a^c f(x)\,\mathrm{d}x + \int_c^b f(x)\,\mathrm{d}x$$

成立. 例如, 当 $a<b<c$ 时, 由性质 2 得

$$\int_a^c f(x)\,\mathrm{d}x = \int_a^b f(x)\,\mathrm{d}x + \int_b^c f(x)\,\mathrm{d}x,$$

即

$$\int_a^b f(x)\,\mathrm{d}x = \int_a^c f(x)\,\mathrm{d}x - \int_b^c f(x)\,\mathrm{d}x$$

$$= \int_a^c f(x)\,\mathrm{d}x + \int_c^b f(x)\,\mathrm{d}x.$$

性质 3   如果在区间 $[a,b]$ 上 $f(x) \equiv 1$, 则

$$\int_a^b 1\,\mathrm{d}x = \int_a^b \mathrm{d}x = b - a.$$

这个性质的证明请读者自己根据定积分的定义完成.

性质 4   如果在区间 $[a,b]$ 上, $f(x) \geqslant 0$, 则

$$\int_a^b f(x)\,\mathrm{d}x \geqslant 0 \quad (a < b).$$

证   根据定义 4.1, 因为 $f(x) \geqslant 0$, 所以

$$f(\xi_i) \geqslant 0 \quad (i=1, 2, \cdots, n),$$

又因为 $\Delta x_i \geqslant 0 (i=1,2,\cdots,n)$, 因此

$$\sum_{i=1}^n f(\xi_i)\Delta x_i \geqslant 0,$$

令 $\lambda = \max\{\Delta x_1, \Delta x_2, \cdots, \Delta x_n\} \to 0$, 便得到要证的不等式. 证毕.

注: 若在 $[a,b]$ 上 $f(x) \geqslant 0$, 且 $f(x) \not\equiv 0$, 则 $\int_a^b f(x)\,\mathrm{d}x > 0$.

推论 1   如果在区间 $[a,b]$ 上, $f(x) \leqslant g(x)$, 则

$$\int_a^b f(x)\,\mathrm{d}x \leqslant \int_a^b g(x)\,\mathrm{d}x \quad (a < b).$$

证   因为在区间 $[a,b]$ 上, $g(x)-f(x) \geqslant 0$, 由性质 4 得

$$\int_a^b [g(x) - f(x)]\,\mathrm{d}x \geqslant 0,$$

再利用性质 1, 便得到要证的不等式. 证毕.

推论 2 $\left| \int_a^b f(x)\,\mathrm{d}x \right| \leqslant \int_a^b |f(x)|\,\mathrm{d}x \quad (a < b).$

证 因为

$$-|f(x)| \leqslant f(x) \leqslant |f(x)|,$$

由推论 1 及性质 1 得

$$-\int_a^b |f(x)|\, dx \leqslant \int_a^b f(x)\, dx \leqslant \int_a^b |f(x)|\, dx,$$

即

$$\left| \int_a^b f(x)\, dx \right| \leqslant \int_a^b |f(x)|\, dx. \quad 证毕.$$

例 3　不计算，比较积分值 $\int_0^1 x\, dx$ 与 $\int_0^1 e^x\, dx$ 的大小.

解 因为 $x \in [0,1]$，所以 $x < e^x$. 由推论 1 得

$$\int_0^1 x\, dx < \int_0^1 e^x\, dx.$$

性质 5　设 M 及 m 分别是函数 $f(x)$ 在区间 $[a,b]$ 上的最大值及最小值，则

$$m(b-a) \leqslant \int_a^b f(x)\, dx \leqslant M(b-a) \quad (a < b).$$

证 因为 $m \leqslant f(x) \leqslant M$，所以由推论 1，得

$$\int_a^b m\, dx \leqslant \int_a^b f(x)\, dx \leqslant \int_a^b M\, dx,$$

再由性质 1 及性质 3，即可得到要证的不等式.

性质 5 表明，由被积函数在积分区间上的最大值和最小值，可以估计积分值的大致范围. 换言之，如果要估计积分值的大致范围，可以先确定被积函数在积分区间上的最大值和最小值.

例 4　估计定积分 $\int_0^1 e^{x^2}\, dx$ 的值.

解 因为 $x \in [0,1]$，所以 $1 \leqslant e^{x^2} \leqslant e$. 由性质 5，得

$$1 \leqslant \int_0^1 e^{x^2}\, dx \leqslant e.$$

性质 6（定积分中值定理）　如果函数 $f(x)$ 在闭区间 $[a,b]$ 上连续，则在 $[a,b]$ 上至少存在一点 ξ，使下式成立：

$$\int_a^b f(x)\, dx = f(\xi)(b-a) \quad (a \leqslant \xi \leqslant b). \qquad (5)$$

这个公式称为**积分中值公式**.

证 由于 $f(x)$ 在闭区间 $[a,b]$ 上连续，所以，它一定在 $[a,b]$ 上取得最大值 M 和最小值 m，由性质 5，得

$$m(b-a) \leqslant \int_a^b f(x)\, dx \leqslant M(b-a),$$

即
$$m \leqslant \frac{1}{b-a} \int_a^b f(x)\,\mathrm{d}x \leqslant M.$$

这表明，确定的数值 $\dfrac{1}{b-a}\int_a^b f(x)\,\mathrm{d}x$ 介于函数 $f(x)$ 的最小值 m 和最大值 M 之间. 根据闭区间上连续函数的介值定理，至少存在一点 $\xi \in [a,b]$，使得

$$f(\xi) = \frac{1}{b-a} \int_a^b f(x)\,\mathrm{d}x \quad (a \leqslant \xi \leqslant b).$$

上式两端乘以 $b-a$，便得到所要证的式(5). 证毕.

　　积分中值公式的几何意义是：在区间 $[a,b]$ 上至少存在一点 ξ，使得以区间 $[a,b]$ 为底边、以 $y=f(x)$（不妨设 $f(x)\geqslant 0$）为曲边的曲边梯形的面积等于同一底边而高为 $f(\xi)$ 的一个矩形的面积（见图 4-9）.

　　按积分中值公式，所得

$$f(\xi) = \frac{1}{b-a} \int_a^b f(x)\,\mathrm{d}x$$

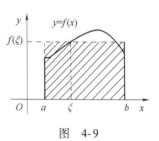

图　4-9

称为函数 $f(x)$ 在区间 $[a,b]$ 上的平均值.

　　例如，在图 4-9 中，$f(\xi)$ 可以认为是曲边梯形的平均高度. 又如，以速度 $v=v(t)$（$v(t)\geqslant 0$）做变速直线运动的物体在时间间隔 $[T_1,T_2]$ 上所经过的路程为 $\displaystyle\int_{T_1}^{T_2} v(t)\,\mathrm{d}t$，因此，

$$v(\xi) = \frac{1}{T_2 - T_1} \int_{T_1}^{T_2} v(t)\,\mathrm{d}t, \quad \xi \in [T_1,T_2],$$

即为运动物体在 $[T_1,T_2]$ 这段时间内的平均速度.

　　性质 6 不适合用于求解定积分，但它对求极限和理论证明等具有重要意义.

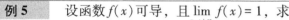

例5　设函数 $f(x)$ 可导，且 $\lim\limits_{x\to+\infty} f(x)=1$，求
$$\lim_{x\to+\infty} \int_x^{x+2} t\sin\frac{3}{t} f(t)\,\mathrm{d}t.$$

　解　根据积分中值定理，存在 $\xi \in [x,x+2]$，使得

$$\int_x^{x+2} t\sin\frac{3}{t} f(t)\,\mathrm{d}t = 2\xi\sin\frac{3}{\xi} f(\xi).$$

当 $x\to+\infty$ 时，$\xi\to+\infty$，于是，

$$\lim_{x\to+\infty} \int_x^{x+2} t\sin\frac{3}{t} f(t)\,\mathrm{d}t = \lim_{\xi\to+\infty} \left[2\xi\sin\frac{3}{\xi} f(\xi) \right]$$

$$= \lim_{\xi\to+\infty} \left[2\xi \cdot \frac{3}{\xi} \cdot f(\xi) \right] = 6.$$

习题 4-1

1. 利用定积分的定义计算下列各题:

(1) $\int_1^2 x\mathrm{d}x$;　　　　(2) $\int_0^1 \mathrm{e}^x\mathrm{d}x$.

2. 利用定积分的几何意义求下列定积分:

(1) $\int_{-\frac{\pi}{2}}^{\frac{\pi}{2}} \sin x\mathrm{d}x$;　　　　(2) $\int_0^{2\pi} \cos x\mathrm{d}x$;

(3) $\int_{-2}^2 \sqrt{4-x^2}\,\mathrm{d}x$;　　(4) $\int_{-\frac{\pi}{4}}^{\frac{\pi}{4}} \tan x\mathrm{d}x$.

3. 已知 $\int_0^{\frac{\pi}{2}} \cos x\mathrm{d}x = 1$, 利用定积分的几何意义求 $\int_0^{2\pi} |\cos x|\,\mathrm{d}x$.

4. 设 $a<b$, 利用定积分的几何意义讨论, 当 a, b 取什么值时, 定积分 $\int_a^b (x-x^2)\mathrm{d}x$ 取得最大值?

5. 设 $\int_0^1 f(x)\mathrm{d}x = 3$, $\int_0^2 f(x)\mathrm{d}x = 2$, $\int_0^2 g(x)\mathrm{d}x = -4$, 求:

(1) $\int_1^2 f(x)\mathrm{d}x$;　　　　(2) $\int_2^1 4f(u)\mathrm{d}u$;

(3) $\int_0^2 [3f(x) - 2g(x)]\mathrm{d}x$.

6. 证明定积分的性质: $\int_a^b 1\mathrm{d}x = \int_a^b \mathrm{d}x = b - a$.

7. 不计算定积分的值, 比较下列各对定积分值的大小:

(1) $\int_0^1 x^2\mathrm{d}x$ 与 $\int_0^1 x^3\mathrm{d}x$;

(2) $\int_1^2 x^2\mathrm{d}x$ 与 $\int_1^2 x^3\mathrm{d}x$;

(3) $\int_1^2 \ln x\mathrm{d}x$ 与 $\int_1^2 (\ln x)^2\mathrm{d}x$;

(4) $\int_0^1 \mathrm{e}^x\mathrm{d}x$ 与 $\int_0^1 (1+x)\mathrm{d}x$.

8. 估计下列各积分的值:

(1) $I = \int_{\frac{\pi}{4}}^{\pi} (1 + \cos^2 x)\mathrm{d}x$;

(2) $I = \int_1^4 (x^2 - 2x + 2)\mathrm{d}x$;

(3) $I = \int_{\frac{1}{\sqrt{3}}}^{\sqrt{3}} x\arctan x\mathrm{d}x$;

(4) $I = \int_0^{\pi} \frac{1}{3 + \sin^3 x}\mathrm{d}x$;

(5) $I = \int_2^0 \mathrm{e}^{x^2-x}\mathrm{d}x$;

(6) $I = \int_3^{-1} \mathrm{e}^{x+1}\mathrm{d}x$.

9. 证明: $\dfrac{1}{2} \leqslant \int_0^{\frac{1}{2}} \dfrac{1}{\sqrt{2x^2-x+1}}\mathrm{d}x \leqslant \dfrac{\sqrt{14}}{7}$.

10. 设 $f(x)$ 及 $g(x)$ 在闭区间 $[a,b]$ 上连续, 证明:

(1) 若在 $[a,b]$ 上 $f(x) \geqslant 0$, 且 $f(x) \not\equiv 0$, 则 $\int_a^b f(x)\mathrm{d}x > 0$;

(2) 若在 $[a,b]$ 上 $f(x) \geqslant 0$, 且 $\int_a^b f(x)\mathrm{d}x = 0$, 则在 $[a,b]$ 上 $f(x) \equiv 0$;

(3) 若在 $[a,b]$ 上 $f(x) \leqslant g(x)$, 且 $\int_a^b f(x)\mathrm{d}x = \int_a^b g(x)\mathrm{d}x$, 则在 $[a,b]$ 上 $f(x) \equiv g(x)$.

11. 设函数 $f(x)$ 在闭区间 $[0,1]$ 上可微, 且满足 $f(1) - 2\int_0^{\frac{1}{2}} xf(x)\mathrm{d}x = 0$, 证明: 在 $(0,1)$ 内必有一点 ξ, 使得 $\xi f'(\xi) + f(\xi) = 0$.

4.2　微积分基本公式

在 4.1 节中, 可以用定积分的概念和几何意义求定积分, 但从 4.1 节例 1 看到, 即使被积函数很简单, 直接按照定义来求定积分也不是很容易的事; 而从 4.1 节例 2 得出, 虽然用几何意义可以方便求解定积分, 但它只适用于几何图形面积容易求解的简单情形. 因此, 必须寻求计算定积分的其他有效方法.

下面先从具体实际问题中寻找解决问题的思路和线索. 为此, 来探讨变速直线运动中位置函数 $s(t)$ 及速度函数 $v(t)$ 之间的联系.

4.2.1　变速直线运动中位置函数与速度函数之间的联系

设物体做直线运动. 在这条直线上取定原点、正向及长度单位, 使它成一数轴. 记 t 时刻物体所在的位置为 $s(t)$, 速度为 $v(t)$, 如图 4-10 所示(为讨论方便, 不妨设 $v(t) \geqslant 0$).

微课视频 4.3
变速直线运动位置函数与
速度函数间的关系

一方面, 由 4.1 节知, 物体在时间间隔 $[T_1, T_2]$ 内所经过的路程等于速度函数 $v(t)$ 在 $[T_1, T_2]$ 上的定积分

$$\int_{T_1}^{T_2} v(t)\,\mathrm{d}t.$$

另一方面, 物体在这段时间内所经过的路程又等于位置函数 $s(t)$ 在区间 $[T_1, T_2]$ 上的增量

$$s(T_2) - s(T_1),$$

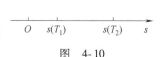

图　4-10

由此可见, 位置函数 $s(t)$ 与速度函数 $v(t)$ 之间关系如下:

$$\int_{T_1}^{T_2} v(t)\,\mathrm{d}t = s(T_2) - s(T_1). \tag{1}$$

由于位置函数 $s(t)$ 是速度函数 $v(t)$ 的一个原函数, 因此, 式 (1) 表明, 速度函数 $v(t)$ 在区间 $[T_1, T_2]$ 上的定积分, 等于 $v(t)$ 的一个原函数 $s(t)$ 在积分区间 $[T_1, T_2]$ 上的增量. 如果这一结论具有普适性, 那么连续函数 $f(x)$ 在区间 $[a, b]$ 上的定积分, 就等于它的一个原函数 $F(x)$ 在区间 $[a, b]$ 上的增量, 即

$$\int_a^b f(x)\,\mathrm{d}x = F(b) - F(a).$$

上述结论是否一定成立呢? 如果成立, 在不定积分的基础上, 定积分的计算将变得非常简单. 下面对这一结论做严格的证明.

4.2.2　积分上限的函数及其导数

设函数 $f(x)$ 在区间 $[a, b]$ 上连续, x 为 $[a, b]$ 上的任意给定的一点, 考察以 x 为积分上限的 $f(x)$ 的定积分

$$\int_a^x f(x)\,\mathrm{d}x.$$

微课视频 4.4
积分上限函数

因为 $f(x)$ 在 $[a, x]$ 上仍然连续, 所以这个定积分存在. 注意到, 这里的 x 既表示定积分的上限, 又表示积分变量, 容易混淆, 同时, 注意到定积分与积分变量的记号无关, 因此, 为了避免混淆, 不妨把积分变量换为其他记号, 例如用 t, 则有

$$\int_a^x f(x)\,\mathrm{d}x = \int_a^x f(t)\,\mathrm{d}t, \quad x \in [a, b].$$

如果积分上限 x 在 $[a, b]$ 上任意变动, 那么对于每一个给定的

x 值，都有一个确定的数值 $\int_a^x f(t)\,\mathrm{d}t$ 与 x 对应，于是，定积分

$\int_a^x f(t)\,\mathrm{d}t$ 定义了一个区间 $[a,b]$ 上的关于 x 的函数，记作 $\Phi(x)$，即

$$\Phi(x) = \int_a^x f(t)\,\mathrm{d}t \quad (a \leqslant x \leqslant b),$$

并称 $\Phi(x)$ 为**积分上限的函数**. $\Phi(x)$ 具有以下重要性质.

> **定理 4.3**　如果函数 $f(x)$ 在区间 $[a,b]$ 上连续，那么积分上限的函数
>
> $$\Phi(x) = \int_a^x f(t)\,\mathrm{d}t$$
>
> 在 $[a,b]$ 上可导，且有
>
> $$\Phi'(x) = \frac{\mathrm{d}}{\mathrm{d}x}\int_a^x f(t)\,\mathrm{d}t = f(x)\,(a \leqslant x \leqslant b). \tag{2}$$

　　证　任给 $x \in (a,b)$，则当 x 获得充分小的增量 Δx 时，可以保证 $x+\Delta x \in [a,b]$，此时函数 $\Phi(x)$ 在区间 $[x, x+\Delta x]$ 上增量为

$$\Delta\Phi = \Phi(x + \Delta x) - \Phi(x)$$
$$= \int_a^{x+\Delta x} f(t)\,\mathrm{d}t - \int_a^x f(t)\,\mathrm{d}t$$
$$= \int_a^{x+\Delta x} f(t)\,\mathrm{d}t + \int_x^a f(t)\,\mathrm{d}t$$
$$= \int_x^{x+\Delta x} f(t)\,\mathrm{d}t.$$

　　由积分中值定理，得

$$\Delta\Phi = f(\xi) \cdot \Delta x \quad (\xi \text{ 在 } x \text{ 与 } x+\Delta x \text{ 之间}).$$

　　由于当 $\Delta x \to 0$ 时，$\xi \to x$，于是

$$\lim_{\Delta x \to 0} \frac{\Delta\Phi}{\Delta x} = \lim_{\Delta x \to 0} \frac{f(\xi) \cdot \Delta x}{\Delta x} = \lim_{\xi \to x} f(\xi).$$

　　又由于 $f(x)$ 在 $[a,b]$ 上连续，所以，

$$\lim_{\xi \to x} f(\xi) = f(x).$$

因此，$\Phi(x)$ 在 (a,b) 上可导，且

$$\Phi'(x) = \lim_{\Delta x \to 0} \frac{\Delta\Phi}{\Delta x} = f(x).$$

　　采用上述推导过程，如果 $x=a$，取充分小的 $\Delta x>0$，则可证得 $\Phi'_+(a)=f(a)$；如果 $x=b$，取充分小的 $\Delta x<0$，则可证得 $\Phi'_-(b)=f(b)$. 证毕.

　　按照原函数的概念，定理 4.3 的结论表明：$\Phi(x)$ 是连续函数 $f(x)$ 的一个原函数，由此得到如下原函数存在定理.

> **定理 4.4**　如果函数 $f(x)$ 在区间 $[a,b]$ 上连续，则积分上限的函数
> $$\varPhi(x) = \int_a^x f(t)\,\mathrm{d}t$$
> 是 $f(x)$ 在 $[a,b]$ 上的一个原函数.

　　这个定理的重要意义是：一方面肯定了连续函数的原函数一定存在；另一方面揭示了定积分与原函数之间的联系，即连续函数 $f(x)$ 的原函数的一般表达式为 $\int_a^x f(t)\,\mathrm{d}t + C$，其中 C 为任意常数. 因此，就有可能通过原函数来计算定积分.

例 1　求 $\dfrac{\mathrm{d}}{\mathrm{d}x}\left(\displaystyle\int_1^x \sin^2 u\,\mathrm{d}u\right)$.

　　解　由式(2)，得
$$\frac{\mathrm{d}}{\mathrm{d}x}\left(\int_1^x \sin^2 u\,\mathrm{d}u\right) = \sin^2 x.$$

例 2　设 $f(x)$ 是连续函数，$u(x)$、$v(x)$ 均可导，证明：
$$\frac{\mathrm{d}}{\mathrm{d}x}\int_{v(x)}^{u(x)} f(t)\,\mathrm{d}t = f(u(x))u'(x) - f(v(x))v'(x). \tag{3}$$

　　证　根据定积分的性质、导数的运算法则和复合函数求导法则，设 a 为任意常数，有
$$
\begin{aligned}
\frac{\mathrm{d}}{\mathrm{d}x}\int_{v(x)}^{u(x)} f(t)\,\mathrm{d}t &= \frac{\mathrm{d}}{\mathrm{d}x}\left(\int_{v(x)}^{a} f(t)\,\mathrm{d}t + \int_{a}^{u(x)} f(t)\,\mathrm{d}t\right) \\
&= \frac{\mathrm{d}}{\mathrm{d}x}\int_{a}^{u(x)} f(t)\,\mathrm{d}t - \frac{\mathrm{d}}{\mathrm{d}x}\int_{a}^{v(x)} f(t)\,\mathrm{d}t \\
&= \frac{\mathrm{d}}{\mathrm{d}u(x)}\int_{a}^{u(x)} f(t)\,\mathrm{d}t \cdot \frac{\mathrm{d}u(x)}{\mathrm{d}x} - \frac{\mathrm{d}}{\mathrm{d}v(x)}\int_{a}^{v(x)} f(t)\,\mathrm{d}t \cdot \frac{\mathrm{d}v(x)}{\mathrm{d}x} \\
&= f(u(x))u'(x) - f(v(x))v'(x).
\end{aligned}
$$
证毕.

例 3　求极限 $\displaystyle\lim_{x\to 0} \frac{x^2 - \displaystyle\int_0^{x^2}\cos(t^2)\,\mathrm{d}t}{x^{10}}$.

　　解　这是 $\dfrac{0}{0}$ 型未定式，根据洛必达法则、式(3)及等价无穷小代换，得
$$
\begin{aligned}
\lim_{x\to 0} \frac{x^2 - \displaystyle\int_0^{x^2}\cos(t^2)\,\mathrm{d}t}{x^{10}} &= \lim_{x\to 0} \frac{2x - 2x\cos(x^2)^2}{10x^9} \\
&= \lim_{x\to 0} \frac{1 - \cos(x^4)}{5x^8} = \lim_{x\to 0} \frac{(x^4)^2}{10x^8} = \frac{1}{10}.
\end{aligned}
$$

例 4　设 $f(x)$ 在 $[a,b]$ 上连续，在 (a,b) 内可导，且 $f'(x) \leqslant 0$，记

$$F(x) = \frac{1}{x-a}\int_a^x f(t)\,\mathrm{d}t,$$

证明：当 $x \in (a,b)$ 时，$F'(x) \leqslant 0$.

证　因为当 $x \in (a,b)$ 时，

$$F'(x) = \frac{f(x)(x-a) - \int_a^x f(t)\,\mathrm{d}t}{(x-a)^2},$$

又由积分中值定理知，存在 $\xi \in [a,x]$，使得

$$\int_a^x f(t)\,\mathrm{d}t = f(\xi)(x-a),$$

于是

$$F'(x) = \frac{f(x)(x-a) - f(\xi)(x-a)}{(x-a)^2} = \frac{f(x) - f(\xi)}{x-a}.$$

根据拉格朗日中值定理知，存在 $\eta \in (\xi, x)$，使得

$$f(x) - f(\xi) = f'(\eta)(x - \xi).$$

由已知条件知 $f'(\eta) \leqslant 0$. 于是当 $x \in (a,b)$ 时，$x-a > 0$，$f(x) - f(\xi) \leqslant 0$，从而，$F'(x) \leqslant 0$. 证毕.

4.2.3　牛顿-莱布尼茨公式

微课视频 4.5
牛顿-莱布尼茨公式的应用

定理 4.5（微积分基本定理）　如果函数 $F(x)$ 是连续函数 $f(x)$ 在 $[a,b]$ 上的一个原函数，则

$$\int_a^b f(x)\,\mathrm{d}x = F(b) - F(a). \tag{4}$$

证　因为 $F(x)$ 是 $f(x)$ 的一个原函数，而积分上限的函数

$$\Phi(x) = \int_a^x f(t)\,\mathrm{d}t$$

也是 $f(x)$ 的一个原函数，而同一个函数的任意两个原函数之间仅相差一个常数，所以

$$F(x) - \Phi(x) = C \quad (a \leqslant x \leqslant b,\ C\ \text{为常数}),$$

从而　　　　$F(b) - \Phi(b) = C,\ F(a) - \Phi(a) = C.$

又因为 $\Phi(a) = \int_a^a f(t)\,\mathrm{d}t = 0$，因此，$C = F(a)$，且 $\Phi(b) = F(b) - C$，于是

$$\int_a^b f(t)\,\mathrm{d}t = \Phi(b) = F(b) - F(a).$$

因为定积分与积分变量的记号无关，把积分变量 t 换成 x，

即得

$$\int_a^b f(x)\,dx = F(b) - F(a).$$

证毕.

注：由 4.1 节定积分的补充规定可知，式(4)对 $a>b$ 的情形也成立.

式(4)称作**牛顿**(Newton)**-莱布尼茨**(Leibniz)**公式，**也称作**微积分基本公式**.

为方便起见，以后把 $F(b)-F(a)$ 记作 $F(x)\Big|_a^b$ 或 $\big[F(x)\big]_a^b$，于是牛顿-莱布尼茨公式(4)又可以写成

$$\int_a^b f(x)\,dx = F(x)\,\Big|_a^b = F(b) - F(a).$$

牛顿-莱布尼茨公式进一步揭示了定积分与被积函数的原函数或不定积分之间的联系. 它表明：一个连续函数在 $[a,b]$ 上的定积分等于它的任意一个原函数在 $[a,b]$ 上的增量，这就给定积分的计算提供了一个有效而简便的方法，把定积分求解的重点转变为寻找被积函数的一个原函数.

例 5　利用牛顿-莱布尼茨公式计算 4.1 节例 1 中的定积分 $\int_0^1 x^2\,dx$.

解　因为 $\dfrac{x^3}{3}$ 是 x^2 的一个原函数，所以按牛顿-莱布尼茨公式，得

$$\int_0^1 x^2\,dx = \frac{x^3}{3}\,\Big|_0^1 = \frac{1^3}{3} - \frac{0^3}{3} = \frac{1}{3}.$$

例 6　计算 $\int_{-\sqrt{3}}^{\sqrt{3}} \dfrac{1}{1+x^2}\,dx$.

解　$\displaystyle\int_{-\sqrt{3}}^{\sqrt{3}} \frac{1}{1+x^2}\,dx = \arctan x\,\Big|_{-\sqrt{3}}^{\sqrt{3}} = \arctan\sqrt{3} - \arctan(-\sqrt{3})$

$$= \frac{\pi}{3} - \left(-\frac{\pi}{3}\right) = \frac{2\pi}{3}.$$

例 7　设

$$f(x) = \begin{cases} \dfrac{1}{x} & -\mathrm{e} \leqslant x \leqslant -1, \\[2mm] 2x & -1 < x \leqslant 0, \end{cases}$$

计算 $\int_{-\mathrm{e}}^0 f(x)\,dx$.

解　函数 $f(x)$ 在 $[-\mathrm{e},0]$ 上有界且只有一个间断点 $x=-1$，由

定理 4.2 知 $f(x)$ 在 $[-e,0]$ 上可积，且

$$\int_{-e}^{0} f(x)\,\mathrm{d}x = \int_{-e}^{-1} \frac{1}{x}\,\mathrm{d}x + \int_{-1}^{0} 2x\,\mathrm{d}x = (\ln|x|) \Big|_{-e}^{-1} + x^2 \Big|_{-1}^{0} = -2.$$

例 8　计算 $\displaystyle\int_{0}^{2\pi} \sqrt{1 - \cos 2x}\,\mathrm{d}x$.

解　$\displaystyle\int_{0}^{2\pi} \sqrt{1 - \cos 2x}\,\mathrm{d}x = \int_{0}^{2\pi} \sqrt{2\sin^2 x}\,\mathrm{d}x = \sqrt{2}\int_{0}^{2\pi} |\sin x|\,\mathrm{d}x$

$$= \sqrt{2}\left[\int_{0}^{\pi} \sin x\,\mathrm{d}x + \int_{\pi}^{2\pi}(-\sin x)\,\mathrm{d}x\right]$$

$$= \sqrt{2}\left[(-\cos x)\Big|_{0}^{\pi} + \cos x\Big|_{\pi}^{2\pi}\right] = 4\sqrt{2}.$$

例 8 展示了，当定积分的被积函数中含有绝对值时，需先将绝对值函数写成类似于例 7 中的分段函数，然后根据定积分积分区间的可加性等性质求解.

习题 4- 2

1. 计算下列各导数：

(1) $\dfrac{\mathrm{d}}{\mathrm{d}x}\displaystyle\int_{0}^{x} \dfrac{t}{\sin t}\mathrm{d}t$；　　(2) $\dfrac{\mathrm{d}}{\mathrm{d}x}\displaystyle\int_{x}^{0} \sin t^2\mathrm{d}t$；

(3) $\dfrac{\mathrm{d}}{\mathrm{d}x}\displaystyle\int_{x^2}^{x^3} \dfrac{\mathrm{d}t}{\sqrt{1 + t^4}}$；　　(4) $\dfrac{\mathrm{d}}{\mathrm{d}x}\displaystyle\int_{x^2}^{\sin x} \mathrm{e}^{-t^2}\mathrm{d}t$；

(5) $\dfrac{\mathrm{d}}{\mathrm{d}x}\displaystyle\int_{-x^2}^{0} f(t^2)\mathrm{d}t$；　　(6) $\dfrac{\mathrm{d}}{\mathrm{d}x}\displaystyle\int_{1}^{x^2} xf(t)\mathrm{d}t$.

2. 求由 $\displaystyle\int_{0}^{y}(1 + t)\mathrm{d}t + \int_{0}^{x} \cos t\,\mathrm{d}t = 0$ 所确定的隐函数 $y = y(x)$ 的导数 $\dfrac{\mathrm{d}y}{\mathrm{d}x}$.

3. 求由参数方程 $x = \displaystyle\int_{1}^{t} \sin u\,\mathrm{d}u$，$y = \displaystyle\int_{t^2}^{0} \cos u\,\mathrm{d}u$ 所确定的函数的导数 $\dfrac{\mathrm{d}y}{\mathrm{d}x}$.

4. 求函数 $f(x) = \displaystyle\int_{1}^{x}\left(3 - \dfrac{1}{\sqrt{t}}\right)\mathrm{d}t \ (x > 0)$ 的单调递减开区间.

5. 求曲线 $f(x) = \displaystyle\int_{1}^{x} t(1 - t)\mathrm{d}t$ 的凸区间.

6. 求下列各极限：

(1) $\displaystyle\lim_{x \to 0} \dfrac{\displaystyle\int_{0}^{x} t\sin t\,\mathrm{d}t}{x}$；　　(2) $\displaystyle\lim_{x \to 0} \dfrac{\displaystyle\int_{0}^{x} \sin t^2\,\mathrm{d}t}{\ln(1 + x^2)}$；

(3) $\displaystyle\lim_{x \to 0} \dfrac{\displaystyle\int_{0}^{x^4} \arctan t\,\mathrm{d}t}{\displaystyle\int_{x}^{0} t(t - \sin t)\mathrm{d}t}$；　　(4) $\displaystyle\lim_{x \to 0} \dfrac{x - \displaystyle\int_{0}^{x} \mathrm{e}^{t^2}\mathrm{d}t}{x^2 \sin 2x}$；

(5) $\displaystyle\lim_{x \to +\infty} \dfrac{\left(\displaystyle\int_{0}^{x} \mathrm{e}^{t^2}\mathrm{d}t\right)^2}{\displaystyle\int_{0}^{x} \mathrm{e}^{2t^2}\mathrm{d}t}$；　(6) $\displaystyle\lim_{x \to 0} \dfrac{\displaystyle\int_{\cos^2 x}^{1} \sqrt{1 + t^2}\,\mathrm{d}t}{x^2}$；

(7) $\displaystyle\lim_{x \to 0^+} \dfrac{x\displaystyle\int_{0}^{\frac{x}{2}} \cos t^2\,\mathrm{d}t}{(\arcsin x)^2}$；　(8) $\displaystyle\lim_{x \to 1} \dfrac{\displaystyle\int_{1}^{x} \sin(\pi t)\,\mathrm{d}t}{1 + \cos(\pi x)}$.

7. 计算下列各定积分：

(1) $\displaystyle\int_{0}^{1}(x^3 + \cos x)\,\mathrm{d}x$；　　(2) $\displaystyle\int_{\frac{1}{\sqrt{3}}}^{\sqrt{3}} \dfrac{1}{1 + x^2}\mathrm{d}x$；

(3) $\displaystyle\int_{0}^{\frac{\pi}{4}} \dfrac{1 + \sin^2 x}{\cos^2 x}\mathrm{d}x$；　　(4) $\displaystyle\int_{-\frac{1}{2}}^{\frac{1}{2}} \dfrac{\sqrt{1 + x^2}}{\sqrt{1 - x^4}}\mathrm{d}x$；

(5) $\displaystyle\int_{1}^{e} \dfrac{1 + \sqrt{x}}{x}\mathrm{d}x$；　　(6) $\displaystyle\int_{-2}^{4} |x + 1|\,\mathrm{d}x$；

(7) $\displaystyle\int_{\frac{\pi}{4}}^{\frac{3\pi}{4}} \csc x \sqrt{\sin^2 x - \sin^4 x}\,\mathrm{d}x$；

(8) $\displaystyle\int_{-\frac{\pi}{2}}^{\frac{\pi}{2}} \sqrt{1 - \cos 2x}\,\mathrm{d}x$；(9) $\displaystyle\int_{0}^{\pi} \sqrt{1 + \cos 2x}\,\mathrm{d}x$；

(10) $\displaystyle\int_{0}^{\pi} f(x)\,\mathrm{d}x$，其中

$$f(x) = \begin{cases} \sin x & 0 \leqslant x < \dfrac{\pi}{2}, \\ x & \dfrac{\pi}{2} \leqslant x \leqslant \pi. \end{cases}$$

8. 设 $f(x) = \begin{cases} x + 1 & x < 0, \\ x & x \geqslant 0, \end{cases}$ 求 $\varphi(x) = \displaystyle\int_{0}^{x} f(t)\,\mathrm{d}t$ 在

$[-1,1]$ 上的表达式，并讨论函数 $\varphi(x)$ 在 $(0,1)$ 内的连续性和可导性.

9. 设函数 $f(x)$ 在 $[0,+\infty)$ 内连续，且 $f(x)>0$，证明：函数

$$F(x)=\frac{\displaystyle\int_0^x tf(t)\,dt}{\displaystyle\int_0^x f(t)\,dt}$$

在 $(0,+\infty)$ 内单调增加.

10. 设 $f(x)$ 在 $[0,+\infty)$ 内连续，且 $\lim\limits_{x\to+\infty}f(x)=1$，

证明：函数

$$y=e^{-x}\int_0^x e^t f(t)\,dt$$

满足方程 $\dfrac{dy}{dx}+y=f(x)$，并求 $\lim\limits_{x\to+\infty}y(x)$.

11. 设 $f(x)$ 在 $[a,b]$ 上连续，且 $f(x)>0$，$F(x)=\displaystyle\int_a^x f(t)\,dt+\int_b^x \frac{dt}{f(t)}$. 证明：

（1）$F'(x)\geqslant 2$；

（2）方程 $F(x)=0$ 在 (a,b) 内有且仅有一个根.

4.3　定积分的计算法

由牛顿-莱布尼茨公式知道，定积分可以通过计算被积函数的原函数的增量而简便求得. 而根据第 3 章内容知，一个函数的原函数，除了运用性质和积分公式求得，还可以通过换元积分法和分部积分法来求. 因此，本节主要讨论定积分的换元积分法和分部积分法，以及由它们得到的定积分的几种简单计算法.

4.3.1　定积分的换元积分法

> **定理 4.6**　假设函数 $f(x)$ 在区间 $[a,b]$ 上连续，函数 $x=\varphi(t)$ 满足条件：
>
> （1）$\varphi(\alpha)=a$，$\varphi(\beta)=b$；
>
> （2）$\varphi(t)$ 在区间 $[\alpha,\beta]$（或 $[\beta,\alpha]$）上具有连续的导数 $\varphi'(t)$；
>
> （3）当 $t\in[\alpha,\beta]$（或 $t\in[\beta,\alpha]$）时，$\varphi(t)\in[a,b]$，
>
> 则有**定积分的换元积分公式**
>
> $$\int_a^b f(x)\,dx=\int_\alpha^\beta f(\varphi(t))\varphi'(t)\,dt. \tag{1}$$

微课视频 4.6
定积分的换元法 1

证　根据假设条件，函数 $f(x)$、$f(\varphi(t))\varphi'(t)$ 在对应的自变量变化区间上都连续，所以，它们的原函数都存在，且式 (1) 两边的定积分也都存在.

设 $F(x)$ 是 $f(x)$ 在 $[a,b]$ 上的一个原函数，则由牛顿-莱布尼茨公式，得

$$\int_a^b f(x)\,dx=F(b)-F(a).$$

另一方面，记 $\Phi(t)=F(x)=F(\varphi(t))$，由复合函数求导法则，得

$$\Phi'(t)=\frac{dF}{dx}\cdot\frac{dx}{dt}=f(x)\varphi'(t)=f(\varphi(t))\varphi'(t),$$

这表明 $\Phi(t)$ 是 $f(\varphi(t))\varphi'(t)$ 的一个原函数，从而有

$$\int_{\alpha}^{\beta}f(\varphi(t))\varphi'(t)\mathrm{d}t = \Phi(\beta) - \Phi(\alpha).$$

又由 $\Phi(t)=F(\varphi(t))$ 及 $\varphi(\alpha)=a$，$\varphi(\beta)=b$，得

$$\Phi(\beta)-\Phi(\alpha)=F(\varphi(\beta))-F(\varphi(\alpha))=F(b)-F(a).$$

所以

$$\int_{a}^{b}f(x)\mathrm{d}x = F(b) - F(a) = \Phi(\beta) - \Phi(\alpha).$$

$$= \int_{\alpha}^{\beta}f(\varphi(t))\varphi'(t)\mathrm{d}t.$$

证毕.

注：（1）定积分换元积分法中换元的方法与不定积分中的换元的方法相同；

（2）定积分的换元积分，需要将原积分变量 x 的上下限，相应地换成新的变量 t 的上下限，注意"上限对上限，下限对下限"；

（3）与不定积分换元法相比，定积分的换元积分法不需要再回代回原来的积分变量；

（4）式(1)从左到右进行，又称为定积分的**变量代换法**；从右到左进行又称为定积分的**凑微分法**.

例 1　　求 $\displaystyle\int_{0}^{a}\sqrt{a^2 - x^2}\,\mathrm{d}x\,(a > 0)$.

解　令 $x=a\sin t$，则 $\mathrm{d}x=a\cos t\mathrm{d}t$，且当 $x=0$ 时，$t=0$；当 $x=a$ 时，$t=\dfrac{\pi}{2}$. 于是

$$\int_{0}^{a}\sqrt{a^2 - x^2}\,\mathrm{d}x = \int_{0}^{\frac{\pi}{2}}|\,a\cos t\,|\,(a\cos t\mathrm{d}t) = a^2\int_{0}^{\frac{\pi}{2}}\cos^2 t\mathrm{d}t$$

$$= \frac{a^2}{2}\int_{0}^{\frac{\pi}{2}}(1 + \cos 2t)\,\mathrm{d}t$$

$$= \frac{a^2}{2}\left[\frac{\pi}{2} + \left(\frac{1}{2}\sin 2t\right)\Big|_{0}^{\frac{\pi}{2}}\right] = \frac{\pi}{4}a^2.$$

微课视频 4.7
定积分的换元法 2

例 2　　求 $\displaystyle\int_{0}^{4}\frac{1}{1 + \sqrt{x}}\mathrm{d}x$.

解　令 $t=\sqrt{x}$，则 $x=t^2$，$\mathrm{d}x=2t\mathrm{d}t$，且当 $x=0$ 时，$t=0$；当 $x=4$ 时，$t=2$. 于是

$$\int_{0}^{4}\frac{1}{1 + \sqrt{x}}\mathrm{d}x = 2\int_{0}^{2}\frac{t}{1 + t}\mathrm{d}t = 2\int_{0}^{2}\left(1 - \frac{1}{1 + t}\right)\,\mathrm{d}t$$

$$= 2\left(2 - \ln(1 + t)\,\Big|_{0}^{2}\right) = 4 - 2\ln 3.$$

例 3　　求 $\displaystyle\int_{0}^{\frac{\pi}{2}}\sin^7 x\cos x\mathrm{d}x$.

解　设 $\sin x = t$，则 $\cos x \mathrm{d}x = \mathrm{d}t$，且当 $x = 0$ 时，$t = 0$；当 $x = \dfrac{\pi}{2}$ 时，$t = 1$. 于是

$$\int_0^{\frac{\pi}{2}} \sin^7 x \cos x \mathrm{d}x = \int_0^1 t^7 \mathrm{d}t = \frac{1}{8} t^8 \Big|_0^1 = \frac{1}{8}.$$

例 3 中，寻找被积函数的一个原函数时，也可以直接用凑微分的方法，此时，积分变量没有改变，因此，定积分的上、下限就无须变更，用这种方法求解过程如下：

$$\int_0^{\frac{\pi}{2}} \sin^7 x \cos x \mathrm{d}x = \int_0^{\frac{\pi}{2}} \sin^7 x \mathrm{d}(\sin x) = \left(\frac{\sin^8 x}{8} \right) \Big|_0^{\frac{\pi}{2}} = \frac{1}{8}.$$

4.3.2　定积分的分部积分法

定理 4.7　设函数 $u(x)$、$v(x)$ 在区间 $[a, b]$ 上具有连续的导函数，则有**定积分的分部积分公式**

$$\int_a^b u(x) v'(x) \mathrm{d}x = \int_a^b u(x) \mathrm{d}v(x) \tag{2}$$
$$= [u(x) v(x)] \Big|_a^b - \int_a^b v(x) \mathrm{d}u(x).$$

微课视频 4.8
定积分的分部积分法

证　根据牛顿-莱布尼茨公式和不定积分的分部积分法，有

$$\int_a^b u(x) v'(x) \mathrm{d}x = \left(\int u(x) v'(x) \mathrm{d}x \right) \Big|_a^b = \left(\int u(x) \mathrm{d}v(x) \right) \Big|_a^b$$
$$= \left(u(x) v(x) - \int v(x) \mathrm{d}u(x) \right) \Big|_a^b$$
$$= [u(x) v(x)] \Big|_a^b - \int_a^b v(x) \mathrm{d}u(x).$$

证毕.

分部积分公式（2）可简记为

$$\int_a^b u v' \mathrm{d}x = \int_a^b u \mathrm{d}v = (uv) \Big|_a^b - \int_a^b v \mathrm{d}u.$$

该公式表明，用分部积分公式计算定积分时，不必把被积函数的原函数全部求出来之后再代入上、下限，而是可以求出一部分原函数就代入上下限求值.

例 4　求 $\displaystyle\int_1^{\mathrm{e}} \ln x \mathrm{d}x$.

解　$\displaystyle\int_1^{\mathrm{e}} \ln x \mathrm{d}x = [x \ln x] \Big|_1^{\mathrm{e}} - \int_1^{\mathrm{e}} x \mathrm{d}\ln x = \mathrm{e} - \int_1^{\mathrm{e}} 1 \mathrm{d}x$
$$= \mathrm{e} - (\mathrm{e} - 1) = 1.$$

例 5 求 $\int_0^{\frac{\pi}{2}} x\sqrt{1 + \cos 2x}\,\mathrm{d}x$.

解

$$\int_0^{\frac{\pi}{2}} x\sqrt{1 + \cos 2x}\,\mathrm{d}x = \sqrt{2}\int_0^{\frac{\pi}{2}} x\cos x\,\mathrm{d}x = \sqrt{2}\int_0^{\frac{\pi}{2}} x\,\mathrm{d}\sin x$$

$$= \sqrt{2}\left[(x\sin x)\,\Big|_0^{\frac{\pi}{2}} - \int_0^{\frac{\pi}{2}}\sin x\,\mathrm{d}x\right]$$

$$= \sqrt{2}\left[\frac{\pi}{2} + (\cos x)\,\Big|_0^{\frac{\pi}{2}}\right] = \frac{\sqrt{2}\,\pi}{2} - \sqrt{2}.$$

例 6 求 $\int_0^1 \mathrm{e}^{-\sqrt{x}}\,\mathrm{d}x$.

解 设 $t = -\sqrt{x}$，则 $x = t^2$，$\mathrm{d}x = 2t\,\mathrm{d}t$，且当 $x = 0$ 时，$t = 0$；当 $x = 1$ 时，$t = -1$. 于是

$$\int_0^1 \mathrm{e}^{-\sqrt{x}}\,\mathrm{d}x = 2\int_0^{-1} t\mathrm{e}^t\,\mathrm{d}t = 2\int_0^{-1} t\,\mathrm{d}\mathrm{e}^t = 2\left(t\mathrm{e}^t\,\Big|_0^{-1} - \int_0^{-1}\mathrm{e}^t\,\mathrm{d}t\right)$$

$$= -2\mathrm{e}^{-1} - 2\mathrm{e}^t\,\Big|_0^{-1} = 2 - \frac{4}{\mathrm{e}}.$$

4.3.3 定积分的几种简化计算方法

根据定积分的换元积分法和分部积分法，可以得到如下几种定积分的简化计算方法.

例 7 证明：若函数 $f(x)$ 在 $[-a, a]$ 上连续，则

$$\int_{-a}^{a} f(x)\,\mathrm{d}x = \int_0^a [f(x) + f(-x)]\,\mathrm{d}x. \tag{3}$$

证 根据定积分积分区间的可加性，得

$$\int_{-a}^{a} f(x)\,\mathrm{d}x = \int_{-a}^{0} f(x)\,\mathrm{d}x + \int_0^a f(x)\,\mathrm{d}x.$$

令 $x = -t$，得

$$\int_{-a}^{0} f(x)\,\mathrm{d}x = -\int_a^0 f(-t)\,\mathrm{d}t = \int_0^a f(-t)\,\mathrm{d}t = \int_0^a f(-x)\,\mathrm{d}x.$$

因此，

$$\int_{-a}^{a} f(x)\,\mathrm{d}x = \int_0^a f(-x)\,\mathrm{d}x + \int_0^a f(x)\,\mathrm{d}x$$

$$= \int_0^a [f(x) + f(-x)]\,\mathrm{d}x.$$

证毕.

例 8 求 $\int_{-\frac{\pi}{4}}^{\frac{\pi}{4}} \frac{\cos^2 x}{1 + \mathrm{e}^{-x}}\,\mathrm{d}x$.

证 根据式 (3)，得

$$\int_{-\frac{\pi}{4}}^{\frac{\pi}{4}} \frac{\cos^2 x}{1 + e^{-x}} dx = \int_{0}^{\frac{\pi}{4}} \left[\frac{\cos^2 x}{1 + e^{-x}} + \frac{\cos^2(-x)}{1 + e^{-(-x)}} \right] dx$$

$$= \int_{0}^{\frac{\pi}{4}} \left[\frac{e^x \cos^2 x}{1 + e^x} + \frac{\cos^2 x}{1 + e^x} \right] dx = \int_{0}^{\frac{\pi}{4}} \cos^2 x dx$$

$$= \int_{0}^{\frac{\pi}{4}} \frac{1 + \cos 2x}{2} dx = \frac{\pi}{8} + \frac{1}{4} (\sin 2x) \Big|_{0}^{\frac{\pi}{4}} = \frac{\pi}{8} + \frac{1}{4}.$$

例 9　　证明：若函数 $f(x)$ 在 $[-a, a]$ 上连续，则

（1）当 $f(x)$ 为偶函数时，有

$$\int_{-a}^{a} f(x) dx = 2 \int_{0}^{a} f(x) dx; \tag{4}$$

（2）当 $f(x)$ 为奇函数时，有

$$\int_{-a}^{a} f(x) dx = 0. \tag{5}$$

证　根据式（3），有：

（1）当 $f(x)$ 为偶函数时，$f(-x) = f(x)$，故有

$$\int_{-a}^{a} f(x) dx = \int_{0}^{a} 2f(x) dx = 2 \int_{0}^{a} f(x) dx;$$

（2）当 $f(x)$ 为奇函数时，$f(-x) = -f(x)$，故有

$$\int_{-a}^{a} f(x) dx = \int_{0}^{a} 0 dx = 0. \quad 证毕.$$

例 10　　计算 $\int_{-1}^{1} x^3 \tan^6 x dx$.

解　在 $[-1, 1]$ 上，x^3 为连续的奇函数，$\tan^6 x$ 为连续的偶函数，因此，被积函数 $x^3 \tan^6 x$ 为连续的奇函数，根据式（5），知

$$\int_{-1}^{1} x^3 \tan^6 x dx = 0.$$

例 11　　求 $\int_{-1}^{1} \frac{x^2 + x^3 \cos x}{1 + \sqrt{1 - x^2}} dx$.

解　根据式（4）和式（5），得

$$\int_{-1}^{1} \frac{x^2 + x^3 \cos x}{1 + \sqrt{1 - x^2}} dx = \int_{-1}^{1} \frac{x^2}{1 + \sqrt{1 - x^2}} dx + \int_{-1}^{1} \frac{x^3 \cos x}{1 + \sqrt{1 - x^2}} dx$$

$$= 2 \int_{0}^{1} \frac{x^2}{1 + \sqrt{1 - x^2}} dx + 0$$

$$= 2 \int_{0}^{1} (1 - \sqrt{1 - x^2}) dx$$

$$= 2 - 2 \int_{0}^{1} \sqrt{1 - x^2} dx = 2 - \frac{\pi}{2}.$$

例 12　　证明：若 $f(x)$ 连续，且是以 T 为周期的周期函数，则

$$(1) \quad \int_a^{a+T} f(x)\mathrm{d}x = \int_0^T f(x)\mathrm{d}x (a \text{ 为任意实数}); \qquad (6)$$

$$(2) \quad \int_a^{a+nT} f(x)\mathrm{d}x = n\int_0^T f(x)\mathrm{d}x (n \text{ 为任意正整数}). \qquad (7)$$

证　（1）$\int_a^{a+T} f(x)\mathrm{d}x = \int_a^0 f(x)\mathrm{d}x + \int_0^T f(x)\mathrm{d}x + \int_T^{a+T} f(x)\mathrm{d}x$，

对 $\int_T^{a+T} f(x)\mathrm{d}x$，令 $x = T+t$，得

$$\int_T^{a+T} f(x)\mathrm{d}x = \int_0^a f(T+t)\mathrm{d}t = \int_0^a f(t)\mathrm{d}t = \int_0^a f(x)\mathrm{d}x,$$

因此有

$$\int_a^{a+T} f(x)\mathrm{d}x = \int_a^0 f(x)\mathrm{d}x + \int_0^T f(x)\mathrm{d}x + \int_0^a f(x)\mathrm{d}x = \int_0^T f(x)\mathrm{d}x.$$

（2）根据定积分积分区间的可加性以及式（6），

$$\int_a^{a+nT} f(x)\mathrm{d}x = \int_a^{a+T} f(x)\mathrm{d}x + \int_{a+T}^{a+2T} f(x)\mathrm{d}x + \cdots + \int_{a+(n-1)T}^{a+nT} f(x)\mathrm{d}x$$

$$= \int_0^T f(x)\mathrm{d}x + \int_0^T f(x)\mathrm{d}x + \cdots + \int_0^T f(x)\mathrm{d}x$$

$$= n\int_0^T f(x)\mathrm{d}x.$$

证毕.

例 13　　求 $\int_0^{n\pi} \sqrt{1-\sin 2x}\,\mathrm{d}x$.

解　因为被积函数 $\sqrt{1-\sin 2x}$ 是以 π 为周期的周期函数且在 $[0, n\pi]$ 上连续，因此，利用式（7）得

$$\int_0^{n\pi} \sqrt{1-\sin 2x}\,\mathrm{d}x = n\int_0^\pi \sqrt{1-\sin 2x}\,\mathrm{d}x = n\int_0^\pi |\sin x - \cos x|\,\mathrm{d}x$$

$$= n\left[\int_0^{\frac{\pi}{4}} (\cos x - \sin x)\mathrm{d}x + \int_{\frac{\pi}{4}}^\pi (\sin x - \cos x)\mathrm{d}x\right]$$

$$= n\left[(\sin x + \cos x)\Big|_0^{\frac{\pi}{4}} + (-\cos x - \sin x)\Big|_{\frac{\pi}{4}}^\pi\right]$$

$$= n\left(\frac{\sqrt{2}}{2} + \frac{\sqrt{2}}{2} - 1 + 1 + \frac{\sqrt{2}}{2} + \frac{\sqrt{2}}{2}\right) = 2\sqrt{2}\,n.$$

例 14　　求 $\int_0^{2\pi} \sin^{99} x\,\mathrm{d}x$.

解　因为被积函数 $\sin^{99} x$ 既是以 2π 为周期的周期函数，又是连续的奇函数，因此，根据式（5）和式（6），得

$$\int_0^{2\pi} \sin^{99} x\,\mathrm{d}x = \int_{-\pi}^\pi \sin^{99} x\,\mathrm{d}x = 0.$$

例 15　　证明：若 $n \geq 2$ 为任意正整数，有

$$I_n = \int_0^{\frac{\pi}{2}} \sin^n x \mathrm{d}x = \int_0^{\frac{\pi}{2}} \cos^n x \mathrm{d}x$$

$$= \begin{cases} \dfrac{n-1}{n} \cdot \dfrac{n-3}{n-2} \cdot \cdots \cdot \dfrac{4}{5} \cdot \dfrac{2}{3} & n \text{ 为奇数,} \\ \dfrac{n-1}{n} \cdot \dfrac{n-3}{n-2} \cdot \cdots \cdot \dfrac{3}{4} \cdot \dfrac{1}{2} \cdot \dfrac{\pi}{2} & n \text{ 为偶数.} \end{cases} \quad (8)$$

证　　首先证明 $\displaystyle\int_0^{\frac{\pi}{2}} \sin^n x \mathrm{d}x = \int_0^{\frac{\pi}{2}} \cos^n x \mathrm{d}x$.

设 $x = \dfrac{\pi}{2} - t$，则 $\mathrm{d}x = -\mathrm{d}t$，且当 $x = 0$ 时，$t = \dfrac{\pi}{2}$；当 $x = \dfrac{\pi}{2}$ 时，$t = 0$.
于是

$$\int_0^{\frac{\pi}{2}} \sin^n x \mathrm{d}x = \int_{\frac{\pi}{2}}^0 \sin^n\left(\frac{\pi}{2} - t\right)(-\mathrm{d}t) = \int_0^{\frac{\pi}{2}} \cos^n t \mathrm{d}t$$

$$= \int_0^{\frac{\pi}{2}} \cos^n x \mathrm{d}x.$$

由定积分的分部积分公式得

$$I_n = \int_0^{\frac{\pi}{2}} \sin^n x \mathrm{d}x = -\int_0^{\frac{\pi}{2}} \sin^{n-1} x \mathrm{d}(\cos x)$$

$$= \left[-\sin^{n-1} x \cos x\right]\Big|_0^{\frac{\pi}{2}} + (n-1)\int_0^{\frac{\pi}{2}} \cos^2 x \sin^{n-2} x \mathrm{d}x$$

$$= 0 + (n-1)\int_0^{\frac{\pi}{2}} (1 - \sin^2 x) \sin^{n-2} x \mathrm{d}x$$

$$= (n-1)\int_0^{\frac{\pi}{2}} \sin^{n-2} x \mathrm{d}x - (n-1)\int_0^{\frac{\pi}{2}} \sin^n x \mathrm{d}x$$

$$= (n-1) I_{n-2} - (n-1) I_n,$$

所以　　　　　　　　　　　　$I_n = \dfrac{n-1}{n} I_{n-2}.$

这个等式称作积分 I_n 关于下标的**递推公式**，它将 I_n 的计算化为 I_{n-2} 的计算，即每用一次分部积分公式，被积函数的次数减 2. 于是依次递推下去，直到 I_n 的下标递减到 0 或 1 为止. 而

$$I_0 = \int_0^{\frac{\pi}{2}} \mathrm{d}x = \frac{\pi}{2}, \quad I_1 = \int_0^{\frac{\pi}{2}} \sin x \mathrm{d}x = 1,$$

所以，当 n 为奇数时，

$$I_n = \frac{n-1}{n} I_{n-2} = \frac{n-1}{n} \cdot \frac{n-3}{n-2} I_{n-4} = \cdots = \frac{n-1}{n} \cdot \frac{n-3}{n-2} \cdot \cdots \cdot \frac{4}{5} \cdot \frac{2}{3} \cdot I_1$$

$$= \frac{n-1}{n} \cdot \frac{n-3}{n-2} \cdot \cdots \cdot \frac{4}{5} \cdot \frac{2}{3};$$

当 n 为偶数时，

$$I_n = \frac{n-1}{n} I_{n-2} = \frac{n-1}{n} \cdot \frac{n-3}{n-2} I_{n-4} = \cdots = \frac{n-1}{n} \cdot \frac{n-3}{n-2} \cdot \cdots \cdot \frac{3}{4} \cdot \frac{1}{2} \cdot I_0$$

$$= \frac{n-1}{n} \cdot \frac{n-3}{n-2} \cdot \cdots \cdot \frac{3}{4} \cdot \frac{1}{2} \cdot \frac{\pi}{2}.$$

证毕.

例 16　　求 $\int_{-1}^{1} x^2 \sqrt{1-x^2}\,\mathrm{d}x$.

解　根据式（1）、式（4）和式（8），得

$$\int_{-1}^{1} x^2 \sqrt{1-x^2}\,\mathrm{d}x = 2 \int_0^1 x^2 \sqrt{1-x^2}\,\mathrm{d}x \quad (\diamondsuit\, x = \sin t)$$

$$= 2 \int_0^{\frac{\pi}{2}} \sin^2 t \cos^2 t\,\mathrm{d}t = 2 \int_0^{\frac{\pi}{2}} \sin^2 t (1 - \sin^2 t)\,\mathrm{d}t$$

$$= 2 \int_0^{\frac{\pi}{2}} \sin^2 t\,\mathrm{d}t - 2 \int_0^{\frac{\pi}{2}} \sin^4 t\,\mathrm{d}t$$

$$= 2 \left(\frac{1}{2} \cdot \frac{\pi}{2} \right) - 2 \left(\frac{3}{4} \cdot \frac{1}{2} \cdot \frac{\pi}{2} \right) = \frac{\pi}{8}.$$

例 17　　证明：若 $f(x)$ 在 $[0,1]$ 上连续，则

$$(1) \qquad \int_0^{\frac{\pi}{2}} f(\sin x)\,\mathrm{d}x = \int_0^{\frac{\pi}{2}} f(\cos x)\,\mathrm{d}x; \qquad (9)$$

$$(2) \qquad \int_0^{\pi} x f(\sin x)\,\mathrm{d}x = \frac{\pi}{2} \int_0^{\pi} f(\sin x)\,\mathrm{d}x. \qquad (10)$$

证　（1）令 $x = \frac{\pi}{2} - t$，则 $\mathrm{d}x = -\mathrm{d}t$，且当 $x = 0$ 时，$t = \frac{\pi}{2}$；当 $x = \frac{\pi}{2}$ 时，$t = 0$. 故

$$\int_0^{\frac{\pi}{2}} f(\sin x)\,\mathrm{d}x = \int_{\frac{\pi}{2}}^0 f\left[\sin\left(\frac{\pi}{2} - t \right) \right] (-\mathrm{d}t)$$

$$= \int_0^{\frac{\pi}{2}} f(\cos t)\,\mathrm{d}t = \int_0^{\frac{\pi}{2}} f(\cos x)\,\mathrm{d}x.$$

（2）令 $x = \pi - t$，则 $\mathrm{d}x = -\mathrm{d}t$，且当 $x = 0$ 时，$t = \pi$；当 $x = \pi$ 时，$t = 0$. 故

$$\int_0^{\pi} x f(\sin x)\,\mathrm{d}x = \int_{\pi}^0 (\pi - t) f(\sin(\pi - t)) (-\mathrm{d}t)$$

$$= \int_0^{\pi} (\pi - t) f(\sin t)\,\mathrm{d}t$$

$$= \pi \int_0^{\pi} f(\sin t)\,\mathrm{d}t - \int_0^{\pi} t f(\sin t)\,\mathrm{d}t$$

$$= \pi \int_0^{\pi} f(\sin x)\,\mathrm{d}x - \int_0^{\pi} x f(\sin x)\,\mathrm{d}x,$$

从而有 $\displaystyle\int_0^\pi xf(\sin x)\,\mathrm{d}x = \frac{\pi}{2}\int_0^\pi f(\sin x)\,\mathrm{d}x.$

例 18 求 $\displaystyle\int_0^{\frac{\pi}{2}} \frac{\sin x}{\sin x + \cos x}\,\mathrm{d}x.$

解 根据式(9)，得

$$\int_0^{\frac{\pi}{2}} \frac{\sin x}{\sin x + \cos x}\,\mathrm{d}x = \int_0^{\frac{\pi}{2}} \frac{\sin x}{\sin x + \sqrt{1 - \sin^2 x}}\,\mathrm{d}x$$

$$= \int_0^{\frac{\pi}{2}} \frac{\cos x}{\cos x + \sqrt{1 - \cos^2 x}}\,\mathrm{d}x$$

$$= \int_0^{\frac{\pi}{2}} \frac{\cos x}{\cos x + \sin x}\,\mathrm{d}x,$$

故

$$\int_0^{\frac{\pi}{2}} \frac{\sin x}{\sin x + \cos x}\,\mathrm{d}x = \frac{1}{2}\left(\int_0^{\frac{\pi}{2}} \frac{\sin x}{\sin x + \cos x}\,\mathrm{d}x + \int_0^{\frac{\pi}{2}} \frac{\cos x}{\cos x + \sin x}\,\mathrm{d}x\right)$$

$$= \frac{1}{2}\int_0^{\frac{\pi}{2}}\left(\frac{\sin x}{\sin x + \cos x} + \frac{\cos x}{\sin x + \cos x}\right)\,\mathrm{d}x$$

$$= \frac{1}{2}\int_0^{\frac{\pi}{2}} 1\,\mathrm{d}x = \frac{\pi}{4}.$$

例 19 求 $\displaystyle\int_0^\pi \frac{x\sin x}{1 + \cos^2 x}\,\mathrm{d}x.$

解 根据式(10)，得

$$\int_0^\pi \frac{x\sin x}{1 + \cos^2 x}\,\mathrm{d}x = \int_0^\pi \frac{x\sin x}{1 + (1 - \sin^2 x)}\,\mathrm{d}x = \frac{\pi}{2}\int_0^\pi \frac{\sin x}{1 + (1 - \sin^2 x)}\,\mathrm{d}x$$

$$= \frac{\pi}{2}\int_0^\pi \frac{\sin x}{1 + \cos^2 x}\,\mathrm{d}x = -\frac{\pi}{2}\int_0^\pi \frac{\mathrm{d}(\cos x)}{1 + \cos^2 x}$$

$$= -\frac{\pi}{2}\arctan(\cos x)\,\Big|_0^\pi = -\frac{\pi}{2}\left(-\frac{\pi}{4} - \frac{\pi}{4}\right) = \frac{\pi^2}{4}.$$

已经讨论了定积分的计算法，下面再举个例子.

例 20 设函数 $f(x) = \displaystyle\int_1^x \mathrm{e}^{-t^2}\,\mathrm{d}t,$ 求 $\displaystyle\int_0^1 f(x)\,\mathrm{d}x.$

解 由于无法求出函数 $f(x)$，故选取分部积分法求解. 由题设，可求得 $f'(x) = \mathrm{e}^{-x^2}$，$f(1) = 0$，故

$$\int_0^1 f(x)\,\mathrm{d}x = [xf(x)]\,\Big|_0^1 - \int_0^1 x\,\mathrm{d}f(x) = 0 - \int_0^1 xf'(x)\,\mathrm{d}x$$

$$= -\int_0^1 x\mathrm{e}^{-x^2}\,\mathrm{d}x = \frac{1}{2}\int_0^1 \mathrm{e}^{-x^2}\,\mathrm{d}(-x^2)$$

$$= \frac{\mathrm{e}^{-x^2}}{2}\,\Big|_0^1 = \frac{\mathrm{e}^{-1} - 1}{2}.$$

习题 4-3

1. 用换元积分法求下列定积分：

（1）$\int_1^2 (x-1)^5 dx$；　　　　（2）$\int_0^1 \dfrac{x^2}{1+x^3} dx$；

（3）$\int_0^{\frac{\pi}{2}} \dfrac{\sin x}{5-3\cos x} dx$；　　（4）$\int_1^e \dfrac{1}{x(1+\ln x)} dx$；

（5）$\int_0^1 x\sqrt{1-x^2} dx$；　　（6）$\int_0^{\frac{\pi}{2}} \dfrac{\cos x}{1+\sin^2 x} dx$；

（7）$\int_0^1 x e^{x^2} dx$；　　　　（8）$\int_{-\frac{1}{2}}^{\frac{1}{2}} \dfrac{(\arcsin x)^2}{\sqrt{1-x^2}} dx$；

（9）$\int_{-2}^0 \dfrac{x+2}{x^2+2x+2} dx$；　（10）$\int_0^1 \dfrac{1}{\sqrt{4+5x}} dx$；

（11）$\int_0^{\ln 2} \sqrt{e^x-1} dx$；　（12）$\int_{\frac{3}{4}}^1 \dfrac{dx}{\sqrt{1-x}-1}$；

（13）$\int_{-1}^1 \dfrac{dx}{(1+x^2)^2}$；

（14）$\int_0^a x^2\sqrt{a^2-x^2} dx$　$(a>0)$；

（15）$\int_1^{\sqrt{3}} \dfrac{dx}{x^2\sqrt{1+x^2}}$；　（16）$\int_0^1 x\sqrt{\dfrac{1-x}{1+x}} dx$.

2. 设 $f(x) = \begin{cases} e^{-x} & x\geqslant 0, \\ 1+x^2 & x<0, \end{cases}$ 求 $\int_0^2 f(x-1) dx$.

3. 设 $m, n\in \mathbf{N}_+$，且 $m\neq n$，证明下列各式：

（1）$\int_{-\pi}^{\pi} \cos mx dx = 0$；　（2）$\int_{-\pi}^{\pi} \sin mx dx = 0$；

（3）$\int_{-\pi}^{\pi} \cos^2 mx dx = \pi$；　（4）$\int_{-\pi}^{\pi} \sin^2 mx dx = \pi$；

（5）$\int_{-\pi}^{\pi} \cos mx \cos nx dx = 0$；

（6）$\int_{-\pi}^{\pi} \sin mx \sin nx dx = 0$；

（7）$\int_{-\pi}^{\pi} \cos mx \sin nx dx = 0$.

4. 用分部积分法求下列定积分：

（1）$\int_1^e x\ln x dx$；　　　　（2）$\int_0^{2\pi} x^2 \cos x dx$；

（3）$\int_0^{\sqrt{3}} x\arctan x dx$；　（4）$\int_{\frac{1}{e}}^e |\ln x| dx$；

（5）$\int_0^{\frac{\pi}{2}} x\sin^2 \dfrac{x}{2} dx$；　（6）$\int_0^{\frac{\pi}{4}} \sec^3 x dx$；

（7）$\int_0^{\frac{\pi}{2}} e^x \sin x dx$；　（8）$\int_{\frac{\pi}{4}}^{\frac{\pi}{2}} \dfrac{x}{\sin^2 x} dx$.

5. 计算下列定积分：

（1）$\int_0^1 x e^{-x} dx$；　　　　（2）$\int_1^4 \dfrac{\ln x}{\sqrt{x}} dx$；

（3）$\int_2^3 e^{\sqrt{2x-3}} dx$；　　（4）$\int_0^{\frac{\pi}{4}} \dfrac{2x\sin x}{\cos^3 x} dx$；

（5）$\int_0^{\sqrt{3}} \ln(x+\sqrt{1+x^2}) dx$；

（6）$\int_0^{2\pi} x\sqrt{1+\cos x} dx$；

（7）$\int_0^{\frac{\pi}{2}} e^{2x} \cos x dx$；　　（8）$\int_1^e \sin(\ln x) dx$；

（9）$\int_{-\frac{\pi}{2}}^{\frac{\pi}{2}} x\cos^8 x dx$；　　（10）$\int_{-\frac{\pi}{4}}^{\frac{\pi}{4}} \cos^5 2x dx$；

（11）$\int_0^{\pi} x\sin^8 x dx$；　　（12）$\int_{-\frac{\pi}{4}}^{\frac{\pi}{4}} \dfrac{x}{1+\sin x} dx$；

（13）$\int_{-\frac{\pi}{2}}^{\frac{\pi}{2}} \left(\dfrac{\cos x}{2+\sin x}+x^4\sin x\right) dx$；

（14）$\int_{-\frac{\pi}{2}}^{\frac{\pi}{2}} \dfrac{e^x}{1+e^x}\sin^4 x dx$.

6. 证明下列各等式：

（1）$\int_0^1 x^m(1-x)^n dx = \int_0^1 x^n(1-x)^m dx$ $(m,n\in \mathbf{N})$；

（2）$\int_x^1 \dfrac{du}{1+u^2} = \int_1^{\frac{1}{x}} \dfrac{du}{1+u^2}$，其中 $x\neq 0$；

（3）$\int_0^1 \left[\int_0^x f(t) dt\right] dx = \int_0^1 (1-x)f(x) dx$（其中 $f(x)$ 在 $[0,1]$ 上连续）.

7. 若 $f(t)$ 是连续的奇函数，证明 $\int_0^x f(t) dt$ 是偶函数；若 $f(t)$ 是连续的偶函数，证明 $\int_0^x f(t) dt$ 是奇函数.

8. 设 $f(x)$ 有一个原函数为 $1+\sin^2 x$，求

$$\int_0^{\frac{\pi}{2}} xf'(2x) dx.$$

9. 已知 $f(\pi)=1$，$f(x)$ 二阶连续可微，且 $\int_0^{\pi} [f(x)+f''(x)]\sin x dx = 3$，求 $f(0)$.

10. 设 $f''(x)$ 在 $[0,1]$ 上连续，且 $f(0)=1$，$f(2)=3$，$f'(2)=5$，求 $\int_0^1 xf''(2x) dx$.

4.4　定积分的应用

本节将应用前面学过的定积分的理论来分析和解决一些几何和物理中的问题. 本节目的不仅在于建立计算这些几何量和物理量的公式，更重要的还在于介绍将一个量表示成定积分的分析方法——微元法.

4.4.1　定积分的微元法

在定积分的实际应用中，经常采用微元法的思想分析和解决问题. 为了说明定积分的微元法，先回顾 4.1 节中讨论的由曲边梯形的面积引入定积分定义的过程.

微课视频 4.9
元素法介绍

设函数 $f(x)$ 在区间 $[a,b]$ 上连续且 $f(x) \geqslant 0$，求曲边为曲线 $y = f(x)$、底为区间 $[a,b]$ 的曲边梯形的面积 A. 该面积 A 表示为定积分

$$A = \int_a^b f(x)\,\mathrm{d}x$$

的方法和步骤归结为如下四步：

（1）分割：将区间 $[a,b]$ 任意分割成长度分别为 $\Delta x_i\,(i = 1,2,\cdots,n)$ 的 n 个小区间 $[x_{i-1}, x_i]$，相应地把曲边梯形分割成 n 个小曲边梯形，记第 i 个小曲边梯形的面积为 $\Delta A_i\,(i=1,2,\cdots,n)$，则

$$A = \sum_{i=1}^n \Delta A_i;$$

（2）近似：计算 ΔA_i 的近似值

$$\Delta A_i \approx f(\xi_i)\Delta x_i,\text{其中 } x_{i-1} \leqslant \xi_i \leqslant x_i \quad (i=1,2,\cdots,n); \qquad (1)$$

（3）求和：求和后得 A 的近似值

$$A \approx \sum_{i=1}^n f(\xi_i)\Delta x_i;$$

（4）取极限：记 $\lambda = \max\{\Delta x_1, \Delta x_2, \cdots, \Delta x_n\}$，得

$$A = \lim_{\lambda \to 0} \sum_{i=1}^n f(\xi_i)\Delta x_i = \int_a^b f(x)\,\mathrm{d}x. \qquad (2)$$

从上面的讨论可以看出：所求量（即面积 A）与某个变量（如 x）的变化区间 $[a,b]$ 有关. 如果把区间 $[a,b]$ 分割成若干个部分区间，则所求量（面积 A）就相应地分成了若干个部分量（即 ΔA_i）之和，即 $A = \sum_{i=1}^n \Delta A_i$，这一性质称为所求量对区间 $[a,b]$ 具有**可加性**. 还需指出，以 $f(\xi_i)\Delta x_i$ 近似代替部分量 ΔA_i 时，要求它们只相差一个比 Δx_i 高阶的无穷小，这样才能保证和式 $\sum_{i=1}^n f(\xi_i)\Delta x_i$ 的极

限成为 A 的精确值，从而 A 可表示为定积分

$$A = \int_a^b f(x)\,\mathrm{d}x.$$

在引出所求量 A 的积分表达式的四个步骤中，关键是在第二步中写出部分量 ΔA_i 的近似值 $f(\xi_i)\Delta x_i$，即 $\Delta A_i \approx f(\xi_i)\Delta x_i$，它一旦确定，被积表达式(2)也就确定了．

把式(1)写成更一般的形式，设 $x_{i-1}=x$，$\xi_i=\xi$，$x_i-x_{i-1}=\Delta x$，$\Delta A_i = \Delta A$，则 $x_i = x+\Delta x$，ξ 可以取 $[x,x+\Delta x]$ 中的任何值．不妨取 $\xi=x$，此时，式(1)变成了 $\Delta A \approx f(x)\Delta x = f(x)\mathrm{d}x$，它为式(2)中的被积表达式．基于以上分析，在实际应用中，常对上述过程做如下简化．

首先省略下标 i，并用 ΔA 表示任一小区间 $[x,x+\mathrm{d}x]$ 上小曲边梯形的面积，于是所求量 A 可表示为

$$A = \sum \Delta A\,;$$

其次取 $[x,x+\mathrm{d}x]$ 的左端点 x 作为 ξ，以点 x 处的函数值 $f(x)$ 为高、$\mathrm{d}x$ 为底的矩形的面积 $f(x)\mathrm{d}x$ 作为 ΔA 的近似值(见图 4-11 中阴影部分)，即

$$\Delta A \approx f(x)\,\mathrm{d}x,$$

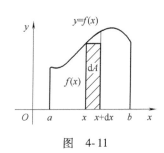

图　4-11

上式右端 $f(x)\mathrm{d}x$ 称为**面积微元**，记作

$$\mathrm{d}A = f(x)\,\mathrm{d}x\,;$$

于是

$$A \approx \sum f(x)\,\mathrm{d}x\,,$$

因此

$$A = \lim \sum f(x)\,\mathrm{d}x = \int_a^b f(x)\,\mathrm{d}x.$$

一般地，如果某一实际问题中的所求量 U 符合下列条件：

(1) U 是与一个变量 x 的变化区间 $[a,b]$ 有关的量；

(2) U 对于区间 $[a,b]$ 具有可加性，即如果把区间 $[a,b]$ 分成若干个部分区间，则 U 相应地分成若干个部分量 ΔU，而 U 等于所有部分量之和，即 $U = \sum \Delta U\,;$

(3) 在小区间 $[x,x+\mathrm{d}x]$ 上的部分量 ΔU 可近似表示为 $f(x)\mathrm{d}x$，那么，就可以考虑用定积分来表达这个量 U，其步骤为：

1) 根据问题的具体情况，建立适当的坐标系，画图，并在图中把需要的曲线方程表述出来，同时，选取一个变量如 x 为积分变量，确定它的变化区间 $[a,b]$；

2) 在区间 $[a,b]$ 中任取一个小区间并记作 $[x,x+\mathrm{d}x]$，写出相应于这个小区间的部分量 ΔU 的近似值．如果 ΔU 能近似地表示为 $[a,b]$ 上的一个连续函数在 x 处的函数值 $f(x)$ 与 $\mathrm{d}x$ 的乘积，则把 $f(x)\mathrm{d}x$ 称为量 U **的微元**，记作 $\mathrm{d}U$，即

$$dU = f(x)\,dx,$$

这是最关键、最本质的一步；

3）以所求量 U 的微元为被积表达式，在积分变量 x 的变化区间 $[a,b]$ 上作定积分便得到所求量 U，即

$$U = \int_a^b f(x)\,dx.$$

上述方法通常称为**微元法**（或**元素法**）. 下面两节将应用微元法来讨论一些几何问题.

4.4.2 定积分在几何学上的应用

1. 平面图形的面积

（1）直角坐标情形

微课视频 4.10
面积（直角坐标）

在 4.1 节中已经知道，由曲线 $y=f(x)$ $(f(x)\geqslant 0)$ 及直线 $x=a$、$x=b$ $(a<b)$ 与 x 轴所围成的曲边梯形面积 A 是定积分

$$A = \int_a^b f(x)\,dx,$$

其中被积表达式 $f(x)\,dx$ 就是直角坐标下曲边梯形的面积微元，它表示在小区间 $[x,x+dx]$ 上以 $f(x)$ 为高、dx 为底的矩形面积（见图 4-11 中阴影部分）.

应用定积分不仅可以计算曲边梯形的面积，还可以借助微元法计算一些较为复杂的平面图形的面积.

一般地，设平面图形由曲线 $y=f(x)$、$y=g(x)$ $(f(x)\geqslant g(x))$ 和直线 $x=a$、$x=b$ $(a<b)$ 围成（见图 4-12），现在用微元法来求该平面图形的面积 A.

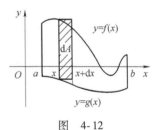

图　4-12

取 x 为积分变量，则它的变化区间为 $[a,b]$. 在区间 $[a,b]$ 内任取一个小区间 $[x,x+dx]$，则相应于这个小区间的图形的面积 $\Delta A \approx [f(x)-g(x)]\,dx$，从而面积微元

$$dA = [f(x)-g(x)]\,dx.$$

于是，该平面图形的面积为

$$A = \int_a^b [f(x) - g(x)]\,dx. \tag{3}$$

类似地，当平面图形由曲线 $x=\varphi(y)$、$x=\psi(y)$ $(\varphi(y)\geqslant \psi(y))$ 和直线 $y=c$、$y=d$ $(c<d)$ 围成时（见图 4-13），则其面积为

$$A = \int_c^d [\varphi(y) - \psi(y)]\,dy. \tag{4}$$

一般地，当平面图形由两条连续曲线 $y=f_1(x)$，$y=f_2(x)$ 和直线 $x=a$、$x=b$ $(a<b)$ 围成（见图 4-14）时，其面积为

$$A = \int_a^b |f_1(x) - f_2(x)|\,dx. \tag{5}$$

图　4-13

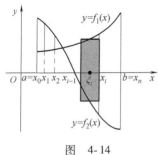

图 4-14

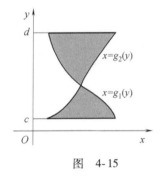

图 4-15

事实上，如图 4-14 所示，在 $[a,b]$ 内任意插入 $n-1$ 个分点

$$a = x_0 < x_1 < \cdots < x_{n-1} < x_n = b,$$

把区间 $[a,b]$ 划分成 n 个小区间 $[x_0,x_1]$，$[x_1,x_2]$，$\cdots$，$[x_{n-1},x_n]$，记 $\Delta x_i = x_i - x_{i-1}$，$i = 1,2,\cdots,n$. 过各分点分别作 y 轴的平行线，此时，曲边平面图形被相应地分成 n 个小曲边平面图形. 记第 i 个小区间 $[x_{i-1},x_i]$ 对应的小曲边平面图形的面积为 ΔA_i. 由于两条曲线 $y = f_1(x)$ 和 $y = f_2(x)$ 连续，故可用以 Δx_i 为底，以 $|f_1(\xi_i) - f_2(\xi_i)|$（其中 ξ_i 为 $[x_{i-1},x_i]$ 内的任意点）为高的小矩形的面积来近似 ΔA_i，即

$\Delta A_i \approx |f_1(\xi_i) - f_2(\xi_i)| \Delta x_i$，$A \approx \sum\limits_{i=1}^{n} \Delta A_i$. 记 $\lambda = \max\{\Delta x_1, \Delta x_2, \cdots, \Delta x_n\}$，则所求的平面图形的面积为

$$A = \lim_{\lambda \to 0} \sum_{i=1}^{n} \Delta A_i = \lim_{\lambda \to 0} \sum_{i=1}^{n} |f_1(\xi_i) - f_2(\xi_i)| \Delta x_i$$

$$= \int_a^b |f_1(x) - f_2(x)| \, \mathrm{d}x.$$

同理，当平面图形由两条连续曲线 $x = g_1(y)$，$x = g_2(y)$ 和直线 $y = c$、$y = d$（$c < d$）围成时（见图 4-15），其面积为

$$A = \int_c^d |g_1(y) - g_2(y)| \, \mathrm{d}y. \tag{6}$$

例 1　求由曲线 $y = \dfrac{1}{x}$ 及直线 $y = x$、$x = 2$ 所围成的平面图形的面积.

解　平面图形如图 4-16 所示. 曲线 $y = \dfrac{1}{x}$ 与直线 $y = x$、$x = 2$ 的交点坐标为 $(1,1)$、$(2,2)$ 及 $\left(2,\dfrac{1}{2}\right)$.

选取 x 为积分变量，则 $x \in [1,2]$，面积微元为 $\mathrm{d}A = \left(x - \dfrac{1}{x}\right)\mathrm{d}x$，故所求平面图形的面积为

$$A = \int_1^2 \left(x - \frac{1}{x}\right) \mathrm{d}x$$

$$= \left(\frac{1}{2}x^2 - \ln x\right)\Big|_1^2 = (2 - \ln 2) - \frac{1}{2} = \frac{3}{2} - \ln 2.$$

本题如果取 y 为积分变量，则需要将整个面积分成两部分，分别计算每部分的面积，然后相加得到所求面积. 读者可以计算比较一下，这样做就相对复杂多了.

例 2　求由抛物线 $y^2 = 2x$ 与直线 $y = x - 4$ 所围成的平面图形的面积.

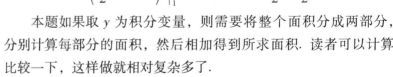

解 平面图形如图 4-17 所示. 由方程组

$$\begin{cases} y^2 = 2x, \\ y = x-4, \end{cases} \text{解得} \begin{cases} x=2, \\ y=-2, \end{cases} \text{或} \begin{cases} x=8, \\ y=4, \end{cases}$$

即曲线 $y^2 = 2x$ 与直线 $y = x-4$ 的交点坐标为 $(2,-2)$ 及 $(8,4)$. 选取 y 为积分变量，则 $y \in [-2, 4]$，所求平面图形为由抛物线 $x = \dfrac{y^2}{2}$ 与

直线 $x = y+4$ 所围成，其面积微元为 $dA = \left[(y+4) - \dfrac{y^2}{2} \right] dy$，故所求

平面图形的面积为

$$A = \int_{-2}^{4} \left[(y+4) - \frac{1}{2}y^2 \right] dy$$

$$= \left(\frac{1}{2}y^2 + 4y - \frac{1}{6}y^3 \right) \Big|_{-2}^{4} = 18.$$

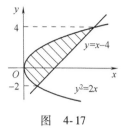

图 4-17

类似于例 1，本题如果取 x 为积分变量，则需要将整个面积分成两部分，分别计算每部分的面积，然后相加得到所求面积. 同样，读者可以计算比较一下，这样做就相对复杂多了.

通过以上两例，请读者自行总结，用定积分求平面图形的面积时，该如何选取合适的积分变量，以使计算过程简便.

例 3   求由曲线 $y = x^3 - 6x$ 和 $y = x^2$ 所围成的平面图形的面积.

解   由 $\begin{cases} y = x^3 - 6x, \\ y = x^2, \end{cases}$ 解得两曲线的交点坐标为 $(-2,4)$、$(0,0)$

及 $(3,9)$. 根据式 (5)，所求平面图形的面积为

$$A = \int_{-2}^{3} \left| (x^3 - 6x) - x^2 \right| dx$$

$$= \int_{-2}^{0} \left[(x^3 - 6x) - x^2 \right] dx + \int_{0}^{3} \left[x^2 - (x^3 - 6x) \right] dx$$

$$= \left(\frac{1}{4}x^4 - 3x^2 - \frac{1}{3}x^3 \right) \Big|_{-2}^{0} + \left(\frac{1}{3}x^3 - \frac{1}{4}x^4 + 3x^2 \right) \Big|_{0}^{3} = \frac{253}{12}.$$

例 4   求椭圆 $\dfrac{x^2}{a^2} + \dfrac{y^2}{b^2} = 1$ 所成的图形的面积，其中 $a > 0$,

$b > 0$.

解   由于椭圆关于 x 轴和 y 轴都对称（见图 4-18），故可以运用对称性，只需要求出椭圆在第一象限部分的面积 A_1，然后乘以

4 就得到所求的椭圆的面积 A，即 $A = 4A_1$. 由 $\dfrac{x^2}{a^2} + \dfrac{y^2}{b^2} = 1$，可得椭圆

在第一象限的方程为 $y = \dfrac{b}{a}\sqrt{a^2 - x^2}$，故所求的椭圆的面积为

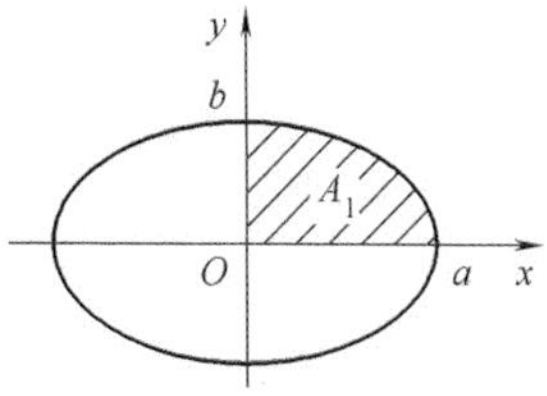

图 4-18

$$A = 4A_1 = 4 \int_0^a y \mathrm{d}x$$

$$= 4 \int_0^a \frac{b}{a} \sqrt{a^2 - x^2} \, \mathrm{d}x$$

令 $x = a\sin t$，则 $\mathrm{d}x = a\cos t \mathrm{d}t$，且当 $x=0$ 时，$t=0$；当 $x=a$ 时，$t = \dfrac{\pi}{2}$，所以

$$A = \frac{4b}{a} \int_0^{\frac{\pi}{2}} a\cos t (a\cos t \mathrm{d}t) = 4ab \int_0^{\frac{\pi}{2}} \cos^2 t \mathrm{d}t$$

$$= 4ab \cdot \frac{1}{2} \cdot \frac{\pi}{2} = \pi ab.$$

特别地，当 $a = b = r$ 时，就是所熟悉的圆的面积公式 $A = \pi r^2$.

（2）极坐标情形（曲边扇形的面积）

有些平面图形的边界曲线用极坐标方程表示比较方便，为此，需要探讨极坐标系下平面图形面积的计算问题.

微课视频 4.11
面积（极坐标）

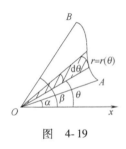

图　4-19

如图 4-19 所示，在极坐标系中，由曲线 $r = r(\theta)$ 与射线 $\theta = \alpha$、$\theta = \beta$ $(\alpha < \beta)$ 所围成的平面图形 AOB 简称为**曲边扇形**. 设 $r = r(\theta)$ 在 $[\alpha, \beta]$ 上连续，且 $0 < \beta - \alpha \leqslant 2\pi$. 下面用定积分的微元法计算该曲边扇形的面积 A.

取 θ 为积分变量，且 $\theta \in [\alpha, \beta]$. 在区间 $[\alpha, \beta]$ 内任取一个小区间 $[\theta, \theta + \mathrm{d}\theta]$，对应于该小区间上的小曲边扇形的面积记为 ΔA，则 $\Delta A \approx \dfrac{1}{2} r^2(\theta) \mathrm{d}\theta$，即曲边扇形的面积微元为 $\mathrm{d}A = \dfrac{1}{2} r^2(\theta) \mathrm{d}\theta$.

根据微元法，便得到曲边扇形的面积的计算公式为

$$A = \frac{1}{2} \int_\alpha^\beta r^2(\theta) \, \mathrm{d}\theta. \tag{7}$$

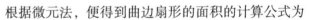

例 5　求双纽线 $r^2 = a^2 \cos 2\theta$ $(a > 0)$ 所围平面图形的面积.

解　如图 4-20 所示，双纽线所围成的平面图形关于 x 轴和 y 轴都对称，故所求平面图形的面积 A 等于它在第一象限内的面积 A_1 的 4 倍. 由 $r^2 = a^2 \cos 2\theta$，得 $r = a\sqrt{\cos 2\theta}$. 由于 $r \geqslant 0$，故在第一象限内的平面图形对应的 θ 的范围为 $0 \leqslant \theta \leqslant \dfrac{\pi}{4}$，从而，所求平面图形的面积

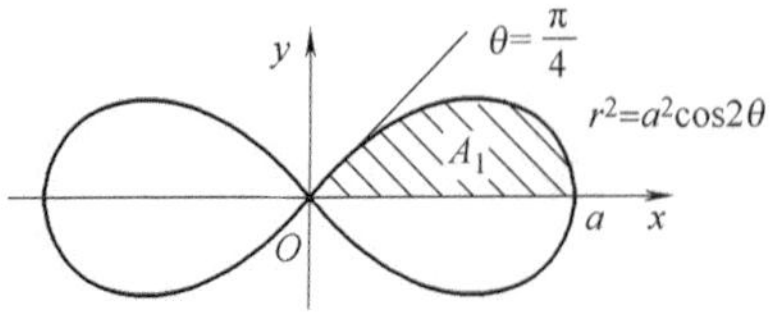

图　4-20

$$A = 4A_1 = 4 \cdot \frac{1}{2} \int_0^{\frac{\pi}{4}} r^2 \mathrm{d}\theta = 2a^2 \int_0^{\frac{\pi}{4}} \cos 2\theta \mathrm{d}\theta$$

$$= 2a^2 \left(\frac{1}{2} \sin 2\theta \right) \Big|_0^{\frac{\pi}{4}} = a^2.$$

例 6　　求心形线 $r=a(1+\cos\theta)\,(a>0)$ 所围平面图形的面积.

解　如图 4-21 所示，心形线所围成的图形关于 x 轴对称，故所求平面图形的面积 A 等于它在极轴上方部分图形面积 A_1 的 2 倍. 由于 $r\geqslant0$，故在极轴上方部分平面图形对应的 θ 的范围为 $0\leqslant\theta\leqslant\pi$，从而，所求平面图形的面积

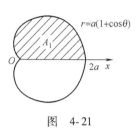

图　4-21

$$A = 2A_1 = 2\cdot\frac{1}{2}\int_0^\pi r^2\mathrm{d}\theta = a^2\int_0^\pi(1+\cos\theta)^2\mathrm{d}\theta$$

$$= a^2\int_0^\pi(1+2\cos\theta+\cos^2\theta)\mathrm{d}\theta$$

$$= a^2\int_0^\pi\left(\frac{3}{2}+2\cos\theta+\frac{1}{2}\cos2\theta\right)\mathrm{d}\theta$$

$$= \frac{3}{2}\pi a^2 + a^2\left(2\sin\theta+\frac{1}{4}\sin2\theta\right)\Big|_0^\pi = \frac{3}{2}\pi a^2.$$

2. 体积

（1）旋转体的体积

一个平面图形绕该平面内的一条直线旋转一周所形成的立体称为**旋转体**，这条直线称为**旋转轴**. 如圆柱、圆锥、圆台、球体可以分别看成是由矩形绕它的一条边、直角三角形绕它的直角边、直角梯形绕它的直角腰、半圆绕它的直径旋转一周而形成的立体，所以它们都是旋转体. 这里，仅考虑旋转轴为坐标轴或平行于坐标轴的直线的情形.

微课视频 4.12
旋转体体积

如果把旋转轴置于 x 轴上，则上述旋转体都可看作是由连续曲线 $y=f(x)$、直线 $x=a$、$x=b$（$a<b$）及 x 轴所围成的曲边梯形绕 x 轴旋转一周而成的旋转体（见图 4-22 所示）. 现在用定积分的微元法来计算该旋转体的体积 V_x.

取 x 为积分变量，它的变化区间为 $[a,b]$. 在区间 $[a,b]$ 内任取一个小区间 $[x,x+\mathrm{d}x]$，对应于该小区间的窄曲边梯形绕 x 轴旋转一周而成的薄片的体积 ΔV_x 近似于以 $|f(x)|$ 为底圆半径、$\mathrm{d}x$ 为高的圆柱体薄片的体积，从而旋转体的体积微元为 $\mathrm{d}V_x=\pi[f(x)]^2\mathrm{d}x$.

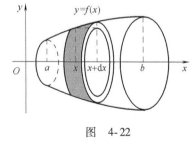

图　4-22

根据微元法，可以得到该曲边梯形绕 x 轴旋转一周而成的旋转体体积为

$$V_x = \pi\int_a^b[f(x)]^2\mathrm{d}x. \tag{8}$$

类似地，由连续曲线 $x=g(y)$、直线 $y=c$、$y=d$（$c<d$）及 y 轴所围成的曲边梯形绕 y 轴旋转一周而成的旋转体（见图 4-23）体积为

$$V_y = \pi\int_c^d[g(y)]^2\mathrm{d}y. \tag{9}$$

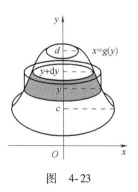

图　4-23

例 7　　在直角坐标系 Oxy 中, 由连接坐标原点 O 和点 $P(h,r)$ 的直线、直线 $x=h$ 以及 x 轴围成的直角三角形, 绕 x 轴旋转一周形成一个底圆半径为 r、高为 h 的正圆锥体(见图 4-24). 求该正圆锥体的体积.

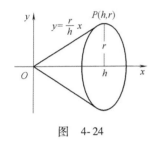

图　4-24

解　　连接坐标原点 O 及点 $P(h,r)$ 的直线 OP 的方程为

$$y = \frac{r}{h}x.$$

由于该正圆锥体的旋转轴为 x 轴, 故由式(8), 得所求正圆锥体的体积为

$$V_x = \pi \int_0^h \left(\frac{r}{h}x\right)^2 \mathrm{d}x = \frac{\pi r^2}{h^2}\frac{1}{3}x^3 \Big|_0^h = \frac{1}{3}\pi r^2 h.$$

例 8　　求由椭圆 $\dfrac{x^2}{a^2}+\dfrac{y^2}{b^2}=1(a>0,\ b>0)$ 所围成的平面图形绕 y 轴旋转而成的旋转体(称为旋转椭球体)的体积.

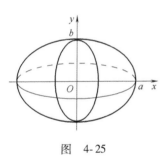

图　4-25

解　　绕 y 轴旋转的旋转椭球体可以看作是由右半个椭圆

$$x = \frac{a}{b}\sqrt{b^2-y^2}$$

及 y 轴所围成的平面图形绕 y 轴旋转一周所形成的立体(见图 4-25). 由式(9), 得所求旋转椭球体的体积为

$$V_y = \pi \int_{-b}^{b} \frac{a^2}{b^2}(b^2 - y^2)\mathrm{d}y = \frac{2\pi a^2}{b^2}\left(b^2 y - \frac{1}{3}y^3\right)\Big|_0^b = \frac{4}{3}\pi a^2 b.$$

例 9　　求由曲线 $y=4-x^2$ 及 $y=0$ 所围成的平面图形绕直线 $x=3$ 旋转而成的旋转体的体积.

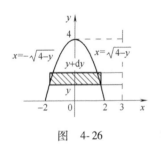

图　4-26

解　　本题中旋转体的旋转轴不是坐标轴(见图 4-26), 所以式(8)和式(9)不能使用. 此时, 用微元法来求该旋转体的体积.

取 y 为积分变量, 它的变化区间为 $[0,4]$. 在区间 $[0,4]$ 内任取一个小区间 $[y,y+\mathrm{d}y]$, 对应于该小区间的旋转体薄片的体积 ΔV 近似于一个高为 $\mathrm{d}y$ 的空心圆柱体薄片的体积, 两个同心底圆半径分别为 $3+\sqrt{4-y}$ 及 $3-\sqrt{4-y}$, 从而, 旋转体体积微元

$$\mathrm{d}V = \left[\pi(3+\sqrt{4-y})^2 - \pi(3-\sqrt{4-y})^2\right]\mathrm{d}y = 12\pi\sqrt{4-y}\,\mathrm{d}y.$$

故所求的旋转体体积为

$$V = 12\pi \int_0^4 \sqrt{4-y}\,\mathrm{d}y = -8\pi(4-y)^{\frac{3}{2}}\Big|_0^4 = 64\pi.$$

例 10　　求由摆线 $\begin{cases} x=a(t-\sin t), \\ y=a(1-\cos t) \end{cases}$ 的一拱 $(a>0,\ 0\leqslant t\leqslant 2\pi)$ 以及 x 轴所围成的平面图形分别绕 x 轴、y 轴旋转而成的旋转体的体积.

解　该平面图形如图 4-27 所示. 按式(8)，并根据定积分的换元积分法，得所述平面图形绕 x 轴旋转而成的旋转体体积为

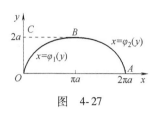

$$V_x = \pi \int_0^{2\pi a} [y(x)]^2 \mathrm{d}x = \pi \int_0^{2\pi} a^2 (1 - \cos t)^2 \cdot a(1 - \cos t) \mathrm{d}t$$

$$= \pi a^3 \int_0^{2\pi} (1 - 3\cos t + 3\cos^2 t - \cos^3 t) \mathrm{d}t = 5\pi^2 a^3.$$

图　4-27

所述平面图形绕 y 轴旋转而成的旋转体的体积可以看成曲边梯形 $OABCO$ 与 $OBCO$ 分别绕 y 轴旋转而成的旋转体的体积之差. 按式(9)，并根据定积分的换元积分法，得所述平面图形绕 y 轴旋转而成的旋转体体积为

$$V_y = \pi \int_0^{2a} [\varphi_2(y)]^2 \mathrm{d}y - \pi \int_0^{2a} [\varphi_1(y)]^2 \mathrm{d}y$$

$$= \pi \int_{2\pi}^{\pi} a^2 (t - \sin t)^2 \mathrm{d}[a(1 - \cos t)] -$$

$$\pi \int_0^{\pi} a^2 (t - \sin t)^2 \mathrm{d}[a(1 - \cos t)]$$

$$= \pi \int_{2\pi}^{\pi} a^2 (t - \sin t)^2 \cdot a\sin t \mathrm{d}t - \pi \int_0^{\pi} a^2 (t - \sin t)^2 \cdot a\sin t \mathrm{d}t$$

$$= -\pi a^3 \int_0^{2\pi} (t - \sin t)^2 \sin t \mathrm{d}t = 6\pi^3 a^3.$$

（2）平行截面面积为已知的立体的体积

从计算旋转体体积的过程中可以看出：如果一个立体不是旋转体，但该立体上垂直于某一定轴的各截面的面积是已知的，则该立体的体积也可以用定积分来计算.

微课视频 4.13
体积（平行截面）

不妨取上述定轴为 x 轴，并设该立体夹在过点 $x = a$、$x = b$ $(a < b)$ 且垂直于 x 轴的两个平面（见图 4-28 所示）之间. 以 $A(x)$ 表示过点 x 且垂直于 x 轴的截面面积，如果 $A(x)$ 是已知的 x 的连续函数，则称该立体为平行截面面积为已知的立体. 下面来计算该立体的体积.

取 x 为积分变量，它的变化区间为 $[a, b]$. 在区间 $[a, b]$ 内任取一个小区间 $[x, x+\mathrm{d}x]$，立体中对应于该小区间的薄片的体积 ΔV 近似于底面积为 $A(x)$、高为 $\mathrm{d}x$ 的薄柱体的体积，即体积微元为

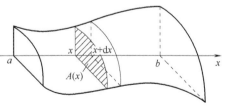

$$\mathrm{d}V = A(x)\mathrm{d}x.$$

根据微元法，即得到所求立体体积为

图　4-28

$$V = \int_a^b A(x)\mathrm{d}x. \tag{10}$$

例 11　设一个底圆半径为 R 的圆柱体，被一个过底圆直径且与底圆夹角为 α 的平面所截（见图 4-29），求该平面截圆柱体所

得的楔形的体积.

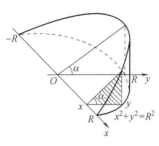

图 4-29

解　以底圆所在平面为 xOy 面，底圆圆心为坐标原点 O、以平面所过的底圆直径所在的直线为 x 轴，建立如图所示坐标系，则底圆的方程为

$$x^2+y^2=R^2.$$

取 x 为积分变量，它的变化区间为 $[-R,R]$. 在 $[-R,R]$ 内任意一点 x 处作垂直于 x 轴的截面，该截面是一个直角三角形，它的两条直角边的长分别为 y 和 $y\tan\alpha$，即 $\sqrt{R^2-x^2}$ 和 $\sqrt{R^2-x^2}\tan\alpha$，故截面面积为

$$A(x)=\frac{1}{2}(R^2-x^2)\tan\alpha.$$

根据式（10），得所求立体体积为

$$V=\int_{-R}^{R}\frac{1}{2}(R^2-x^2)\tan\alpha\,\mathrm{d}x=\tan\alpha\left(R^2x-\frac{1}{3}x^3\right)\Bigg|_{0}^{R}=\frac{2}{3}R^3\tan\alpha.$$

事实上，本题中也可以取 y 为积分变量，此时，$y\in[0,R]$. 在 $[0,R]$ 内任意一点 y 处作垂直于 y 轴的截面，其截面是一个矩形，它的两边长分别为 $y\tan\alpha$ 和 $2\sqrt{R^2-y^2}$，故截面面积为 $A(y)=y\tan\alpha\cdot 2\sqrt{R^2-x^2}$.

根据式（10），得所求立体体积为

$$V=\int_{0}^{R}2\tan\alpha\ y\sqrt{R^2-y^2}\,\mathrm{d}y=-\frac{2}{3}\tan\alpha(R^2-y^2)^{\frac{3}{2}}\Bigg|_{0}^{R}=\frac{2}{3}R^3\tan\alpha.$$

例 12　求以半径为 R 的圆为底、平行且等于底圆直径的线段为顶、高为 h 的正劈锥体的体积.

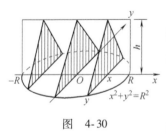

图 4-30

解　以底圆所在平面为 xOy 面、底圆圆心为坐标原点、与正劈锥体的顶平行的底圆直径为 x 轴，建立图 4-30 所示坐标系，则底圆的方程为

$$x^2+y^2=R^2.$$

取 x 为积分变量，则 $x\in[-R,R]$. 在 $[-R,R]$ 内任意一点 x 处作垂直于 x 轴的截面，该截面是一个等腰三角形，其面积为

$$A(x)=\frac{1}{2}\cdot 2\,|\,y\,|\cdot h=h\sqrt{R^2-x^2}.$$

根据式（10），得所求正劈锥体的体积为

$$V=\int_{-R}^{R}h\sqrt{R^2-x^2}\,\mathrm{d}x=2R^2h\int_{0}^{\frac{\pi}{2}}\cos^2t\mathrm{d}t=\frac{\pi}{2}R^2h.$$

由此可知，正劈锥体的体积等于同底同高的圆柱体体积的一半.

3. 平面曲线的弧长

直线段的长度是可以直接度量的，而一条曲线段的长度一般不能直接度量. 那么，平面曲线段的弧长该如何计算呢？初等几何中，圆的周长可以这样取得：首先利用圆内接正多边形的周长作为圆周长的近似值，然后取正多边形的边数无限增多时的极限来得到圆周长的近似值. 现在用类似的方法来建立平面连续曲线弧长的概念.

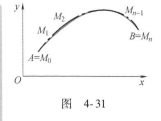

图　4-31

> **定义 4.2**　设 A、B 是曲线弧的两个端点，在弧 $\overset{\frown}{AB}$ 上依次任取分点
>
> $$A = M_0,\ M_1,\ M_2,\ \cdots,\ M_{i-1},\ M_i,\ \cdots,\ M_{n-1},\ M_n = B,$$
>
> 并依次连接相邻的分点得一内接折线（见图 4-31），其长度记为 s_n，即 $s_n = \sum\limits_{i=1}^{n} |M_{i-1}M_i|$. 记 $\lambda = \max\{ |M_0M_1|,\ |M_1M_2|,\ \cdots,$
>
> $|M_{n-1}M_n| \}$. 如果 $\lim\limits_{\lambda \to 0} s_n$ 存在，则称此极限为曲线弧 $\overset{\frown}{AB}$ 的弧长，并称此曲线弧 $\overset{\frown}{AB}$ 是可求长的.

下面不加证明地给出曲线弧可求长的一个充分条件.

> **定理 4.8**　光滑曲线弧是可求长的.

所谓光滑曲线弧，指的是曲线上各点处都有切线，而且当点在曲线上连续移动时，切线也连续转动的曲线弧.

由于光滑曲线弧是可求长的，故可以用定积分来计算.

（1）直角坐标情形

设曲线弧 $\overset{\frown}{AB}$ 由直角坐标方程

$$y = f(x) \quad (a \leqslant x \leqslant b)$$

给出，其中 $f(x)$ 在区间 $[a,b]$ 上具有一阶连续导数，即该曲线弧是光滑的，求曲线弧 $\overset{\frown}{AB}$ 的弧长.

取 x 为积分变量，则 $x \in [a,b]$. 在区间 $[a,b]$ 内任取一个小区间 $[x, x+\mathrm{d}x]$，对应于该小区间上一小段曲线弧的弧长 Δs 近似等于曲线在点 $(x, f(x))$ 处的切线上相应的一小段的长度（见图 4-32）. 由微分的几何意义，得切线上相应小段的长度即弧长微元为

$$\mathrm{d}s = \sqrt{(\mathrm{d}x)^2 + (\mathrm{d}y)^2} = \sqrt{1 + y'^2}\,\mathrm{d}x.$$

根据微元法，得所求光滑曲线弧的弧长

$$s = \int_a^b \sqrt{1 + y'^2}\,\mathrm{d}x = \int_a^b \sqrt{1 + [f'(x)]^2}\,\mathrm{d}x \quad (a \leqslant b). \quad (11)$$

微课视频 4.14
弧长（直角坐标）

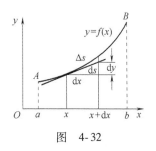

图　4-32

同理，如果曲线弧由

$$x = g(y) \quad (c \leqslant y \leqslant d)$$

给出，且 $g(y)$ 在区间 $[c,d]$ 上具有一阶连续导数，则该光滑曲线弧的弧长

$$s = \int_c^d \sqrt{1 + x'^2} \, \mathrm{d}y = \int_c^d \sqrt{1 + [g'(y)]^2} \, \mathrm{d}y \quad (c \leqslant d). \quad (12)$$

（2）参数方程情形

当曲线弧由参数方程

微课视频 4.15
弧长（参数方程）

$$\begin{cases} x = \varphi(t), \\ y = \psi(t) \end{cases} \quad (\alpha \leqslant t \leqslant \beta)$$

给出，其中 $\varphi(t)$、$\psi(t)$ 在区间 $[\alpha,\beta]$ 上具有一阶连续导数，则弧长微元为

$$\mathrm{d}s = \sqrt{(\mathrm{d}x)^2 + (\mathrm{d}y)^2} = \sqrt{(\varphi'(t)\mathrm{d}t)^2 + (\psi'(t)\mathrm{d}t)^2}$$
$$= \sqrt{\varphi'^2(t) + \psi'^2(t)} \, \mathrm{d}t,$$

所求光滑曲线弧的弧长为

$$s = \int_\alpha^\beta \sqrt{\varphi'^2(t) + \psi'^2(t)} \, \mathrm{d}t. \quad (13)$$

（3）极坐标情形

当曲线弧由极坐标方程

微课视频 4.16
弧长（极坐标）

$$r = r(\theta) \quad (\alpha \leqslant \theta \leqslant \beta)$$

给出，其中 $r(\theta)$ 在区间 $[\alpha,\beta]$ 上具有一阶连续导数，则由直角坐标与极坐标的关系可得

$$\begin{cases} x = r(\theta)\cos\theta, \\ y = r(\theta)\sin\theta \end{cases} \quad (\alpha \leqslant \theta \leqslant \beta),$$

这就将曲线的极坐标方程的情形转化为以极角 θ 为参数的参数方程情形. 于是弧长微元

$$\mathrm{d}s = \sqrt{x'^2(\theta) + y'^2(\theta)} \, \mathrm{d}\theta = \sqrt{r^2(\theta) + r'^2(\theta)} \, \mathrm{d}\theta,$$

从而，所求光滑曲线弧的弧长为

$$s = \int_\alpha^\beta \sqrt{r^2(\theta) + r'^2(\theta)} \, \mathrm{d}\theta. \quad (14)$$

例 13　求曲线 $y = \dfrac{2}{3} x^{\frac{3}{2}}$ 上对应于 $3 \leqslant x \leqslant 8$ 的一段弧的长度.

解　因为 $y' = \sqrt{x}$，由式（11）得所求弧长为

$$s = \int_3^8 \sqrt{1 + y'^2} \, \mathrm{d}x = \int_3^8 \sqrt{1 + x} \, \mathrm{d}x$$

$$= \left(\frac{2}{3}(1 + x)^{\frac{3}{2}} \right) \bigg|_3^8 = \frac{38}{3}.$$

例 14　求星形线 $x^{\frac{2}{3}}+y^{\frac{2}{3}}=a^{\frac{2}{3}}$ （$a>0$）的全长.

解　如图 4-33 所示，把曲线化为参数方程

$$\begin{cases} x=a\cos^3 t, \\ y=a\sin^3 t, \end{cases}$$

在第一象限，参数 $0\leqslant t\leqslant\dfrac{\pi}{2}$. 又由于

$$x'(t)=-3a\cos^2 t\sin t,\quad y'(t)=3a\sin^2 t\cos t,$$

故由式（13）及对称性，得所求弧长为

$$s=4\int_0^{\frac{\pi}{2}}\sqrt{x'^2(t)+y'^2(t)}\,\mathrm{d}t$$

$$=4\int_0^{\frac{\pi}{2}}\sqrt{9a^2\cos^4 t\sin^2 t+9a^2\sin^4 t\cos^2 t}\,\mathrm{d}t$$

$$=12a\int_0^{\frac{\pi}{2}}|\sin t\cos t|\,\mathrm{d}t=12a\int_0^{\frac{\pi}{2}}\sin t\,\mathrm{d}(\sin t)=6a.$$

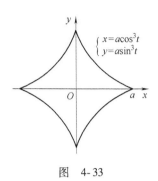

图　4-33

例 15　求曲线 $r=a\sin^3\dfrac{\theta}{3}$（$a>0$，$0\leqslant\theta\leqslant3\pi$）的全长.

解　如图 4-34 所示，由于

$$r'=a\sin^2\frac{\theta}{3}\cos\frac{\theta}{3},$$

故根据式（14），得所求弧长为

$$s=\int_0^{3\pi}\sqrt{r^2+r'^2}\,\mathrm{d}\theta=\int_0^{3\pi}\sqrt{a^2\sin^6\frac{\theta}{3}+a^2\sin^4\frac{\theta}{3}\cos^2\frac{\theta}{3}}\,\mathrm{d}\theta$$

$$=a\int_0^{3\pi}\sin^2\frac{\theta}{3}\,\mathrm{d}\theta=\frac{3}{2}\pi a.$$

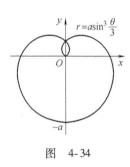

图　4-34

习题 4-4

1. 求由下列各组曲线所围成的平面图形的面积：

（1）$y=x^2$ 与 $x+y=2$；

（2）$y=\dfrac{1}{x}$ 与直线 $y=x$ 及 $x=2$；

（3）$y=\mathrm{e}^x$，$y=\mathrm{e}^{-x}$ 与直线 $x=1$；

（4）$y=\ln x$，$y=0$，$x=\dfrac{1}{2}$ 及 $x=2$；

（5）$y=\ln x$ 与 $y=\ln a$、$y=\ln b$（$b>a>0$）及 $x=0$；

（6）$y=x^2$ 与直线 $y=x$ 及 $y=2x$；

（7）摆线 $x=a(t-\sin t)$，$y=a(1-\cos t)$（$0\leqslant t\leqslant$ 2π）与 $y=0$，其中 $a>0$；

（8）星形线 $x=a\cos^3 t$，$y=a\sin^3 t$，其中 $a>0$；

（9）阿基米德螺线 $r=a\theta$（$a>0$）（$0\leqslant\theta\leqslant2\pi$）与极轴；

（10）心形线 $r=2(1+\cos\theta)$.

2. 求由抛物线 $y^2=2px$ 及其在点 $\left(\dfrac{p}{2},\ p\right)$ 处的法线所围成的平面图形的面积，其中 $p>0$.

3. 求由抛物线 $y=-x^2+4x-3$ 及其在点 $(0,-3)$ 和 $(3,0)$ 处的切线所围成的平面图形的面积.

4. 当 a 为何值时，抛物线 $y=x^2$ 与三直线 $x=a$，

$x = a+1$，$y = 0$ 所围成图形的面积最小?

5. k 为何值时，由曲线 $y = x^2$、直线 $y = kx$ $(0 < k < 2)$ 及 $x = 2$ 所围成的图形（图 4-35 中阴影部分）的面积为最小?

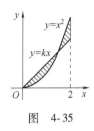

图 4-35

6. 求曲线 $y = \ln x$ 在区间 $[2,6]$ 内的一条切线，使该切线与直线 $x = 2$，$x = 6$ 及曲线 $y = \ln x$ 所围成的图形面积为最小.

7. 在区间 $[0,1]$ 上给定曲线 $y = x^2$，如图 4-36 所示，试在区间 $(0,1)$ 内确定点 t 的值，使图 4-36 中的阴影部分的面积 S_1 与 S_2 之和最小.

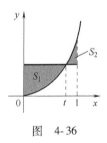

图 4-36

8. 分别计算由下列各组曲线围成的平面图形，绕指定的轴旋转所得的旋转体的体积:

(1) $y = x^3$、$y = 0$ 及 $x = 2$，分别绕 x 轴、y 轴;

(2) $y = 2x - x^2$ 及 $y = 0$，分别绕 x 轴、y 轴;

(3) $y = \sin x$ $(0 \leqslant x \leqslant \pi)$ 及 $y = 0$，分别绕 x 轴、y 轴;

(4) $y = x^2$ 及 $x = y^2$，绕 x 轴;

(5) $(x-2)^2 + y^2 = 1$，绕 y 轴;

(6) $xy = a$ $(a > 0)$、$x = a$、$x = 2a$ 及 $y = 0$，绕 y 轴.

9. 求由曲线 $y = \dfrac{x^2}{2}$ 和直线 $x = 1$，$x = 2$，$y = -1$ 所围成的平面图形绕直线 $y = -1$ 旋转而成的旋转体的体积.

10. 求由抛物线 $y^2 = 2x$ 与直线 $x = \dfrac{1}{2}$ 所围成的图形绕直线 $y = -1$ 旋转所得旋转体的体积.

11. 求以抛物线 $y^2 = 2x$ 与直线 $x = 2$ 所围成的图形为底，而垂直于抛物线轴的截面都是等边三角形的立体的体积.

12. 求以椭圆 $\dfrac{x^2}{100} + \dfrac{y^2}{25} = 1$ 所围成的图形为底，而垂直于 x 轴的截面都是等边三角形的立体的体积.

13. 计算底面是半径为 $R = 2$ 的圆，而垂直于底面上一条固定直径的所有截面都是等边三角形的立体的体积.

14. 分别求下列曲线段的弧长:

(1) $y = \ln x$，$\sqrt{3} \leqslant x \leqslant \sqrt{8}$;

(2) $y = \ln \cos x$，$0 \leqslant x \leqslant a$，其中 $a < \dfrac{\pi}{2}$;

(3) 摆线 $\begin{cases} x = a(t - \sin t), \\ y = a(1 - \cos t) \end{cases}$ $(a > 0)$，$0 \leqslant t \leqslant 2\pi$;

(4) $x = a(\cos t + t \sin t)$，$y = a(\sin t - t \cos t)$，$0 \leqslant t \leqslant 2\pi$，其中 $a > 0$;

(5) $y = \displaystyle\int_{-\frac{\pi}{2}}^{x} \sqrt{\cos t}\, \mathrm{d}t$，$-\dfrac{\pi}{2} \leqslant x \leqslant \dfrac{\pi}{2}$.

4.5　反常积分

前面所介绍的定积分，是在同时满足以下两个基本条件下讨论的：①积分区间是有限区间；②被积函数在积分区间上有界. 然而，在现实问题中，往往会遇到不能同时满足上述两个条件的情况，即会遇到积分区间为无穷区间或者被积函数为无界函数的积分，因此，需要对定积分的概念加以推广，从而引入反常积分的概念.

首先把定积分推广到积分区间是无穷区间的情形.

4.5.1 无穷限的反常积分

定义 4.3　设函数 $f(x)$ 在区间 $[a,+\infty)$ 上连续，则对任意的 $u>a$，积分 $\int_a^u f(x)\mathrm{d}x$ 都存在，且它是 u 的函数. 称记号

$$\int_a^{+\infty} f(x)\mathrm{d}x \overset{\Delta}{=} \lim_{u\to+\infty}\int_a^u f(x)\mathrm{d}x \tag{1}$$

为函数 $f(x)$ 在无穷区间 $[a,+\infty)$ 上的**反常积分**.

微课视频 4.17
无穷限的反常积分

如果式(1)右端的极限存在，则称反常积分 $\int_a^{+\infty} f(x)\mathrm{d}x$ 收敛，且该极限值就是反常积分的值，即

$$\int_a^{+\infty} f(x)\mathrm{d}x = \lim_{u\to+\infty}\int_a^u f(x)\mathrm{d}x;$$

如果式(1)右端的极限不存在，则称反常积分 $\int_a^{+\infty} f(x)\mathrm{d}x$ 发散.

定义 4.4　设函数 $f(x)$ 在区间 $(-\infty,b]$ 上连续，则对任意的 $u<b$，积分 $\int_u^b f(x)\mathrm{d}x$ 都存在，且它是 u 的函数. 称记号

$$\int_{-\infty}^b f(x)\mathrm{d}x \overset{\Delta}{=} \lim_{u\to-\infty}\int_u^b f(x)\mathrm{d}x \tag{2}$$

为函数 $f(x)$ 在无穷区间 $(-\infty,b]$ 上的**反常积分**.

如果式(2)右端的极限存在，则称反常积分 $\int_{-\infty}^b f(x)\mathrm{d}x$ 收敛，且该极限值就是反常积分的值，即

$$\int_{-\infty}^b f(x)\mathrm{d}x = \lim_{u\to-\infty}\int_u^b f(x)\mathrm{d}x;$$

如果式(2)右端的极限不存在，则称反常积分 $\int_{-\infty}^b f(x)\mathrm{d}x$ 发散.

定义 4.5　设函数 $f(x)$ 在区间 $(-\infty,+\infty)$ 上连续，称记号

$$\int_{-\infty}^{+\infty} f(x)\mathrm{d}x \overset{\Delta}{=} \int_{-\infty}^0 f(x)\mathrm{d}x + \int_0^{+\infty} f(x)\mathrm{d}x \tag{3}$$

为函数 $f(x)$ 在无穷区间 $(-\infty,+\infty)$ 上的**反常积分**.

当且仅当式(3)右端的两个反常积分都收敛时，称反常积分 $\int_{-\infty}^{+\infty} f(x)\mathrm{d}x$ 收敛，且右端两个反常积分之和就是反常积分 $\int_{-\infty}^{+\infty} f(x)\mathrm{d}x$ 的值，即

$$\int_{-\infty}^{+\infty} f(x)\mathrm{d}x = \int_{-\infty}^0 f(x)\mathrm{d}x + \int_0^{+\infty} f(x)\mathrm{d}x;$$

否则，则称反常积分 $\int_{-\infty}^{+\infty} f(x)\,dx$ 发散.

由上述定义及牛顿-莱布尼茨公式，可得如下结果.

设 $F(x)$ 为 $f(x)$ 在 $[a,+\infty)$ 上的一个原函数，如果 $\lim\limits_{x\to+\infty} F(x)$ 存在，则反常积分

$$\int_a^{+\infty} f(x)\,dx = \lim_{x\to+\infty} F(x) - F(a);$$

如果 $\lim\limits_{x\to+\infty} F(x)$ 不存在，则反常积分 $\int_a^{+\infty} f(x)\,dx$ 发散.

记 $F(+\infty)=\lim\limits_{x\to+\infty} F(x)$，$F(x)\Big|_a^{+\infty}=F(+\infty)-F(a)$，则当 $F(+\infty)$ 存在时，反常积分

$$\int_a^{+\infty} f(x)\,dx = F(x)\Big|_a^{+\infty} = F(+\infty) - F(a);$$

当 $F(+\infty)$ 不存在时，反常积分 $\int_a^{+\infty} f(x)\,dx$ 发散.

类似地，如果在 $(-\infty,b]$ 上 $F'(x)=f(x)$，则当 $F(-\infty)=\lim\limits_{x\to-\infty} F(x)$ 存在时，反常积分

$$\int_{-\infty}^b f(x)\,dx = F(x)\Big|_{-\infty}^b = F(b) - F(-\infty);$$

当 $F(-\infty)$ 不存在时，反常积分 $\int_{-\infty}^b f(x)\,dx$ 发散.

如果在 $(-\infty,+\infty)$ 内 $F'(x)=f(x)$，则当 $F(-\infty)$ 与 $F(+\infty)$ 都存在时，反常积分

$$\int_{-\infty}^{+\infty} f(x)\,dx = F(x)\Big|_{-\infty}^{+\infty} = F(+\infty) - F(-\infty);$$

当 $F(-\infty)$ 与 $F(+\infty)$ 至少有一个不存在时，反常积分 $\int_{-\infty}^{+\infty} f(x)\,dx$ 发散.

注：无穷限的反常积分也有线性运算的性质，而且分部积分公式和换元积分公式仍适用于无穷区间的反常积分.

例1 计算反常积分 $\int_0^{+\infty} e^{-x}\,dx$.

解 因为对任意的 $u>0$，

$$\int_0^u e^{-x}\,dx = -e^{-x}\Big|_0^u = 1 - e^{-u},$$

而 $$\lim_{u\to+\infty}\int_0^u e^{-x}\,dx = \lim_{u\to+\infty}(1-e^{-u}) = 1,$$

故根据定义 4.3，

$$\int_0^{+\infty} e^{-x}\,dx = \lim_{u\to+\infty}\int_0^u e^{-x}\,dx = 1.$$

在理解了反常积分定义的实质后，本例的求解过程可以直接

写成如下形式:

$$\int_0^{+\infty} e^{-x} dx = -e^{-x} \Big|_0^{+\infty} = -\lim_{x \to +\infty} e^{-x} + 1 = 1.$$

例 2　计算反常积分 $\int_{-\infty}^{+\infty} \dfrac{dx}{1+x^2}$.

解　$\displaystyle\int_{-\infty}^{+\infty} \frac{dx}{1+x^2} = \left[\arctan x\right]_{-\infty}^{+\infty}$

$$= \lim_{x \to +\infty} \arctan x - \lim_{x \to -\infty} \arctan x$$

$$= \frac{\pi}{2} - \left(-\frac{\pi}{2}\right) = \pi.$$

这个反常积分值的几何意义是: 当 $a \to -\infty$、$b \to +\infty$ 时,虽然图 4-37 中阴影部分向左、向右无限延伸,但其面积却有极限值 π. 一般地,当反常积分 $\int_{-\infty}^{+\infty} f(x)dx$ $(f(x) \geqslant 0)$ 收敛时,其反常积分值表示位于曲线 $y = f(x)$ 下方,x 轴上方的图形的面积.

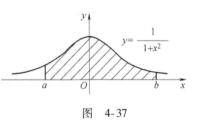

图　4-37

例 3　讨论反常积分 $\int_a^{+\infty} \dfrac{dx}{x^p}$ 的敛散性,其中 $a>0$.

解　当 $p=1$ 时,

$$\int_a^{+\infty} \frac{dx}{x^p} = \int_a^{+\infty} \frac{dx}{x} = \ln x \Big|_a^{+\infty} = \lim_{x \to +\infty} \ln x - \ln a = +\infty;$$

当 $p \neq 1$ 时,

$$\int_a^{+\infty} \frac{dx}{x^p} = \frac{x^{1-p}}{1-p}\bigg|_a^{+\infty} = \lim_{x \to +\infty} \frac{x^{1-p}}{1-p} - \frac{a^{1-p}}{1-p} = \begin{cases} +\infty & p < 1 \\ \dfrac{a^{1-p}}{p-1} & p > 1 \end{cases}.$$

因此,当 $p>1$ 时,反常积分 $\int_a^{+\infty} \dfrac{dx}{x^p}$ 收敛,其值为 $\dfrac{a^{1-p}}{p-1}$;当 $p \leqslant 1$ 时,反常积分 $\int_a^{+\infty} \dfrac{dx}{x^p}$ 发散.

这是一个非常重要的反常积分,要记住这个结果. 运用这个结果可以很快地判断一些反常积分的收敛性.

例 4　讨论反常积分 $\int_2^{+\infty} \dfrac{1}{x(\ln x)^p} dx$ 的敛散性.

解　令 $u = \ln x$,则 $du = \dfrac{1}{x}dx$,且当 $x=2$ 时,$u = \ln 2 > 0$;当 $x = +\infty$ 时,$u = +\infty$. 从而有

$$\int_2^{+\infty} \frac{1}{x(\ln x)^p} dx = \int_{\ln 2}^{+\infty} \frac{1}{u^p} du.$$

由例 3 的结论知，当 $p>1$ 时，反常积分 $\int_{\ln2}^{+\infty}\dfrac{1}{u^p}du$ 收敛，即

$\int_2^{+\infty}\dfrac{1}{x(\ln x)^p}dx$ 收敛；当 $p\leqslant 1$ 时，反常积分 $\int_{\ln2}^{+\infty}\dfrac{1}{u^p}du$ 发散，即

$\int_2^{+\infty}\dfrac{1}{x(\ln x)^p}dx$ 发散.

下面把定积分推广到被积函数是无界函数的情形.

4.5.2 无界函数的反常积分

微课视频 4.18
无界函数的反常积分

定义 4.6 设函数 $f(x)$ 在 $(a,b]$ 上连续，且 $\lim\limits_{x\to a^+}f(x)=\infty$. 对任给 $\varepsilon>0$ 且 $\varepsilon<b-a$，$\int_{a+\varepsilon}^b f(x)dx$ 都存在且它是 ε 的函数. 称记号

$$\int_a^b f(x)dx \overset{\Delta}{=} \lim_{\varepsilon\to 0^+}\int_{a+\varepsilon}^b f(x)dx \qquad (4)$$

为无界函数 $f(x)$ 在区间 $(a,b]$ 上的**反常积分**，点 $x=a$ 称为**瑕点**.

如果式(4)右端极限存在，则称反常积分 $\int_a^b f(x)dx$ 收敛，且该极限值就是反常积分的值，即

$$\int_a^b f(x)dx = \lim_{\varepsilon\to 0^+}\int_{a+\varepsilon}^b f(x)dx.$$

如果式(4)右端极限不存在，则称反常积分 $\int_a^b f(x)dx$ 发散.

定义 4.7 设函数 $f(x)$ 在 $[a,b)$ 上连续，且 $\lim\limits_{x\to b^-}f(x)=\infty$. 对任给 $\varepsilon>0$ 且 $\varepsilon<b-a$，$\int_a^{b-\varepsilon} f(x)dx$ 都存在且它是 ε 的函数. 称记号

$$\int_a^b f(x)dx \overset{\Delta}{=} \lim_{\varepsilon\to 0^+}\int_a^{b-\varepsilon} f(x)dx \qquad (5)$$

为无界函数 $f(x)$ 在区间 $[a,b)$ 上的**反常积分**，点 $x=b$ 称为**瑕点**.

如果式(5)右端极限存在，则称反常积分 $\int_a^b f(x)dx$ 收敛，且该极限值就是反常积分的值，即

$$\int_a^b f(x)dx = \lim_{\varepsilon\to 0^+}\int_a^{b-\varepsilon} f(x)dx.$$

如果式(5)右端极限不存在，则称反常积分 $\int_a^b f(x)dx$ 发散.

定义 4.8 设函数 $f(x)$ 在 $[a,c)\cup(c,b]$ 上连续，且 $\lim\limits_{x\to c}f(x)=\infty$. 称记号

$$\int_a^b f(x)\,\mathrm{d}x \overset{\Delta}{=} \int_a^c f(x)\,\mathrm{d}x + \int_c^b f(x)\,\mathrm{d}x \tag{6}$$

为无界函数 $f(x)$ 在区间 $[a,b]$ 上的**反常积分**，点 $x=c$ 称为**瑕点**.

当且仅当式 (6) 右端两个反常积分都收敛，称反常积分 $\int_a^b f(x)\,\mathrm{d}x$ 收敛，此时，右端两个反常积分值的和就是反常积分 $\int_a^b f(x)\,\mathrm{d}x$ 的值，即

$$\int_a^b f(x)\,\mathrm{d}x = \int_a^c f(x)\,\mathrm{d}x + \int_c^b f(x)\,\mathrm{d}x.$$

否则，称反常积分 $\int_a^b f(x)\,\mathrm{d}x$ 发散.

注：无界函数的反常积分也称为**瑕积分**.

计算无界函数的反常积分，也可借助于牛顿-莱布尼茨公式.

设 a 为函数 $f(x)$ 的瑕点，在 $(a,b]$ 上 $F'(x)=f(x)$，若 $\lim\limits_{x\to a^+} F(x)$ 存在，则反常积分

$$\int_a^b f(x)\,\mathrm{d}x = F(b) - \lim_{x\to a^+} F(x) = F(b) - F(a^+);$$

若 $\lim\limits_{x\to a^+} F(x)$ 不存在，则反常积分 $\int_a^b f(x)\,\mathrm{d}x$ 发散.

如果仍用记号 $F(x)\Big|_a^b$ 表示 $F(b)-F(a^+)$，则对反常积分，形式上仍有

$$\int_a^b f(x)\,\mathrm{d}x = F(x)\,\Big|_a^b.$$

对其他情形的反常积分，也有类似的计算公式，这里不再详述.

注：类似于无穷区间上的反常积分，无界函数的反常积分也有线性运算性质，而且分部积分公式和换元积分公式仍适用于无界函数的反常积分.

例 5　求反常积分 $\displaystyle\int_0^a \frac{\mathrm{d}x}{\sqrt{a^2-x^2}}\ (a>0)$.

解　因为被积函数中 $x\neq a$ 且

$$\lim_{x\to a^-}\frac{1}{\sqrt{a^2-x^2}} = +\infty,$$

所以点 $x=a$ 为瑕点，于是

$$\int_0^a \frac{\mathrm{d}x}{\sqrt{a^2-x^2}} = \lim_{\varepsilon\to 0^+}\int_0^{a-\varepsilon}\frac{\mathrm{d}x}{\sqrt{a^2-x^2}} = \lim_{\varepsilon\to 0^+}\arcsin\frac{x}{a}\,\Big|_0^{a-\varepsilon}$$

$$= \lim_{\varepsilon\to 0^+}\arcsin\frac{a-\varepsilon}{a} - 0 = \arcsin 1 = \frac{\pi}{2}.$$

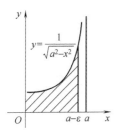

图 4-38

本例的求解过程可以直接写成如下形式：

$$\int_0^a \frac{\mathrm{d}x}{\sqrt{a^2-x^2}} = \arcsin\frac{x}{a}\Big|_0^a = \lim_{x\to a^-}\arcsin\frac{x}{a} - 0 = \frac{\pi}{2}.$$

这个反常积分值的几何意义是：曲线 $y = \dfrac{1}{\sqrt{a^2-x^2}}$ 之下、x 轴之上、直线 $x=0$ 与 $x=a$ 之间的图形面积. 如图 4-38 所示.

例 6　证明反常积分 $\int_0^1 \dfrac{1}{x^q}\mathrm{d}x$，当 $0<q<1$ 时收敛；当 $q\geq 1$ 时发散.

证　当 $q>0$ 时，被积函数中 $x\neq 0$，且

$$\lim_{x\to 0^+}\frac{1}{x^q} = +\infty,$$

所以点 $x=0$ 为瑕点，于是

当 $q=1$ 时，

$$\int_0^1 \frac{\mathrm{d}x}{x^q} = \int_0^1 \frac{\mathrm{d}x}{x} = \ln x\,\Big|_0^1 = 0 - \lim_{x\to 0^+}\ln x = +\infty.$$

当 $q\neq 1$ 时，

$$\int_0^1 \frac{\mathrm{d}x}{x^q} = \frac{1}{1-q}x^{1-q}\Big|_0^1 = \frac{1}{1-q}\left(1 - \lim_{x\to 0^+}x^{1-q}\right)$$

$$= \begin{cases} \dfrac{1}{1-q} & 0 < q < 1, \\[2mm] +\infty & q > 1. \end{cases}$$

因此，当 $0<q<1$ 时，反常积分收敛，其值为 $\dfrac{1}{1-q}$；当 $q\geq 1$ 时，反常积分发散.

例 7　计算反常积分 $\int_0^3 \dfrac{\mathrm{d}x}{(x-1)^{\frac{2}{3}}}$.

解　因为被积函数中 $x\neq 1$ 且

$$\lim_{x\to 1}\frac{1}{(x-1)^{\frac{2}{3}}} = +\infty,$$

所以点 $x=1$ 为瑕点，于是

$$\int_0^3 \frac{\mathrm{d}x}{(x-1)^{\frac{2}{3}}} = \int_0^1 \frac{\mathrm{d}x}{(x-1)^{\frac{2}{3}}} + \int_1^3 \frac{\mathrm{d}x}{(x-1)^{\frac{2}{3}}}$$

$$= 3(x-1)^{\frac{1}{3}}\Big|_0^1 + 3(x-1)^{\frac{1}{3}}\Big|_1^3$$

$$= 3\lim_{x\to 1^-}(x-1)^{\frac{1}{3}} + 3 + 3\sqrt[3]{2} - 3\lim_{x\to 1^+}(x-1)^{\frac{1}{3}}$$

$$= 3 + 3\sqrt[3]{2}.$$

习题 4- 5

1. 讨论下列无穷限的反常积分的收敛性，如果收敛，计算反常积分的值：

(1) $\int_a^{+\infty} \dfrac{1}{x^3}\mathrm{d}x\ (a>0)$；(2) $\int_e^{+\infty} \dfrac{\mathrm{d}x}{x\ln^2 x}$；

(3) $\int_2^{+\infty} \dfrac{\mathrm{d}x}{x^2+x-2}$；　(4) $\int_{\sqrt{2}}^{+\infty} \dfrac{\mathrm{d}x}{x\sqrt{x^2-1}}$；

(5) $\int_2^{+\infty} \dfrac{\mathrm{d}x}{x\sqrt{x-1}}$；　(6) $\int_{-\infty}^{+\infty} \dfrac{2x}{1+x^2}\mathrm{d}x$；

(7) $\int_{-\infty}^{+\infty} \dfrac{\mathrm{d}x}{(x^2+1)(x^2+4)}$；

(8) $\int_{-\infty}^{+\infty} \dfrac{\mathrm{d}x}{x^2+x+1}$；

(9) $\int_1^{+\infty} \dfrac{\mathrm{d}x}{e^x+e^{-x}}$；　(10) $\int_1^{+\infty} \dfrac{\arctan x}{x^2}\mathrm{d}x$.

2. 讨论下列无界函数的反常积分的收敛性，如果收敛，计算反常积分的值：

(1) $\int_0^1 \dfrac{x}{\sqrt{1-x^2}}\mathrm{d}x$；　(2) $\int_{-1}^1 \dfrac{1}{\sqrt{1-x^2}}\mathrm{d}x$；

(3) $\int_0^1 \ln x\mathrm{d}x$；　(4) $\int_{-2}^{-1} \dfrac{\mathrm{d}x}{x\sqrt{x^2-1}}$；

(5) $\int_1^e \dfrac{\mathrm{d}x}{x\sqrt{1-(\ln x)^2}}$；　(6) $\int_0^3 \dfrac{\mathrm{d}x}{\sqrt[3]{3x-1}}$；

(7) $\int_0^{\frac{1}{2}} \dfrac{\ln x}{(1-x)^2}\mathrm{d}x$；　(8) $\int_0^1 \dfrac{\mathrm{d}x}{\sin^2(1-x)}$.

3. 已知 $\lim\limits_{x\to\infty}\left(\dfrac{x+c}{x-c}\right)^x = \int_{-\infty}^c xe^{2x}\mathrm{d}x$，求常数 c 的值.

4. 已知 $\lim\limits_{x\to+\infty}\left(\dfrac{x-a}{x+a}\right)^x = \int_a^{+\infty} 4x^2 e^{-2x}\mathrm{d}x$，求常数 a 的值.

总习题四

1. 选择题：

(1) 设 ξ_i 为第 i 个小区间中的任一点，Δx_i 为第 i 个小区间的区间长度，定积分 $\int_a^b f(x)\mathrm{d}x$ 存在的充分条件是（　　）.

A. $\lim\limits_{n\to\infty}\dfrac{b-a}{n}\sum\limits_{k=1}^n f\left(\dfrac{k}{n}(b-a)\right)$ 存在

B. $\lim\limits_{n\to\infty}\dfrac{b-a}{n}\sum\limits_{k=1}^n f\left(\dfrac{k-1}{n}(b-a)\right)$ 存在

C. $\lim\limits_{n\to\infty}\sum\limits_{k=1}^n f(\xi_k)\Delta x_k$ 存在

D. $\lim\limits_{\lambda\to0}\sum\limits_{k=1}^n f(\xi_k)\Delta x_k$ 存在，其中 $\lambda = \max\limits_{1\le i\le n}\{\Delta x_i\}$

(2) $f(x)$ 在 $[a,b]$ 上连续是 $\int_a^b f(x)\mathrm{d}x$ 存在的（　　）.

A. 必要条件　　　　B. 充分条件

C. 充要条件　　　　D. 无关条件

(3) 定积分 $\int_{\frac{1}{2}}^1 x^2\ln x\mathrm{d}x$（　　）.

A. 大于零　　　　　B. 小于零

C. 等于零　　　　　D. 不能确定

(4) 积分中值定理 $\int_a^b f(x)\mathrm{d}x = f(\xi)(b-a)$ 中 ξ 是 $[a,b]$ 上的（　　）.

A. 任意一点　　　　B. 必存在的某一点

C. 唯一的某点　　　D. 中点

(5) 设 $I_1 = \int_0^1 \sin x\mathrm{d}x$，$I_2 = \int_0^1 \tan x\mathrm{d}x$，$I_3 = \int_0^1 x\mathrm{d}x$，则有（　　）.

A. $I_1<I_2<I_3$　　　　B. $I_1<I_3<I_2$

C. $I_3<I_1<I_2$　　　　D. $I_2<I_1<I_3$

(6) 设 $M = \int_{-\frac{\pi}{2}}^{\frac{\pi}{2}} \dfrac{\sin x}{1+x^2}\cos^2 x\mathrm{d}x$，$N = \int_{-\frac{\pi}{2}}^{\frac{\pi}{2}}(\sin^3 x + \cos^4 x)\mathrm{d}x$，$P = \int_{-\frac{\pi}{2}}^{\frac{\pi}{2}}(x^2\sin^3 x - \cos^4 x)\mathrm{d}x$，则（　　）.

A. $N<P<M$　　　　B. $M<P<N$

C. $N<M<P$　　　　D. $P<M<N$

(7) $\dfrac{\mathrm{d}}{\mathrm{d}x}\int_0^{\sin x}\sqrt{1-t^2}\mathrm{d}t = $（　　）.

A. $\cos x$　　　　　B. $|\cos x|\cos x$

C. $-\cos^2 x$　　　　　　　D. $|\cos x|$

（8）设 $f(x)$ 连续，则 $\dfrac{\mathrm{d}}{\mathrm{d}x}\displaystyle\int_a^b f(x+y)\mathrm{d}y =$（　）.

A. 0　　　　　　　　B. $f(x+b)-f(x+a)$

C. $f(x+a)$　　　　　D. $f(x+b)$

（9）$\displaystyle\int_0^a f(x)\mathrm{d}x =$（　）.

A. $\displaystyle\int_0^{\frac{a}{2}}[f(x)+f(a-x)]\mathrm{d}x$

B. $\displaystyle\int_0^{\frac{a}{2}}[f(x)+f(x-a)]\mathrm{d}x$

C. $\displaystyle\int_0^{\frac{a}{2}}[f(x)-f(a-x)]\mathrm{d}x$

D. $\displaystyle\int_0^{\frac{a}{2}}[f(x)-f(x-a)]\mathrm{d}x$

（10）下列广义积分收敛的是（　）.

A. $\displaystyle\int_{-\infty}^{+\infty}\cos x\,\mathrm{d}x$　　　B. $\displaystyle\int_0^{+\infty}\mathrm{e}^{-2x}\mathrm{d}x$

C. $\displaystyle\int_{-1}^1\dfrac{1}{x^2}\mathrm{d}x$　　　D. $\displaystyle\int_1^3\dfrac{1}{\ln x}\mathrm{d}x$

（11）若 $f(x)$ 为可导函数，且已知 $f(0)=0$，$f'(0)=2$，则 $\lim\limits_{x\to0}\dfrac{\displaystyle\int_0^x f(t)\mathrm{d}t}{x^2}$ 的值为（　）.

A. 0　　　　　　　　B. 1

C. 2　　　　　　　　D. 不存在

（12）设在 $[a,b]$ 上，$f(x)>0$，$f'(x)<0$，$f''(x)>0$，记 $s_1=\displaystyle\int_a^b f(x)\mathrm{d}x$，$s_2=f(b)(b-a)$，$s_3=\dfrac{1}{2}[f(a)+f(b)](b-a)$，则（　）.

A. $s_1<s_2<s_3$　　　　B. $s_3<s_1<s_2$

C. $s_2<s_1<s_3$　　　　D. $s_2<s_3<s_1$

2. 填空题：

（1）设 a,b 为常数，已知 $\lim\limits_{x\to0}\dfrac{1}{bx-\sin x}\displaystyle\int_0^x\dfrac{t^2}{\sqrt{a+t}}\mathrm{d}t =1$，则 $a=$＿＿＿＿，$b=$＿＿＿＿；

（2）设当 $x\geqslant0$ 时 $f(x)$ 是连续函数，且 $\displaystyle\int_0^{x^2(1+x)}f(x)\mathrm{d}x=x$，则 $f(2)=$＿＿＿＿；

（3）$\displaystyle\int_{-a}^a\left[x^{2018}\ln(x+\sqrt{1+x^2})+\sqrt{a^2-x^2}\right]\mathrm{d}x =$＿＿＿＿；

（4）$\displaystyle\int_0^1 x\sqrt{1+x}\,\mathrm{d}x =$＿＿＿＿；

（5）$\displaystyle\int_0^{+\infty}\dfrac{\mathrm{d}x}{(1+x^2)^4}=$＿＿＿＿；

（6）曲线 $y=1-x^2$（$0\leqslant x\leqslant1$），x 轴及 y 轴所围成的图形被曲线 $y=ax^2$ 分为面积相等的两部分，其中 $a>0$，则常数 $a=$＿＿＿＿；

（7）曲线 $xy=1$，$y=x$，$x=2$ 所围成图形的面积是＿＿＿＿.

3. 求下列极限：

（1）$\lim\limits_{x\to+\infty}\dfrac{\displaystyle\int_1^x(\arctan t)^2\mathrm{d}t}{\sqrt{x^2+1}}$；

（2）$\lim\limits_{x\to0}\dfrac{\displaystyle\int_0^{x^2}\cos u\,\mathrm{d}u}{\ln(1+\sin^2 x)}$；

（3）$\lim\limits_{x\to0}\dfrac{\displaystyle\int_0^{\sin x}(1+t)^{\frac{1}{t}}\mathrm{d}t}{\displaystyle\int_0^x\dfrac{\sin t}{t}\mathrm{d}t}$；

（4）$\lim\limits_{x\to0}\dfrac{x-\sin x}{\displaystyle\int_0^x\dfrac{\ln(1+t^3)}{t}\mathrm{d}t}$.

4. 判断下列积分是否存在，若存在，求出其值：

（1）$\displaystyle\int_0^\pi x\sqrt{\cos^2 x-\cos^4 x}\,\mathrm{d}x$；

（2）$\displaystyle\int_0^1\dfrac{\ln(1+x)}{(1+x)^2}\mathrm{d}x$；

（3）$\displaystyle\int_0^{n\pi}|\cos x|\,\mathrm{d}x$，其中 n 为正整数；

（4）$\displaystyle\int_{-\frac{\pi}{4}}^{\frac{\pi}{4}}\dfrac{\sin^2 x}{1+\mathrm{e}^{-x}}\mathrm{d}x$；

（5）$\displaystyle\int_1^{+\infty}\dfrac{1}{x(1+x^2)}\mathrm{d}x$；

（6）$\displaystyle\int_{-\frac{\pi}{2}}^{\frac{\pi}{2}}\dfrac{1}{x^2}\sin\dfrac{1}{x}\mathrm{d}x$.

5. 设函数 $g(x)$ 连续，且 $F(x)=\displaystyle\int_0^x(x-t)g(t)\mathrm{d}t$，求 $F''(x)$.

6. 已知 $f(x)$ 满足 $f(x)=3x-\sqrt{1-x^2}\displaystyle\int_0^1 f^2(x)\mathrm{d}x$，求 $f(x)$.

7. 设函数 $f(x)$ 在 $[2,4]$ 上可导，且 $f(2)=\displaystyle\int_3^4(x-1)^2 f(x)\mathrm{d}x$，证明：在 $(2,4)$ 内至少存在一点

ξ，使得$(1-\xi)f'(\xi) = 2f(\xi)$.

8. 设$f(x)$在$[a,b]$上连续，证明：$\int_a^b f(x)\mathrm{d}x = (b-a)\int_0^1 f(a+(b-a)x)\mathrm{d}x$.

9. 设$f(x) = \begin{cases} \dfrac{\displaystyle\int_0^{2x}(\mathrm{e}^{t^2}-1)\mathrm{d}t}{x^2} & x \neq 0, \\ k & x = 0, \end{cases}$ 问 k 为何

值时，$f(x)$在$x=0$处可导？并求函数$f(x)$在$x=0$处的导数$f'(0)$.

10. 设$f(x) = \int_2^{\sqrt{x}} \mathrm{e}^{-t^2}\mathrm{d}t$，求$\int_0^4 \dfrac{f(x)}{\sqrt{x}}\mathrm{d}x$.

11. 设$f(x)$在$x>0$时可导，且当$x>0$时，满足$f(x) = 1 + \dfrac{1}{x}\int_1^x f(t)\mathrm{d}t$，求$f(x)$.

12. 设$f(x)$在区间$[a,b]$上连续，且$f(x)>0$，证明：

$$\int_a^b f(x)\mathrm{d}x \cdot \int_a^b \frac{1}{f(x)}\mathrm{d}x \geq (b-a)^2.$$

13. 设$f''(x)$在区间$[a,b]$上连续，且$f(a) = f(b) = 0$，证明：

$$\int_a^b f(x)\mathrm{d}x = \frac{1}{2}\int_a^b f''(x)(x-a)(x-b)\mathrm{d}x.$$

14. 设有曲线$y = \mathrm{e}^{\frac{x}{2}}$，在原点$O$与$x$之间求一点$\xi$，使该点左右两边阴影部分（见图 4-39）的面积相等，并写出ξ的表达式.

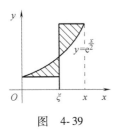

图 4-39

15. 求由曲线$y = \sin x$（$x \in [0,\pi]$）与x轴所围成的图形分别绕y轴和直线$y=1$旋转所得旋转体的体积.

16. 过单位圆外一点$A(a,0)$作该圆的切线AP，OA交圆于B（见图 4-40），其中$a>1$. 图中扇形OPB和阴影部分分别绕x轴旋转一周得到两个旋转体，问a为何值时，这两个旋转体体积相等？

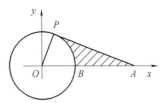

图 4-40

17. 求曲线$\begin{cases} x = 8\sin t + 6\cos t, \\ y = 6\sin t - 8\cos t \end{cases}$上相应于$0 \leq t \leq \dfrac{\pi}{2}$的一段弧的长度.

18. 求位于曲线$y = \mathrm{e}^{-x}$下方，y轴右方以及x轴上方之间的图形绕x轴旋转而成的旋转体的体积.

19. 设$y = f(x)$是二次多项式函数，方程$f(x) = 0$有两个相等的实根，且$f'(x) = 2x+2$.

（1）求$y = f(x)$的表达式；

（2）求$y = f(x)$的图像与两坐标轴所围成图形的面积；

（3）若直线$x = -t$（$0<t<1$）把$y = f(x)$的图像与两坐标轴所围成图形的面积二等分，求t的值.

第 5 章
常微分方程

对自然界的深刻研究是数学最富饶的源泉.

——傅里叶

微积分研究的对象是函数关系，但在实际问题中，往往不能直接找出需要的函数关系，而比较容易建立未知函数的导数或微分与自变量的关系式——微分方程，通过求解这种方程找到指定未知量之间的函数关系. 因此，微分方程是数学联系实际并应用于实际的重要途径与桥梁，是各学科进行科学研究的有力工具.

基本要求：

1. 了解微分方程及其阶、解、通解、初始条件和特解等概念.

2. 掌握变量可分离的微分方程及一阶线性微分方程的解法.

3. 会解齐次微分方程、伯努利方程，会用简单的变量代换解某些微分方程.

4. 会用降阶法解下列形式的微分方程：$y^{(n)} = f(x)$，$y'' = f(x, y')$ 和 $y'' = f(y, y')$.

5. 理解线性微分方程解的性质及解的结构.

6. 掌握二阶常系数齐次线性微分方程的解法，并会解某些高于二阶的常系数齐次线性微分方程.

7. 会解自由项为多项式、指数函数、正弦函数、余弦函数以及它们的和与积的二阶常系数非齐次线性微分方程.

8. 会解欧拉方程.

9. 会用微分方程解决一些简单的应用问题.

知识结构图:

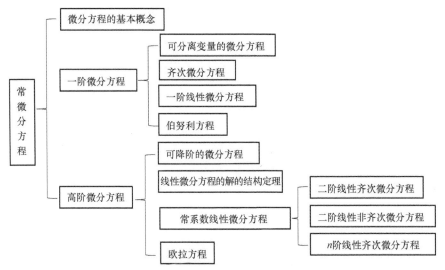

本节主要介绍微分方程及其阶、解、通解和特解等概念.

5.1.1　引例

引例 1　设某一平面曲线 $y = f(x)$ 上任意一点 (x, y) 处的切线斜率等于 $2x$，且曲线通过点 $(1, 2)$，求曲线方程 $f(x)$.

解　由题意得

$$\frac{\mathrm{d}y}{\mathrm{d}x} = 2x,$$

且 $y\big|_{x=1} = 2$. 以上方程是一个含未知函数 $y = f(x)$ 的导数的方程. 为了解出 $y = f(x)$，只要将以上方程两端积分，就有

$$y = \int 2x\mathrm{d}x = x^2 + C,$$

把条件 $y\big|_{x=1} = 2$ 代入上式，得

$$2 = 1^2 + C,$$

由此得 $C = 1$，故所求曲线的方程为

$$y = x^2 + 1.$$

引例 2　设质点以匀加速度 a 做直线运动，当时间 $t = 0$ 时，位移 $s = 0$，速度 $v = v_0$. 求质点运动的位移 s 与时间 t 的函数关系.

解　设质点运动的位移与时间的函数关系为 $s = s(t)$，则由二阶导数的物理意义，得

$$\frac{\mathrm{d}^2 s}{\mathrm{d}t^2} = a,$$

这是一个含有二阶导数的方程，将上式两端连续积分两次，即有

$$\frac{\mathrm{d}s}{\mathrm{d}t} = at + C_1, \tag{1}$$

$$s = \frac{1}{2}at^2 + C_1 t + C_2, \tag{2}$$

其中 C_1，C_2 为任意常数.

由题意 $s = s(t)$ 还应满足条件

$$s\big|_{t=0} = 0, \quad v\big|_{t=0} = v_0, \quad \text{即}\ s\big|_{t=0} = 0, \quad \frac{\mathrm{d}s}{\mathrm{d}t}\bigg|_{t=0} = v_0,$$

将上述条件分别代入式（1）、式（2）得

$$C_1 = v_0, \quad C_2 = 0$$

故位移与时间的函数关系为

$$s = \frac{1}{2}at^2 + v_0 t.$$

以上例子是自然现象中所服从的运动规律，它表现在量的方面不仅仅是函数关系，而是函数及其导数或者微分之间所满足的一些关系，即微分方程.

5.1.2 微分方程及微分方程的阶

下面给出微分方程的概念.

定义 5.1　含有未知函数的导数（或微分）的方程称为**微分方程**.
　　如果未知函数中只含有一个自变量，则称这样的微分方程为**常微分方程**.
　　如果未知函数中含有多个自变量，则称这样的微分方程为**偏微分方程**.

本章只讨论常微分方程，并把常微分方程简称为微分方程.

定义 5.2　微分方程中出现的未知函数的最高阶导数的阶数，称为微分方程的**阶**.

例如，方程 $\dfrac{\mathrm{d}y}{\mathrm{d}x} = 2x$ 是一阶微分方程；方程 $\dfrac{\mathrm{d}^2 s}{\mathrm{d}t^2} = a$ 是二阶微分方程.

一般地，n 阶微分方程的一般形式是

$$F(x, y, y', \cdots, y^{(n)}) = 0,$$

其中，$x, y, y', \cdots, y^{(n-1)}$ 等变量可以不出现，但 $y^{(n)}$ 必须出现. 该方程称为 n 阶隐式微分方程. 如果能从该方程中解出 $y^{(n)}$，则以上隐

式微分方程变形为 n 阶显式微分方程

$$y^{(n)} = f(x, y, y', \cdots, y^{(n-1)}).$$

以后讨论的微分方程主要是显式微分方程.

5.1.3　微分方程的解

下面介绍微分方程的解、通解及特解等概念.

> **定义 5.3**　如果把函数 $y = \varphi(x)$ 代入微分方程，能使方程成为恒等式，那么称此函数为微分方程的**解**.
>
> 　如果微分方程的解中含有相互独立的任意常数，且任意常数的个数与微分方程的阶数相同，这样的解叫作微分方程的**通解**. 微分方程的不含任意常数的解叫作微分方程的**特解**.

注：这里所说的相互独立的任意常数指的是它们不能合并而使得任意常数的个数减少.

例如，$s = \dfrac{1}{2}at^2 + C_1 t + C_2$ 和 $s = \dfrac{1}{2}at^2 + v_0 t$ 都是微分方程 $\dfrac{\mathrm{d}^2 s}{\mathrm{d}t^2} = a$ 的解. 其中，函数 $s = \dfrac{1}{2}at^2 + C_1 t + C_2$ 是该方程的通解，函数 $s = \dfrac{1}{2}at^2 + v_0 t$ 是该方程的特解.

微分方程的通解中含有任意常数，为了确定这些常数的具体取值，需要附加相应的条件，这种条件称为**初始条件**. 对 n 阶微分方程，初始条件往往形如

$$y\big|_{x=x_0} = y_0,\ y'\big|_{x=x_0} = y_1,\ \cdots,\ y^{(n-1)}\big|_{x=x_0} = y_{n-1},$$

其中，$x_0, y_0, y_1, \cdots, y_{n-1}$ 是已知常数.

求微分方程满足初始条件的特解的问题，称为微分方程的**初值问题**.

一阶微分方程的初值问题记作

$$\begin{cases} F(x, y, y') = 0, \\ y\big|_{x=x_0} = y_0. \end{cases} \tag{3}$$

二阶微分方程的初值问题记作

$$\begin{cases} F(x, y, y', y'') = 0, \\ y\big|_{x=x_0} = y_0, y'\big|_{x=x_0} = y_1. \end{cases} \tag{4}$$

微分方程的解的图形是一条平面曲线，称为微分方程的**积分曲线**. 这样，初值问题(3)的解的几何意义，就是微分方程通过点 (x_0, y_0) 的那条积分曲线；初值问题(4)的解的几何意义，就是微分方程通过点 (x_0, y_0) 且在该点的斜率为 y_1 的那条积分曲线.

5.1.4　例题

| 例 1 | 验证函数 $y=(x^2+C)\sin x$（C 为任意常数）是方程 |

$$\frac{\mathrm{d}y}{\mathrm{d}x}-y\cot x-2x\sin x=0$$

的通解，并求满足初值条件 $y\big|_{x=\frac{\pi}{2}}=0$ 的特解.

解　对函数 $y=(x^2+C)\sin x$ 求一阶导数得

$$y'=2x\sin x+x^2\cos x+C\cos x,$$

将 y,y' 代入方程左边得

$$\frac{\mathrm{d}y}{\mathrm{d}x}-y\cot x-2x\sin x=2x\sin x+(x^2+C)\cos x-(x^2+C)\sin x\cot x-2x\sin x\equiv0.$$

可见，方程两端恒等，且 y 中含有一个任意常数. 所以 $y=(x^2+C)\sin x$ 是方程的通解. 将初始条件 $y\big|_{x=\frac{\pi}{2}}=0$ 代入通解，得 $0=\frac{\pi^2}{4}+C$.

因此 $C=-\frac{\pi^2}{4}$. 所求特解为

$$y=\left(x^2-\frac{\pi^2}{4}\right)\sin x.$$

| 例 2 | 将温度为 100℃ 的物体放在温度为 0℃ 的介质中冷却，依照冷却定律，冷却的速度与温度 T 成正比，试建立温度 T 与时间 t 满足的微分方程. |

解　根据题意，$T=T(t)$ 需满足条件 $T\big|_{t=0}=100$. 由导数的定义，冷却的速度为温度对时间的变化率，即 $\frac{\mathrm{d}T}{\mathrm{d}t}$，又因物体随时间逐渐冷却，$\frac{\mathrm{d}T}{\mathrm{d}t}$ 恒负，由题意，得

$$\frac{\mathrm{d}T}{\mathrm{d}t}=-kT,$$

其中 $k(k>0)$ 为比例常数. 这就是**物体冷却的数学模型**. 因此温度 T 与时间 t 满足的微分方程为

$$\begin{cases}\dfrac{\mathrm{d}T}{\mathrm{d}t}=-kT, \\[2mm] T\big|_{t=0}=100.\end{cases}$$

习题 5-1

1. 验证下列函数是否为指定微分方程的解，是通解还是特解？

（1）$(x+y)\mathrm{d}x+x\mathrm{d}y=0$，$y=-\dfrac{x}{2}$；

（2）$y'' - 2y' + y = 0$，$y = x^2 e^x$；

（3）$xy' = y\left(1 + \ln\dfrac{y}{x}\right)$，$y = x e^{Cx}$（$C$ 为任意常数）；

（4）$y'' + 4y = 0$，$y = C_1 \sin 2x + C_2 \cos 2x$（$C_1$，$C_2$ 是常数）；

（5）$x\dfrac{dy}{dx} = \dfrac{y^2}{y - x}$，$y = Ce^{\frac{y}{x}}$（$C$ 为任意常数）.

2. 验证函数 $y = -6\cos 2x + 8\sin 2x$ 是方程 $y'' + y' + \dfrac{5}{2}y = 25\cos 2x$ 的解，且满足初值条件 $y\big|_{x=0} = -6$，$y'\big|_{x=0} = 16$.

3. 质量为 m 的物体自液面上方高为 h 处由静止开始自由落下，已知物体在液体中受的阻力与运动的速度 v 成正比. 用微分方程表示物体在液体中运动速度与时间的关系并写出初始条件.

4. 设曲线在点 $P(x, y)$ 处的法线与 x 轴的交点为 Q，且线段 PQ 被 y 轴平分，试写出该曲线所满足的微分方程.

5.2　一阶微分方程

微分方程的类型多种多样，它们的解法也各不相同. 从本节开始将根据微分方程的不同类型，给出相应的解法. 下面介绍可分离变量的微分方程及一些可以化为这类方程的微分方程（如齐次方程等）、一阶线性微分方程及伯努利方程，并给出这些方程的解法.

5.2.1　可分离变量的微分方程

定义 5.4　如果一阶微分方程可以写成
$$g(y)\,dy = f(x)\,dx$$
的形式，则称原方程为**可分离变量的微分方程**.

可分离变量的微分方程的特点是：方程可以变成一端只含有 y 的函数与 dy，另一端只含有 x 的函数与 dx. 例如，方程 $x\,dx = y\,dy$、$\dfrac{dy}{dx} = 2xy$ 都是可分离变量的微分方程，而方程 $x\dfrac{dy}{dx} = y\ln\dfrac{y}{x}$ 不是可分离变量的微分方程.

可分离变量的微分方程的**求解步骤**为：

第一步　分离变量：将原方程化成 $g(y)\,dy = f(x)\,dx$ 的形式；

第二步　两端积分：$\displaystyle\int g(y)\,dy = \int f(x)\,dx$，得
$$G(y) = F(x) + C.$$

上式所确定的隐函数就是原方程的通解（称为隐式通解），其中 $G(y)$，$F(x)$ 分别是 $g(y)$，$f(x)$ 的一个原函数.

例 1　求微分方程 $\dfrac{dy}{dx} = 3x^2 y$ 满足条件 $y\big|_{x=0} = 1$ 的特解.

解　分离变量，得

$$\frac{\mathrm{d}y}{y} = 3x^2 \mathrm{d}x,$$

两端积分，得

$$\ln |y| = x^3 + C_1,$$

化简，得

$$y = C\mathrm{e}^{x^3},$$

其中 $C = \pm \mathrm{e}^{C_1}$，将 $y|_{x=0} = 1$ 代入，得

$$C = 1.$$

故所求特解为

$$y = \mathrm{e}^{x^3}.$$

例 2　　求微分方程 $x(1+y^2)\mathrm{d}x - (1+x^2)y\mathrm{d}y = 0$ 的通解.

解　分离变量，得

$$\frac{y\mathrm{d}y}{1+y^2} = \frac{x\mathrm{d}x}{1+x^2}.$$

两端积分，得

$$\frac{1}{2}\ln(1+y^2) = \frac{1}{2}\ln(1+x^2) + \frac{1}{2}\ln C (C>0),$$

即

$$\ln(1+y^2) = \ln(1+x^2) + \ln C (C>0),$$

所以原微分方程的通解为

$$1+y^2 = C(1+x^2).$$

5.2.2　齐次微分方程

如果一阶微分方程可以写成

$$\frac{\mathrm{d}y}{\mathrm{d}x} = \varphi\left(\frac{y}{x}\right) \tag{1}$$

的形式，则称原方程为**齐次方程**.

例如，方程 $y' = \dfrac{y}{x} + \tan\dfrac{y}{x}$ 是齐次微分方程；由于 $(xy - y^2)\mathrm{d}x -$

$(x^2 - 2xy)\mathrm{d}y = 0$ 可变形为 $\dfrac{\mathrm{d}y}{\mathrm{d}x} = \dfrac{\dfrac{y}{x} - \left(\dfrac{y}{x}\right)^2}{1 - 2\dfrac{y}{x}}$，故该方程也是齐次方程.

在齐次方程（1）中，利用变量代换，引入新的未知函数

$$u = \frac{y}{x},$$

由上式，有

$$y = ux, \quad \frac{dy}{dx} = u + x\frac{du}{dx},$$

代入方程(1)，便得到关于变量 x、u 的可分离变量的微分方程

$$u + x\frac{du}{dx} = \varphi(u),$$

分离变量，得

$$\frac{du}{\varphi(u) - u} = \frac{dx}{x},$$

两端积分，得

$$\int \frac{du}{\varphi(u) - u} = \int \frac{dx}{x}.$$

解出 u，再将 $u = \dfrac{y}{x}$ 代回，即得到齐次方程(1)的通解.

例 3　求微分方程 $\dfrac{dy}{dx} = \dfrac{y}{x} + \cos^2\dfrac{y}{x}$ 满足条件 $y\big|_{x=1} = 0$ 的特解.

解　所求方程为齐次方程. 令 $u = \dfrac{y}{x}$，则 $\dfrac{dy}{dx} = u + x\dfrac{du}{dx}$，代入原方程，得

$$u + x\frac{du}{dx} = u + \cos^2 u,$$

这是可分离变量的微分方程. 分离变量，得

$$\frac{du}{\cos^2 u} = \frac{dx}{x},$$

两端积分，得

$$\tan u = \ln|x| + C,$$

将 $u = \dfrac{y}{x}$ 代回，则方程的通解为

$$\tan\frac{y}{x} = \ln|x| + C.$$

将条件 $y\big|_{x=1} = 0$ 代入，得

$$C = 0.$$

故所求微分方程的特解为

$$\tan\frac{y}{x} = \ln|x|.$$

例 4　求微分方程 $\dfrac{dy}{dx} = \dfrac{x+y}{x-y}$ 的通解.

解　将所给方程变形为

$$\frac{\mathrm{d}y}{\mathrm{d}x}=\frac{1+\dfrac{y}{x}}{1-\dfrac{y}{x}}.$$

令 $u=\dfrac{y}{x}$，则 $y=ux$，$\dfrac{\mathrm{d}y}{\mathrm{d}x}=u+x\dfrac{\mathrm{d}u}{\mathrm{d}x}$，代入原方程，得

$$u+x\frac{\mathrm{d}u}{\mathrm{d}x}=\frac{1+u}{1-u}.$$

这是可分离变量的微分方程，分离变量得

$$\frac{1-u}{1+u^2}\mathrm{d}u=\frac{\mathrm{d}x}{x}.$$

两端积分得

$$\arctan u-\frac{1}{2}\ln(1+u^2)=\ln|x|+C_1,$$

化简得

$$|x|\sqrt{1+u^2}=Ce^{\arctan u}(其中\ C=e^{-C_1}).$$

代回原变量，得方程通解为

$$\sqrt{x^2+y^2}=Ce^{\arctan\frac{y}{x}}(C>0).$$

5.2.3 一阶线性微分方程

形如

$$\frac{\mathrm{d}y}{\mathrm{d}x}+P(x)y=Q(x) \tag{2}$$

的方程称为**一阶线性微分方程**，其中 $P(x)$，$Q(x)$ 都是连续函数.

一阶线性微分方程的特点是：方程中出现的未知函数 y 及其导数 $\dfrac{\mathrm{d}y}{\mathrm{d}x}$ 的指数都是一次的.

如果 $Q(x)\equiv0$，则方程（2）称为**一阶线性齐次微分方程**. 如果 $Q(x)\neq0$，则方程（2）称为**一阶线性非齐次微分方程**.

例如，方程 $y'-x^2y=0$ 与方程 $y'+y=x$ 都是一阶线性微分方程，其中前者是一阶线性齐次微分方程，后者是一阶线性非齐次微分方程；而方程 $(y')^2+xy=1$ 与方程 $y'-\dfrac{1}{2x}y=\dfrac{x^2}{2}y^{-1}$ 都不是一阶线性微分方程.

设方程（2）为一阶线性非齐次微分方程. 为了求出该方程的解，先把 $Q(x)$ 换成零而写出方程

$$\frac{\mathrm{d}y}{\mathrm{d}x}+P(x)y=0.$$

该方程叫作对应于一阶线性非齐次方程(2)的齐次方程. 由于该方程是可分离变量的微分方程, 分离变量后得

$$\frac{\mathrm{d}y}{y} = -P(x)\,\mathrm{d}x,$$

两端积分, 得

$$\ln|y| = -\int P(x)\,\mathrm{d}x + \ln|C|,$$

于是

$$y = C\mathrm{e}^{-\int P(x)\,\mathrm{d}x},$$

这是方程(2)对应的齐次方程的通解.

下面将使用**常数变易法**来求一阶线性非齐次方程(2)的通解. 该方法是把方程(2)对应的齐次方程的通解中的常数 C 变易为 x 的待定函数 $C(x)$, 使之满足方程(2). 为此, 设方程(2)的解为

$$y = C(x)\mathrm{e}^{-\int P(x)\,\mathrm{d}x}, \tag{3}$$

将其代入方程(2), 得

$$\frac{\mathrm{d}}{\mathrm{d}x}\big[C(x)\mathrm{e}^{-\int P(x)\,\mathrm{d}x}\big] + P(x)C(x)\mathrm{e}^{-\int P(x)\,\mathrm{d}x} = Q(x),$$

即

$$C'(x)\mathrm{e}^{-\int P(x)\,\mathrm{d}x} - C(x)P(x)\mathrm{e}^{-\int P(x)\,\mathrm{d}x} + P(x)C(x)\mathrm{e}^{-\int P(x)\,\mathrm{d}x} = Q(x),$$

化简, 得

$$C'(x)\mathrm{e}^{-\int P(x)\,\mathrm{d}x} = Q(x),$$

即

$$C'(x) = Q(x)\mathrm{e}^{\int P(x)\,\mathrm{d}x}.$$

两端积分, 得

$$C(x) = \int Q(x)\mathrm{e}^{\int P(x)\,\mathrm{d}x}\,\mathrm{d}x + C.$$

将上式代入式(3), 得一阶线性非齐次方程(2)的通解公式

$$y = \mathrm{e}^{-\int P(x)\,\mathrm{d}x}\Big(\int Q(x)\mathrm{e}^{\int P(x)\,\mathrm{d}x}\,\mathrm{d}x + C\Big),$$

即

$$y = C\mathrm{e}^{-\int P(x)\,\mathrm{d}x} + \mathrm{e}^{-\int P(x)\,\mathrm{d}x} \cdot \int Q(x)\mathrm{e}^{\int P(x)\,\mathrm{d}x}\,\mathrm{d}x.$$

从通解表达式可以看出, 线性非齐次微分方程的通解是两项之和, 其中一项 $C\mathrm{e}^{-\int P(x)\,\mathrm{d}x}$ 是原方程对应的齐次方程的通解, 另一项 $\mathrm{e}^{-\int P(x)\,\mathrm{d}x} \cdot \int Q(x)\mathrm{e}^{\int P(x)\,\mathrm{d}x}\,\mathrm{d}x$ 是原非齐次方程的一个特解(若令 $C = 0$, 得到特解 $y = \mathrm{e}^{-\int P(x)\,\mathrm{d}x} \cdot \int Q(x)\mathrm{e}^{\int P(x)\,\mathrm{d}x}\,\mathrm{d}x$). 由此可知, 一阶线性非齐次微分方程的通解等于对应的齐次方程的通解与非齐次方程

的一个特解之和.

> **例 5** 求微分方程 $y' + \dfrac{1}{x}y = 3x$ 的通解.

解法 1 这是一个一阶线性非齐次方程，其中 $P(x) = \dfrac{1}{x}$，$Q(x) = 3x$. 由通解公式，得

$$y = e^{-\int \frac{1}{x}dx}\left(\int 3xe^{\int \frac{1}{x}dx}dx + C\right) = e^{-\ln x}\left(\int 3xe^{\ln x}dx + C\right)$$

$$= \frac{1}{x}\left(\int 3x^2 dx + C\right) = x^2 + \frac{C}{x}.$$

故所求方程的通解为

$$y = x^2 + \frac{C}{x}.$$

解法 2 先求对应的齐次方程 $y' + \dfrac{1}{x}y = 0$ 的通解，得 $y = \dfrac{C_1}{x}$. 用常数变易法. 设 $y = \dfrac{u(x)}{x}$，则

$$y' = \frac{xu'(x) - u(x)}{x^2},$$

代入原方程，得

$$\frac{xu'(x) - u(x)}{x^2} + \frac{u(x)}{x^2} = 3x.$$

即 $u'(x) = 3x^2$，解得 $u(x) = x^3 + C$. 从而求得原方程的通解为

$$y = x^2 + \frac{C}{x}.$$

从上例可以看到，对于求解一阶线性非齐次微分方程可以直接套用公式也可以用常数变易法.

> **例 6** 求微分方程 $\tan x\dfrac{dy}{dx} + y = 5$ 满足初始条件 $y\big|_{x=\frac{\pi}{6}} = 4$ 的特解.

解 方程可变形为 $\dfrac{dy}{dx} + y\cot x = 5\cot x$. 这是一个一阶线性非齐次微分方程，由通解公式，得

$$y = e^{-\int \cot x dx}\left(\int 5\cot x e^{\int \cot x dx}dx + C\right)$$

$$= \frac{1}{\sin x}\left(\int 5\cot x \sin x dx + C\right)$$

$$= \frac{1}{\sin x}(5\sin x + C) = 5 + \frac{C}{\sin x}.$$

将 $y\big|_{x=\frac{\pi}{6}}=4$ 代入，得 $C=-\dfrac{1}{2}$. 故所求微分方程的特解为

$$y=5-\frac{1}{2\sin x}.$$

5.2.4 伯努利方程与简单的变量代换解微分方程

形如

$$\frac{\mathrm{d}y}{\mathrm{d}x}+P(x)y=Q(x)y^{\alpha}\,(\alpha\neq0,\ 1)$$

的方程称为**伯努利方程**.

当 $\alpha=0$ 或 $\alpha=1$ 时，以上方程为一阶线性微分方程；当 $\alpha\neq0,1$ 时，以上方程不是线性的，但可以通过变量代换将其化为线性微分方程.

将以上方程的两端同乘以 $y^{-\alpha}$，得

$$y^{-\alpha}\frac{\mathrm{d}y}{\mathrm{d}x}+P(x)y^{1-\alpha}=Q(x).$$

观察发现，上式左端第一项与 $\dfrac{\mathrm{d}y^{1-\alpha}}{\mathrm{d}x}$ 仅相差一常数因子 $1-\alpha$.

由此引入新变量 $z=y^{1-\alpha}$，则有

$$\frac{\mathrm{d}z}{\mathrm{d}x}=(1-\alpha)y^{-\alpha}\frac{\mathrm{d}y}{\mathrm{d}x},\ \frac{1}{1-\alpha}\frac{\mathrm{d}z}{\mathrm{d}x}=y^{-\alpha}\frac{\mathrm{d}y}{\mathrm{d}x},$$

代入原方程，便得到关于变量 x，z 的方程

$$\frac{1}{1-\alpha}\frac{\mathrm{d}z}{\mathrm{d}x}+P(x)z=Q(x)$$

即(一阶线性微分方程)

$$\frac{\mathrm{d}z}{\mathrm{d}x}+(1-\alpha)P(x)z=(1-\alpha)Q(x).$$

先利用一阶线性微分方程的解法解出 z. 再将 $z=y^{1-\alpha}$ 回代，即可得到伯努利方程的通解.

例 7 求微分方程 $\dfrac{\mathrm{d}y}{\mathrm{d}x}+\dfrac{y}{x}=y^2\ln x$ 的通解.

解 这是一个 $\alpha=2$ 的伯努利方程，以 y^{-2} 同乘方程的两端，得

$$y^{-2}\frac{\mathrm{d}y}{\mathrm{d}x}+\frac{1}{x}y^{-1}=\ln x,$$

即

$$-\frac{\mathrm{d}y^{-1}}{\mathrm{d}x}+\frac{1}{x}y^{-1}=\ln x.$$

令 $z=y^{-1}$，则上述方程变为

$$\frac{\mathrm{d}z}{\mathrm{d}x} - \frac{1}{x}z = -\ln x.$$

这是一个一阶线性微分方程，可求得其通解为

$$z = x\left(C - \frac{1}{2}\ln^2 x\right).$$

将 $z = y^{-1}$ 代回，即可得所求方程的通解为

$$y^{-1} = x\left(C - \frac{1}{2}\ln^2 x\right),$$

即

$$xy\left(C - \frac{1}{2}\ln^2 x\right) = 1.$$

利用变量代换把一个微分方程化为可分离变量的微分方程或一阶线性微分方程等已知可解的方程，这是解微分方程最常用的方法. 下面来看看两个通过适当的变量代换来求解微分方程的例题.

例 8   求方程 $\dfrac{\mathrm{d}y}{\mathrm{d}x} = \dfrac{1}{(x+y)^2}$ 的通解.

解   令 $u = x + y$，则 $y = u - x$，$\dfrac{\mathrm{d}y}{\mathrm{d}x} = \dfrac{\mathrm{d}u}{\mathrm{d}x} - 1$. 代入原方程，得

$$\frac{\mathrm{d}u}{\mathrm{d}x} - 1 = \frac{1}{u^2},$$

即

$$\frac{\mathrm{d}u}{\mathrm{d}x} = \frac{u^2 + 1}{u^2}.$$

这是可分离变量的微分方程. 分离变量，得

$$\frac{u^2}{u^2 + 1}\mathrm{d}u = \mathrm{d}x.$$

两端积分，得

$$u - \arctan u = x + C.$$

将 $u = x + y$ 代入，得原方程的通解为

$$y - \arctan(x+y) = C.$$

例 9   求方程 $\dfrac{\mathrm{d}y}{\mathrm{d}x}\cos y - \cos x = \sin y$ 的通解.

解   注意到 $\cos y\dfrac{\mathrm{d}y}{\mathrm{d}x} = \dfrac{\mathrm{d}\sin y}{\mathrm{d}x}$，原方程即为

$$\frac{\mathrm{d}\sin y}{\mathrm{d}x} - \cos x = \sin y.$$

作变量代换 $z = \sin y$，整理得

$$\frac{\mathrm{d}z}{\mathrm{d}x}-z=\cos x.$$

这是一阶线性微分方程，由通解公式可解得

$$z=\frac{\sin x-\cos x}{2}+C\mathrm{e}^{x}.$$

将 $z=\sin y$ 代入上式，得原方程的通解为

$$\sin y=\frac{\sin x-\cos x}{2}+C\mathrm{e}^{x}.$$

习题 5- 2

1. 求下列微分方程的通解：

(1) $xy'-y\ln y=0$；

(2) $3x^2+5x-5y'=0$；

(3) $\dfrac{\mathrm{d}y}{\mathrm{d}x}=\mathrm{e}^{x-y}$；

(4) $\tan y\mathrm{d}x-\cot x\mathrm{d}y=0$；

(5) $(\mathrm{e}^{x+y}-\mathrm{e}^{x})\mathrm{d}x+(\mathrm{e}^{x+y}-\mathrm{e}^{y})\mathrm{d}y=0$.

2. 求下列微分方程的通解：

(1) $xy'=y(\ln y-\ln x)$；

(2) $(y+x)\mathrm{d}y+(x-y)\mathrm{d}x=0$；

(3) $(2\sqrt{xy}-y)\mathrm{d}x+x\mathrm{d}y=0$；

(4) $\left(x+y\cos\dfrac{y}{x}\right)\mathrm{d}x-x\cos\dfrac{y}{x}\mathrm{d}y=0$；

(5) $\left(1+2\mathrm{e}^{\frac{x}{y}}\right)\mathrm{d}x+2\mathrm{e}^{\frac{x}{y}}\left(1-\dfrac{x}{y}\right)\mathrm{d}y=0$.

3. 求下列微分方程的通解：

(1) $\dfrac{\mathrm{d}y}{\mathrm{d}x}+y=\mathrm{e}^{-x}$；

(2) $xy'+(1-x)y=\mathrm{e}^{2x}$；

(3) $(x^2-1)y'+2xy-\cos x=0$；

(4) $(2y\ln y+y+x)\mathrm{d}y-y\mathrm{d}x=0$；

(5) $(2x+y)\dfrac{\mathrm{d}y}{\mathrm{d}x}=1$；

(6) $\dfrac{\mathrm{d}y}{\mathrm{d}x}-3xy=xy^2$；

(7) $xy'+y=xy^2$；

(8) $\dfrac{\mathrm{d}y}{\mathrm{d}x}+\dfrac{y}{x}=2y^2\ln x$.

4. 求下列微分方程满足初始条件的特解：

(1) $y'=\mathrm{e}^{2x-y}$，$y\big|_{x=0}=0$；

(2) $y'\sin x=y\ln y$，$y\big|_{x=\frac{\pi}{2}}=\mathrm{e}$；

(3) $(y^2-3x^2)\mathrm{d}y+2xy\mathrm{d}x=0$，$y\big|_{x=0}=1$；

(4) $\dfrac{\mathrm{d}y}{\mathrm{d}x}-y\tan x=\sec x$，$y\big|_{x=0}=0$；

(5) $y'+y\cot x=5\mathrm{e}^{\cos x}$，$y\big|_{x=\frac{\pi}{2}}=-4$.

5. 求满足微分方程 $f'(x)+xf'(-x)=x$ 的解 $f(x)$.

5.3 可降阶的高阶微分方程

本节将讨论二阶和二阶以上的微分方程，即所谓高阶微分方程. 对于某些特殊类型的高阶微分方程，可以通过适当的变量代换把它降为较低阶的微分方程来求解，特别是二阶微分方程，如果能设法将其降至一阶，就有可能用前面所介绍的一阶微分方程的解法来求解了.

学习本节时，必须会用降阶法解以下三种类型的微分方程：$y^{(n)}=f(x)$，$y''=f(x,y')$ 和 $y''=f(y,y')$.

5.3.1 $y^{(n)} = f(x)$ 型的微分方程

这是最简单的 n 阶微分方程，求解方法是逐次积分.

对方程

$$y^{(n)} = f(x)$$

两端积分，得

$$y^{(n-1)} = \int f(x)\,dx + C_1.$$

这是一个 $n-1$ 阶的微分方程，再经积分又得

$$y^{(n-2)} = \int\left[\int f(x)\,dx + C_1\right]dx + C_2,$$

依此法继续进行，通过 n 次积分就可求得方程 $y^{(n)} = f(x)$ 的通解.

例1   求微分方程 $y''' = 1 - \sin x$ 的通解.

解   对原方程积分一次，得

$$y'' = \int(1 - \sin x)\,dx = x + \cos x + C,$$

再积分，又得

$$y' = \frac{x^2}{2} + \sin x + Cx + C_2,$$

第三次积分，得原微分方程的通解为

$$y = \frac{x^3}{6} - \cos x + C_1 x^2 + C_2 x + C_3 \left(\text{其中 } C_1 = \frac{1}{2}C\right).$$

5.3.2 $y'' = f(x, y')$ 型的微分方程

方程 $y'' = f(x, y')$ 的特点是不显含未知函数 y. 求解的关键是降低该微分方程的阶数.

若令 $y' = p(x)$，则 $y'' = \dfrac{dp}{dx} = p'$，代入原方程得 $\dfrac{dp}{dx} = f(x, p)$. 这是一个关于变量 x、p 的一阶微分方程. 设其通解为 $p = \varphi(x, C_1)$，将 $p = y'$ 代入 $p = \varphi(x, C_1)$，得到可分离变量的微分方程，求出通解为

$$y = \int\varphi(x, C_1)\,dx + C_2.$$

例2   求微分方程 $(1 + x^2)y'' = 2xy'$ 满足初始条件 $y\big|_{x=0} = 1$，$y'\big|_{x=0} = 3$ 的特解.

解   因为所给方程是 $y'' = f(x, y')$ 型的，故设 $y' = p$，则 $y'' = \dfrac{dp}{dx}$，代入原方程，得

$$(1+x^2)\frac{\mathrm{d}p}{\mathrm{d}x}=2xp.$$

这是可分离变量的微分方程, 分离变量得

$$\frac{\mathrm{d}p}{p}=\frac{2x}{1+x^2}\mathrm{d}x.$$

两端积分, 得

$$\ln|p|=\ln(1+x^2)+\ln|C_1|,$$

即

$$p=y'=C_1(1+x^2).$$

由初始条件 $y'|_{x=0}=3$, 代入上式, 得

$$3=C_1(1+0^2),\ C_1=3,$$

所以

$$y'=3(1+x^2).$$

两端积分, 得

$$y=x^3+3x+C_2.$$

再由 $y|_{x=0}=1$, 得 $C_2=1$. 故所求特解为

$$y=x^3+3x+1.$$

5.3.3　$y''=f(y,y')$ 型的微分方程

方程 $y''=f(y,y')$ 的特点是不显含自变量 x. 求解的关键是降低该微分方程的阶数.

若令 $y'=p(y)$, 则 $y''=\dfrac{\mathrm{d}p}{\mathrm{d}y}\cdot\dfrac{\mathrm{d}y}{\mathrm{d}x}=p\dfrac{\mathrm{d}p}{\mathrm{d}y}$, 代入原方程得 $p\dfrac{\mathrm{d}p}{\mathrm{d}y}=f(y,p)$. 这是一个关于变量 y、p 的一阶微分方程. 设其通解为 $p=\varphi(y,C_1)$, 将 $p=y'$ 代入 $p=\varphi(y,C_1)$, 得到可分离变量的微分方程, 求出通解为

$$\int\frac{\mathrm{d}y}{\varphi(y,C_1)}=x+C_2.$$

例 3　求微分方程 $y''+\dfrac{(y')^3}{y}=0$ 的通解.

解　所给方程不显含自变量 x, 属于 $y''=f(y,y')$ 型, 设 $y'=p$, 则 $y''=p\dfrac{\mathrm{d}p}{\mathrm{d}y}$, 代入原方程得

$$p\frac{\mathrm{d}p}{\mathrm{d}y}+\frac{1}{y}p^3=0.$$

在 $p\neq0$ 时, 约去 p 并分离变量, 得

$$-\frac{1}{p^2}\mathrm{d}p=\frac{1}{y}\mathrm{d}y.$$

两端积分，得

$$\frac{1}{p} = \ln |y| + C_1,$$

即

$$\frac{\mathrm{d}y}{\mathrm{d}x} = \frac{1}{C_1 + \ln |y|}.$$

再分离变量，得

$$(C_1 + \ln |y|) \mathrm{d}y = \mathrm{d}x,$$

积分得所给方程的通解为

$$C_1 y + y \ln |y| - y = x + C_2.$$

例 4　　求微分方程 $y'' = y' + y'^3$ 的通解.

解　该方程既不显含 x 也不显含 y.

解法 1　方程不显含 y. 令 $y' = p(x)$，则原方程可变形为

$$\frac{\mathrm{d}p}{\mathrm{d}x} = p(1 + p^2),$$

若 $p \neq 0$，分离变量，得

$$\frac{\mathrm{d}p}{p(1 + p^2)} = \mathrm{d}x.$$

两端积分，得

$$\ln |p| - \frac{1}{2} \ln(1 + p^2) = x + C,$$

即 $p = \dfrac{C_1 \mathrm{e}^x}{\sqrt{1 - (C_1 \mathrm{e}^x)^2}}$，其中 $C_1 = \pm \mathrm{e}^C$. 将 $y' = p(x)$ 代入，得到可分离变量的微分方程

$$\frac{\mathrm{d}y}{\mathrm{d}x} = \frac{C_1 \mathrm{e}^x}{\sqrt{1 - (C_1 \mathrm{e}^x)^2}}.$$

解得

$$y = \arcsin(C_1 \mathrm{e}^x) + C_2.$$

若 $p = 0$，即 $y' = 0$. 解得 $y = C$. 此解对应于上述通解中 $C_1 = 0$ 的情形.

　　综上，所求微分方程的通解为

$$y = \arcsin(C_1 \mathrm{e}^x) + C_2.$$

解法 2　方程不显含 x. 令 $y' = p(y)$，则原方程可变形为

$$p \frac{\mathrm{d}p}{\mathrm{d}y} = p(1 + p^2),$$

若 $p \neq 0$，方程两端消去 p，分离变量，得

$$\frac{\mathrm{d}p}{1 + p^2} = \mathrm{d}y.$$

两端积分, 得

$$\arctan p = y + C_1,$$

即 $p = \tan(y + C_1)$. 将 $y' = p(y)$ 代入, 得到可分离变量的微分方程

$$\frac{\mathrm{d}y}{\mathrm{d}x} = \tan(y + C_1).$$

解得

$$\ln|\sin(y + C_1)| = x + C_2.$$

即

$$y = \arcsin(Ce^x) + C_1,$$

其中 $C = \pm e^{C_2}$. 同理, $p = 0$ 对应上述通解中 $C = 0$ 的情形.

习题 5-3

1. 求下列微分方程的通解:

（1）$y''' = xe^x$;　　（2）$y'' = \dfrac{1}{1+x^2}$;

（3）$y'' = y' + x$;　　（4）$4y' + y'' = 4xy''$;

（5）$yy'' - (y')^2 + y' = 0$;　（6）$y'' = 1 + y'^2$.

2. 求下列微分方程满足初始条件的特解:

（1）$y''' = e^{ax}$, $y|_{x=1} = y'|_{x=1} = y''|_{x=1} = 0$;

（2）$(1-x^2)y'' - xy' = 0$, $y|_{x=0} = 0$, $y'|_{x=0} = 1$;

（3）$y'' - a(y')^2 = 0$, $y|_{x=0} = 0$, $y'|_{x=0} = -1$;

（4）$y'' = e^{2y}$, $y|_{x=0} = y'|_{x=0} = 0$.

3. 试求 $y'' = x$ 的经过点 $M(0,1)$ 且在此点与直线 $y = \dfrac{x}{2} + 1$ 相切的积分曲线.

4. 设有一质量为 m 的物体, 在空气中由静止开始下落, 如果空气阻力为 $R = c^2v^2$（其中 c 为常数, v 为物体运动的速度）, 试求物体下落的距离 s 与时间 t 的函数关系.

5. 设对任意 $x > 0$, 曲线 $y = f(x)$ 上点 $(x, f(x))$ 处的切线在 y 轴上的截距等于 $\dfrac{1}{x}\displaystyle\int_0^x f(t)\,\mathrm{d}t$, 求 $f(x)$.

5.4　二阶线性微分方程

本节主要介绍线性微分方程的解的性质与结构定理及常系数线性微分方程的求解. 在学习本节时, 必须理解线性微分方程解的性质与结构定理, 掌握二阶常系数线性微分方程的求解.

5.4.1　n 阶线性微分方程解的性质与结构

形如

$$y^{(n)} + P_1(x)y^{(n-1)} + \cdots + P_{n-1}(x)y' + P_n(x)y = f(x) \qquad (1)$$

的方程称为 n **阶线性微分方程**, 其中 $P_1(x), P_2(x), \cdots, P_n(x)$, $f(x)$ 是已知函数. 当 $f(x) \equiv 0$ 时, 方程（1）称为 n 阶线性齐次微分方程; 当 $f(x) \neq 0$ 时, 方程（1）称为 n 阶线性非齐次微分方程, 此时我们把方程 $y^{(n)} + P_1(x)y^{(n-1)} + \cdots + P_{n-1}(x)y' + P_n(x)y = 0$ 称为线性非齐次微分方程所对应的齐次方程.

为了求线性微分方程的解，需要研究线性微分方程解的性质，确定线性微分方程解的结构. 下面讨论二阶线性微分方程的解的性质与结构，所得结论可推广到 n 阶的线性微分方程.

1. 线性齐次微分方程解的性质与结构

先讨论二阶线性齐次微分方程

$$y''+P(x)y'+Q(x)y=0. \tag{2}$$

> **定理 5.1**（解的叠加性）　如果函数 $y_1(x)$ 与 $y_2(x)$ 是二阶线性齐次微分方程（2）的两个解，那么
> $$y=C_1y_1(x)+C_2y_2(x)$$
> 也是二阶线性齐次微分方程（2）的解，其中 C_1 与 C_2 是任意常数.

证　为简洁，记 $y_1=y_1(x)$，$y_2=y_2(x)$. 因为 y_1，y_2 是方程 （2）的解，所以

$$y_1''+P(x)y_1'+Q(x)y_1=0, \quad y_2''+P(x)y_2'+Q(x)y_2=0.$$

将 $y=C_1y_1(x)+C_2y_2(x)$ 代入方程（2），得

$$(C_1y_1+C_2y_2)''+P(x)(C_1y_1+C_2y_2)'+Q(x)(C_1y_1+C_2y_2)$$
$$=C_1[y_1''+P(x)y_1'+Q(x)y_1]+C_2[y_2''+P(x)y_2'+Q(x)y_2]$$
$$=0.$$

所以 $y=C_1y_1(x)+C_2y_2(x)$ 是二阶线性齐次微分方程（2）的解. 证毕.

定理 5.1 表明，由二阶线性齐次微分方程（2）的两个特解 $y_1(x)$ 与 $y_2(x)$，可以构造出方程（2）的无穷多个解

$$y=C_1y_1(x)+C_2y_2(x).$$

上式从形式上来看含有两个任意常数，但它不一定就是微分方程（2）的通解.

例如，由观察易知 $y_1=e^x$ 与 $y_2=2e^x$ 都是二阶线性齐次微分方程

$$y''-y=0$$

的解，由叠加原理知 $y=C_1e^x+2C_2e^x$ 也是方程 $y''-y=0$ 的解，但因为

$$y=C_1e^x+2C_2e^x=(C_1+2C_2)e^x=Ce^x,$$

上式实际上只含有一个独立的任意常数，所以 $y=C_1e^x+2C_2e^x$ 不是该方程的通解.

为进一步考察 $y=C_1y_1(x)+C_2y_2(x)$ 是否为方程（2）的通解. 下面引入函数的线性相关与线性无关的概念.

定义 5.5　设 $y_1(x), y_2(x), \cdots, y_n(x)$ 是定义在区间 I 上的 n 个函数，若存在不全为零的常数 $k_1, k_2, \cdots, k_n$，使得对任意 $x \in I$，恒有

$$k_1 y_1(x) + k_2 y_2(x) + \cdots + k_n y_n(x) \equiv 0,$$

则称这 n 个函数在区间 I 上线性相关；否则称线性无关.

例如，函数组 $1, \sin^2 x, \cos 2x$ 在 $(-\infty, +\infty)$ 内是线性相关的. 因为取 $k_1 = 1$，$k_2 = -2$，$k_3 = -1$，则对于任意 $x \in (-\infty, +\infty)$，有

$$1 + (-2)\sin^2 x + (-1)\cos 2x \equiv 0.$$

特别地，对于两个函数 $y_1(x)$ 与 $y_2(x)$ 来说，由定义 5.5 可知：

若在区间 I 内，$y_2(x) \neq 0$ 且有 $\dfrac{y_1(x)}{y_2(x)} =$ 常数，则 $y_1(x)$ 与 $y_2(x)$ 在区间 I 内线性相关.

有了线性无关与线性相关的概念后，就可以得到二阶线性齐次微分方程(2)的通解结构.

定理 5.2（二阶线性齐次微分方程的解的结构定理）　如果函数 $y_1(x)$ 与 $y_2(x)$ 是二阶线性齐次微分方程(2)的两个线性无关的特解，则

$$y = C_1 y_1(x) + C_2 y_2(x)$$

是二阶线性齐次微分方程(2)的通解，其中 C_1，C_2 是任意常数.

2. 线性非齐次微分方程解的性质与结构

下面讨论二阶线性非齐次微分方程

$$y'' + P(x)y' + Q(x)y = f(x)$$

的解的结构.

由 5.2 节内容知，一阶线性非齐次微分方程的通解由两部分相加组成，一部分是对应齐次方程的通解，另一部分是非齐次方程本身的一个特解. 二阶及二阶以上的线性非齐次微分方程的通解也具有同样的结构.

定理 5.3（二阶线性非齐次微分方程解的结构定理）　设 y^* 是二阶线性非齐次微分方程

$$y'' + P(x)y' + Q(x)y = f(x) \tag{3}$$

的一个特解，Y 是方程(3)对应的齐次方程的通解，那么

$$y = Y + y^*$$

是二阶线性非齐次微分方程(3)的通解.

证　由 Y 是方程 $y''+P(x)y'+Q(x)y=0$ 的解，知

$$Y''+P(x)Y'+Q(x)Y=0;$$

由 y^* 是方程 $y''+P(x)y'+Q(x)y=f(x)$ 的特解，知

$$y^{*''}+P(x)y^{*'}+Q(x)y^*=f(x).$$

将 $y=Y+y^*$ 代入方程（3），得

$$(Y''+y^{*''})+P(x)(Y'+y^{*'})+Q(x)(Y+y^*)$$
$$=[Y''+P(x)Y'+Q(x)Y]+[y^{*''}+P(x)y^{*'}+Q(x)y^*]$$
$$=f(x).$$

注意到 Y 是 $y''+P(x)y'+Q(x)y=0$ 的通解，其中含有两个独立的任意常数，于是 $y=Y+y^*$ 中含有两个独立的任意常数，所以 $y=Y+y^*$ 是方程 $y''+P(x)y'+Q(x)y=f(x)$ 的通解. 证毕.

另外，关于二阶线性非齐次微分方程 $y''+P(x)y'+Q(x)y=f(x)$ 的特解，有如下的定理.

> **定理 5.4**　设二阶线性非齐次微分方程（3）的右端 $f(x)$ 是两个函数之和，即
> $$y''+P(x)y'+Q(x)y=f_1(x)+f_2(x),$$
> 而 y_1^* 与 y_2^* 分别是方程
> $$y''+P(x)y'+Q(x)y=f_1(x)$$
> 与
> $$y''+P(x)y'+Q(x)y=f_2(x)$$
> 的特解，则 $y_1^*+y_2^*$ 是原方程 $y''+P(x)y'+Q(x)y=f_1(x)+f_2(x)$ 的特解.

证　将 $y=y_1^*+y_2^*$ 代入方程 $y''+P(x)y'+Q(x)y=f_1(x)+f_2(x)$，得

$$(y_1^*+y_2^*)''+P(x)(y_1^*+y_2^*)'+Q(x)(y_1^*+y_2^*)$$
$$=[y_1^{*''}+P(x)y_1^{*'}+Q(x)y_1^*]+[y_2^{*''}+P(x)y_2^{*'}+Q(x)y_2^*]$$
$$=f_1(x)+f_2(x).$$

因此，$y_1^*+y_2^*$ 是方程 $y''+P(x)y'+Q(x)y=f_1(x)+f_2(x)$ 的一个特解. 证毕.

例 1　已知 $y_1=xe^x+e^{2x}$，$y_2=xe^x+e^{-x}$，$y_3=xe^x+e^{2x}-e^{-x}$ 是某个二阶线性非齐次微分方程的三个特解，求此微分方程，并求该方程的通解.

解　设所求微分方程为 $y''+P(x)y'+Q(x)y=f(x)$. 由定理 5.4 可知

$$2y_1-(y_2+y_3)=\mathrm{e}^{2x}, \quad y_3-y_1=-\mathrm{e}^{-x}$$

是对应的线性齐次微分方程的两个特解，将 e^{2x}，$-\mathrm{e}^{-x}$ 分别代入对应的齐次方程 $y''+P(x)y'+Q(x)y=0$，得

$$\begin{cases} \mathrm{e}^{2x}(4+2P(x)+Q(x))=0, \\ \mathrm{e}^{-x}(-1+P(x)-Q(x))=0, \end{cases}$$

解得 $P(x)=-1$，$Q(x)=-2$. 从而得到线性齐次微分方程为 $y''-y'-2y=0$. 又由题意知 y_1 是所求微分方程的特解，代入并化简，得

$$f(x)=(1-2x)\mathrm{e}^x.$$

故所求的微分方程为

$$y''-y'-2y=(1-2x)\mathrm{e}^x.$$

因为 $\dfrac{\mathrm{e}^{2x}}{-\mathrm{e}^{-x}}\neq$ 常数，所以这两个特解线性无关，由定理 5.2 可知，对应的线性齐次微分方程的通解为

$$Y=C_1\mathrm{e}^{-x}+C\mathrm{e}^{2x},$$

又由定理 5.3 可知，所求线性非齐次微分方程的通解为

$$y=Y+y_1=C_1\mathrm{e}^{-x}+C_2\mathrm{e}^{2x}+x\mathrm{e}^x\,(C_2=C+1).$$

5.4.2　二阶常系数齐次线性微分方程

形如

$$y''+py'+qy=0(\text{其中 } p,q \text{ 为常数}) \tag{4}$$

的方程称为**二阶常系数线性齐次微分方程**.

由齐次线性微分方程通解结构定理可知，求方程(4)的通解的关键是求出它的两个线性无关的特解 y_1、y_2. 下面讨论这两个特解的求法.

仔细观察方程(4)可知，如果函数 $y=f(x)$ 是方程(4)的解，则 y、y'、y'' 的线性组合恒等于零. 即若能找到一个函数 y，使 y、y' 与 y'' 之间只相差一个常数，这样的函数就有可能是方程(4)的解. 由微分学知识知，指数函数 $y=\mathrm{e}^{rx}$ 具有这一特征，故用 $y=\mathrm{e}^{rx}$ 来尝试，看能否选择适当的常数 r，使 $y=\mathrm{e}^{rx}$ 成为方程(4)的解.

设 $y=\mathrm{e}^{rx}$ 是方程(4)的解，则 $y'=r\mathrm{e}^{rx}$，$y''=r^2\mathrm{e}^{rx}$，代入方程(4)，得

$$\mathrm{e}^{rx}(r^2+pr+q)=0.$$

由于 $\mathrm{e}^{rx}\neq 0$，所以

$$r^2+pr+q=0.$$

上式表明，如果 r 是二次方程 $r^2+pr+q=0$ 的根，则函数 $y=\mathrm{e}^{rx}$ 就是方程(4)的解. 于是，要求微分方程(4)的解，只要先求出关于 r 的代数方程 $r^2+pr+q=0$ 的根.

> **定义 5.6**　代数方程
> $$r^2+pr+q=0$$
> 叫作二阶常系数线性齐次微分方程 $y''+py'+qy=0$ 的**特征方程**，特征方程的根叫作**特征根**.

　　下面根据特征根的三种不同情况，分别讨论方程(4)的通解的不同形式.

　　由代数学知识，二次方程 $r^2+pr+q=0$ 的根 $r_{1,2}=\dfrac{-p\pm\sqrt{p^2-4q}}{2}$ 有三种可能的情形，下面分别进行讨论.

　　1. 当 $p^2-4q>0$ 时，r_1,r_2 是两个不相等的实根，此时 $y_1=\mathrm{e}^{r_1x}$ 与 $y_2=\mathrm{e}^{r_2x}$ 是方程(4)的两个特解；且

$$\frac{y_1}{y_2}=\mathrm{e}^{(r_1-r_2)x}\neq 常数，$$

故 y_1,y_2 线性无关，所以方程(4)的通解为

$$y=C_1\mathrm{e}^{r_1x}+C_2\mathrm{e}^{r_2x}.$$

　　2. 当 $p^2-4q=0$ 时，r_1,r_2 是两个相等的实根 $r_1=r_2$，现在仅得到方程(4)的一个特解

$$y_1=\mathrm{e}^{r_1x}.$$

若要求出方程 $y''+py'+qy=0$ 的通解，还需要找出另一个与 y_1 线性无关的特解 y_2. 为此，设 $\dfrac{y_2}{y_1}=u(x)$，其中 $u(x)$ 为待定函数. 下面求出 $u(x)$.

　　由 $\dfrac{y_2}{y_1}=u(x)$，得 $y_2=u(x)\mathrm{e}^{r_1x}$. 为简洁，记 $u=u(x)$，则

$$y_2'=r_1\mathrm{e}^{r_1x}u+\mathrm{e}^{r_1x}u'=\mathrm{e}^{r_1x}(r_1u+u')，$$
$$y_2''=r_1\mathrm{e}^{r_1x}(r_1u+u')+\mathrm{e}^{r_1x}(r_1u'+u'')$$
$$=\mathrm{e}^{r_1x}(r_1^2u+2r_1u'+u'').$$

将 y_2'',y_2',y_2 代入方程(4)，得

$$\mathrm{e}^{r_1x}(u''+2r_1u'+r_1^2u)+p\mathrm{e}^{r_1x}(r_1u+u')+q\mathrm{e}^{r_1x}u=0.$$

约去 e^{r_1x}，化简得

$$u''+(2r_1+p)u'+u(r_1^2+pr_1+q)=0.$$

因为 r_1 是特征方程 $r^2+pr+q=0$ 的二重根，故

$$r_1^2+pr_1+q=0,\ 2r_1=-p，$$

于是　　　　　　　　　　　　　　$$u''=0.$$

为保证 u 不是常数，取 $u=x$，故

$$y_2 = x e^{r_1 x}.$$

所以方程(4)的通解为

$$y = C_1 e^{r_1 x} + C_2 x e^{r_1 x} = (C_1 + C_2 x) e^{r_1 x}.$$

3. 当 $p^2 - 4q < 0$ 时, r_1, r_2 是一对共轭复根 $r_{1,2} = \alpha \pm i\beta$. 此时,

$$y_1 = e^{(\alpha+i\beta)x}, \quad y_2 = e^{(\alpha-i\beta)x}$$

是方程(4)的两个复数形式的特解. 为得到实数形式的解, 利用欧拉公式

$$e^{ix} = \cos x + i \sin x$$

可得

$$y_1 = e^{(\alpha+i\beta)x} = e^{\alpha x} \cdot e^{i\beta x} = e^{\alpha x}(\cos\beta x + i\sin\beta x),$$

$$y_2 = e^{(\alpha-i\beta)x} = e^{\alpha x} \cdot e^{-i\beta x} = e^{\alpha x}(\cos\beta x - i\sin\beta x).$$

由解的叠加原理知

$$\bar{y}_1 = \frac{1}{2}(y_1 + y_2) = e^{\alpha x}\cos\beta x,$$

$$\bar{y}_2 = \frac{1}{2i}(y_1 - y_2) = e^{\alpha x}\sin\beta x$$

仍是方程(4)的解, 且

$$\frac{\bar{y}_1}{\bar{y}_2} = \frac{e^{\alpha x}\cos\beta x}{e^{\alpha x}\sin\beta x} = \cot\beta x \neq 常数,$$

即 $\bar{y}_1$, $\bar{y}_2$ 线性无关. 所以, 方程(4)的通解为

$$y = e^{\alpha x}(C_1\cos\beta x + C_2\sin\beta x).$$

综上所述, 求二阶常系数齐次线性微分方程 $y'' + py' + qy = 0$ 的通解的步骤如下:

第一步　写出微分方程 $y'' + py' + qy = 0$ 的特征方程

$$r^2 + pr + q = 0;$$

第二步　求出特征方程 $r^2 + pr + q = 0$ 的两个根 r_1, r_2;

第三步　根据 r_1, r_2 的三种不同情况, 按照下表写出所给方程的通解:

特征方程 $r^2+pr+q=0$ 的两个根	微分方程 $y''+py'+qy=0$ 的通解
两个不相等的实根 r_1, r_2	$y = C_1 e^{r_1 x} + C_2 e^{r_2 x}$
两个相等的实根 $r_1 = r_2$	$y = (C_1 + C_2 x) e^{r_1 x}$
一对共轭复根 $r_{1,2} = \alpha \pm i\beta$	$y = e^{\alpha x}(C_1\cos\beta x + C_2\sin\beta x)$

例 2　求下列微分方程的通解:

(1) $y'' + 2y' - 3y = 0$;

(2) $\dfrac{d^2 y}{dx^2} + 2\dfrac{dy}{dx} + y = 0$;

（3）$y''-4y'+5y=0$.

解　（1）特征方程 $r^2+2r-3=0$ 有两个不相等的实数根 $r_1=-3$，$r_2=1$，故所求方程的通解为

$$y=C_1e^{-3x}+C_2e^x;$$

（2）特征方程 $r^2+2r+1=0$ 有两个相等的实数根 $r_1=r_2=-1$，故所求方程的通解为

$$y=C_1e^{-x}+C_2xe^{-x};$$

（3）特征方程 $r^2-4r+5=0$ 有两个不相等的复数根 $r_1=2+i$，$r_2=2-i$，故所求方程的通解为

$$y=(C_1\cos x+C_2\sin x)e^{2x}.$$

5.4.3　二阶常系数非齐次线性微分方程

现在讨论二阶常系数线性非齐次微分方程

$$y''+py'+qy=f(x) \tag{5}$$

的解法.

由定理 5.3（非齐次线性微分方程解的结构定理）可知，只要先求出与方程（5）对应的齐次方程

$$y''+py'+qy=0$$

的通解和非齐次方程（5）本身的一个特解，就可以得到方程（5）的通解. 由于方程（5）对应的齐次方程的通解的求法已在前面得到解决，所以这里只需讨论求方程（5）的一个特解 y^* 的方法.

方程（5）的特解的形式与右端的自由项 $f(x)$ 有关，在一般情形下，求方程（5）的特解是非常困难的. 所以，下面只介绍方程（5）右端的 $f(x)$ 取两类常见形式函数时求特解 y^* 的方法. 此方法主要利用微分方程自身的特点，先确定出特解 y^* 的形式，再把 y^* 代入方程求出 y^* 中的待定常数，这种方法叫作"待定系数法"，它避免了积分运算. 常见的 $f(x)$ 两类形式是：

（1）$f(x)=e^{\lambda x}P_m(x)$；

（2）$f(x)=e^{\lambda x}[P_l(x)\cos\omega x+P_n(x)\sin\omega x]$，

其中 λ，ω 是常数，$P_m(x)$、$P_l(x)$、$P_n(x)$ 分别为 x 的 m、l、n 次多项式.

先讨论第一种形式时特解 y^* 的求法.

1. $f(x)=e^{\lambda x}P_m(x)$ 型

显然，多项式与指数函数乘积的导数仍然是多项式与指数函数的乘积，因此，可以推测二阶常系数非齐次线性微分方程

$$y''+py'+qy=P_m(x)e^{\lambda x} \tag{6}$$

的特解 y^* 仍然是多项式与指数函数乘积的形式，即 $y^*=Q(x)e^{\lambda x}$，

其中 $Q(x)$ 是某个待定多项式. 事实上, 微分方程(6)一定具有形如

$$y^* = x^k Q_m(x) \mathrm{e}^{\lambda x}, \quad k = \begin{cases} 0 & \lambda \text{ 不是根,} \\ 1 & \lambda \text{ 是单根,} \\ 2 & \lambda \text{ 是重根} \end{cases}$$

的特解, 其中 $Q_m(x)$ 是与 $P_m(x)$ 同次(m 次)的待定多项式. 证明如下.

若 $y^* = Q(x) \mathrm{e}^{\lambda x}$ 是方程(6)的解, 其中 $Q(x)$ 是某个多项式. 则

$$y^{*\prime} = Q'(x) \mathrm{e}^{\lambda x} + \lambda Q(x) \mathrm{e}^{\lambda x} = \mathrm{e}^{\lambda x} [Q'(x) + \lambda Q(x)],$$

$$\begin{aligned} y^{*\prime\prime} &= \lambda \mathrm{e}^{\lambda x} [Q'(x) + \lambda Q(x)] + \mathrm{e}^{\lambda x} [Q''(x) + \lambda Q'(x)] \\ &= \mathrm{e}^{\lambda x} [Q''(x) + 2\lambda Q'(x) + \lambda^2 Q(x)]. \end{aligned}$$

将 y^*, $y^{*\prime}$, $y^{*\prime\prime}$ 代入方程(6), 得

$$\mathrm{e}^{\lambda x} [Q''(x) + 2\lambda Q'(x) + \lambda^2 Q(x)] + p\mathrm{e}^{\lambda x} [Q'(x) + \lambda Q(x)] + qQ(x) \mathrm{e}^{\lambda x}$$
$$= P_m(x) \mathrm{e}^{\lambda x},$$

约去 $\mathrm{e}^{\lambda x}$, 变形得

$$Q''(x) + (2\lambda + p) Q'(x) + (\lambda^2 + p\lambda + q) Q(x) = P_m(x). \quad (7)$$

（1）当 $\lambda^2 + p\lambda + q \neq 0$, 即 λ 不是特征方程的根时, 由于式(7)右端是 m 次多项式, 故要使式(7)成立, $Q(x)$ 应是一个 m 次多项式. 令

$$Q(x) = Q_m(x) = b_0 x^m + b_1 x^{m-1} + \cdots + b_{m-1} x + b_m,$$

其中 $b_0, b_1, \cdots, b_m$ 是待定常数, 把上式代入式(7), 就得到以 b_0, $b_1, \cdots, b_m$ 作为未知数的 $m+1$ 个方程的联立方程组, 从而可以求出 $b_0, b_1, \cdots, b_m$, 因此得到所求的特解 $y^* = Q_m(x) \mathrm{e}^{\lambda x}$.

（2）当 $\lambda^2 + p\lambda + q = 0$ 且 $2\lambda + p \neq 0$, 即 λ 是特征方程的单根时, 要使式(7)成立, $Q'(x)$ 应是一个 m 次多项式. 此时可令

$$Q(x) = xQ_m(x) = x(b_0 x^m + b_1 x^{m-1} + \cdots + b_{m-1} x + b_m),$$

并用与上述同样的方法确定 $Q_m(x)$ 的系数 $b_0, b_1, \cdots, b_m$, 即可得 $y^* = xQ_m(x) \mathrm{e}^{\lambda x}$.

（3）当 $\lambda^2 + p\lambda + q = 0$ 且 $2\lambda + p = 0$, 即 λ 是特征方程的重根时, 要使式(7)成立, $Q''(x)$ 应是一个 m 次多项式. 此时可令

$$Q(x) = x^2 Q_m(x) = x^2 (b_0 x^m + b_1 x^{m-1} + \cdots + b_{m-1} x + b_m),$$

用同样的方法确定 $Q_m(x)$ 的系数 $b_0, b_1, \cdots, b_m$, 即可得 $y^* = x^2 Q_m(x) \mathrm{e}^{\lambda x}$.

综上, 利用前面的结论可知, 方程(6)的求解步骤如下:

第一步　写出方程(6)对应齐次方程的特征方程, 求出特征根, 并写出对应齐次方程的通解 Y;

第二步　写出方程(6)的特解形式

$$y^* = x^k Q_m(x) e^{\lambda x},$$

确定 k 的具体取值，其中 $Q_m(x)$ 是有 $m+1$ 个系数的 m 次待定多项式；

第三步　将 y^*，$y^{*\prime}$，$y^{*\prime\prime}$ 代入方程（6），使方程（6）成为恒等式，求出待定系数，得方程（6）的一个特解 y^*；

第四步　写出方程（6）的通解

$$y = Y + y^*.$$

例 3　　求微分方程 $y'' - y' - 2y = 2x - 5$ 的通解.

解　先求原方程对应的齐次方程 $y'' - y' - 2y = 0$ 的通解. 它的特征方程为

$$r^2 - r - 2 = 0,$$

特征根为 $r_1 = 2$，$r_2 = -1$. 所以对应齐次方程的通解为

$$Y = C_1 e^{2x} + C_2 e^{-x}.$$

由于 $f(x) = 2x - 5$ 属于 $f(x) = e^{\lambda x} P_m(x)$ 型，其中 $m = 1$，$\lambda = 0$，且 $\lambda = 0$ 不是特征方程的根，可设所给方程的特解为

$$y^* = b_0 x + b_1.$$

把 y^* 代入原方程，得

$$-2b_0 x - b_0 - 2b_1 = 2x - 5.$$

比较上式两端同次幂的系数，得

$$\begin{cases} -2b_0 = 2, \\ -b_0 - 2b_1 = -5. \end{cases}$$

解得 $b_0 = -1$，$b_1 = 3$. 原方程的一个特解为

$$y^* = -x + 3.$$

于是，原方程的通解为

$$y = C_1 e^{2x} + C_2 e^{-x} - x + 3.$$

例 4　　求方程 $y'' - 3y' + 2y = xe^{2x}$ 的通解.

解　先求原方程对应的齐次方程 $y'' - 3y' + 2y = 0$ 的通解. 它的特征方程为

$$r^2 - 3r + 2 = 0,$$

特征根为 $r_1 = 1$，$r_2 = 2$. 所以对应齐次方程的通解为

$$Y = C_1 e^x + C_2 e^{2x}.$$

由于 $f(x) = xe^{2x}$ 属于 $f(x) = e^{\lambda x} P_m(x)$ 型，其中 $m = 1$，$\lambda = 2$，且 $\lambda = 2$ 是特征方程的单根，可设所给方程的特解为

$$y^* = x(b_0 x + b_1) e^{2x}.$$

把 y^* 代入原方程，比较两端同次幂的系数，得

$$\begin{cases} 2b_0 = 1, \\ 2b_0 + b_1 = 0. \end{cases}$$

解得 $b_0 = \dfrac{1}{2}$，$b_1 = -1$．故原方程的一个特解为

$$y^* = \left(\frac{1}{2}x^2 - x\right) e^{2x}.$$

于是，原方程的通解为

$$y = C_1 e^x + C_2 e^{2x} + \left(\frac{1}{2}x^2 - x\right) e^{2x}.$$

接下来讨论第二种形式时特解 y^* 的求法．

2. $f(x) = e^{\lambda x}\left[P_l(x)\cos\omega x + P_n(x)\sin\omega x\right]$ 型

对二阶线性非齐次微分方程

$$y'' + py' + qy = e^{\lambda x}\left[P_l(x)\cos\omega x + P_n(x)\sin\omega x\right], \tag{8}$$

根据欧拉公式，将三角函数表示为复指数函数的形式，得

$$f(x) = e^{\lambda x}\left[P_l(x)\cos\omega x + P_n(x)\sin\omega x\right]$$

$$= e^{\lambda x}\left[P_l(x)\frac{e^{i\omega x} + e^{-i\omega x}}{2} + P_n(x)\frac{e^{i\omega x} - e^{-i\omega x}}{2i}\right]$$

$$= \left[\frac{P_l(x)}{2} + \frac{P_n(x)}{2i}\right] e^{(\lambda + i\omega)x} + \left[\frac{P_l(x)}{2} - \frac{P_n(x)}{2i}\right] e^{(\lambda - i\omega)x}$$

$$= P(x) e^{(\lambda + i\omega)x} + \overline{P(x)} e^{(\lambda - i\omega)x},$$

其中

$$P(x) = \frac{P_l(x)}{2} + \frac{P_n(x)}{2i} = \frac{P_l(x)}{2} - \frac{P_n(x)}{2}i,$$

$$\overline{P(x)} = \frac{P_l(x)}{2} - \frac{P_n(x)}{2i} = \frac{P_l(x)}{2} + \frac{P_n(x)}{2}i$$

是共轭的 m 次复多项式（即它们的对应项的系数是共轭复数），$m = \max\{l, n\}$．

由本节前述内容可知，微分方程 $y'' + py' + qy = P(x) e^{(\lambda + i\omega)x}$ 的特解为

$$y_1^* = x^k Q_m(x) e^{(\lambda + i\omega)x},$$

其中，$Q_m(x)$ 是 x 的 m 次复多项式，k 按 $\lambda + i\omega$ 不是特征方程的根或是特征方程的单根依次取 0 或 1．再由复数知识可得，微分方程 $y'' + py' + qy = \overline{P(x)} e^{(\lambda + i\omega)x}$（即方程 $y'' + py' + qy = \overline{P(x)} e^{(\lambda - i\omega)x}$）的特解为

$$y_2^* = \overline{y_1^*} = \overline{x^k Q_m(x) e^{(\lambda + i\omega)x}} = x^k \overline{Q_m(x)} e^{(\lambda - i\omega)x}.$$

根据定理 5.4 可知，方程（8）的特解为

$$y^* = y_1^* + y_2^*$$

$$= x^k Q_m(x) e^{(\lambda + i\omega)x} + x^k \overline{Q_m(x)} e^{(\lambda - i\omega)x}$$

$$= x^k Q_m(x) e^{\lambda x} e^{i\omega x} + x^k \overline{Q_m(x)} e^{\lambda x} \cdot e^{-i\omega x}$$

$$= x^k e^{\lambda x} \left[Q_m(x) e^{i\omega x} + \overline{Q_m(x)} e^{-i\omega x} \right]$$

$$= x^k e^{\lambda x} \left[Q_m(x)(\cos\omega x + i\sin\omega x) + \overline{Q_m(x)}(\cos\omega x - i\sin\omega x) \right].$$

因为方括号内的两项是共轭的，相加后即无虚部，即方程（8）的特解可写成实函数的形式 $y^* = x^k e^{\lambda x} \left[R_m^{(1)}(x)\cos\omega x + R_m^{(2)}(x)\sin\omega x \right]$，

$k = \begin{cases} 0 & \lambda + i\omega \text{ 不是特征方程的根}, \\ 1 & \lambda + i\omega \text{ 是特征方程的根}, \end{cases}$ 其中 $R_m^{(1)}(x)$，$R_m^{(2)}(x)$ 同为 m 次

多项式，$m = \max\{l, n\}$，

例 5　　求微分方程 $y'' + y = x\cos2x$ 的通解.

解　所给方程对应的齐次方程为 $y'' + y = 0$，它的特征方程为

$$r^2 + 1 = 0,$$

其特征根为 $r_{1,2} = \pm i$，故对应齐次方程的通解为

$$Y = C_1 \cos x + C_2 \sin x.$$

由于 $f(x) = x\cos2x$ 属于 $f(x) = e^{\lambda x}\left[P_l(x)\cos\omega x + P_n(x)\sin\omega x \right]$ 型，其中 $\lambda = 0$，$\omega = 2$，$l = 1$，$n = 0$，且 $\lambda + i\omega = 2i$ 不是特征方程的根，故可设所给方程的特解为

$$y^* = (ax + b)\cos2x + (cx + d)\sin2x.$$

把 y^* 代入所给方程，得

$$(4c - 3b - 3ax)\cos2x - (4a + 3d + 3cx)\sin2x = x\cos2x.$$

比较系数，得

$$\begin{cases} 4c - 3b = 0, \\ -3a = 1, \\ 4a + 3d = 0, \\ 3c = 0, \end{cases}$$

于是 $a = -\dfrac{1}{3}$，$b = 0$，$c = 0$，$d = \dfrac{4}{9}$. 故

$$y^* = -\frac{1}{3}x\cos2x + \frac{4}{9}\sin2x,$$

所求通解为

$$y = Y + y^* = C_1\cos x + C_2\sin x - \frac{1}{3}x\cos2x + \frac{4}{9}\sin2x.$$

例 6　　求微分方程 $y'' - y = e^x\cos2x$ 的通解.

解　由欧拉公式 $f(x) = e^{x + 2ix} = e^x(\cos2x + i\sin2x) = f_1(x) + if_2(x)$，

由定理 5.4 知，原方程的通解对应于方程 $y''-y=f(x)$ 通解的实部.

下面先求方程 $y''-y=\mathrm{e}^{(1+2\mathrm{i})x}$ 的通解.

所给方程对应的齐次方程为 $y''-y=0$，它的特征方程为

$$r^2-1=0,$$

其特征根为 $r_1=1$，$r_2=-1$，故对应齐次方程的通解为

$$Y=C_1\mathrm{e}^{-x}+C_2\mathrm{e}^x.$$

$f(x)=\mathrm{e}^{(1+2\mathrm{i})x}$ 属于 $f(x)=P_m(x)\mathrm{e}^{\lambda x}$ 型，其中 $P_m(x)=1$，$m=0$，$\lambda=1+2\mathrm{i}$，且 $\lambda=1+2\mathrm{i}$ 不是特征方程的根，可设方程的特解为

$$y^*=a\mathrm{e}^{(1+2\mathrm{i})x}.$$

把 y^* 代入，比较两端系数，得

$$-4a(1-\mathrm{i})=1.$$

解得 $a=-\dfrac{1}{8}-\dfrac{\mathrm{i}}{8}$. 故方程 $y''-y=\mathrm{e}^{(1+2\mathrm{i})x}$ 的一个特解为

$$y^*=\left(-\frac{1}{8}-\frac{\mathrm{i}}{8}\right)\mathrm{e}^{(1+2\mathrm{i})x}$$

$$=-\frac{1}{8}\mathrm{e}^x\left[(\cos2x-\sin2x)+\mathrm{i}(\cos2x+\sin2x)\right].$$

由定理 5.4 知，原方程的一个特解为

$$y_1^*=-\frac{1}{8}\mathrm{e}^x(\cos2x-\sin2x),$$

故所求微分方程的通解为

$$y=Y+y_1^*$$

$$=C_1\mathrm{e}^{-x}+C_2\mathrm{e}^x-\frac{1}{8}\mathrm{e}^x(\cos2x-\sin2x).$$

例 7 求微分方程 $\dfrac{\mathrm{d}^2y}{\mathrm{d}x^2}+y=(x-2)\mathrm{e}^{3x}+x\sin x$ 的通解.

解 由定理 5.3 及定理 5.4 知，求本题的通解只要分别求出

$$\frac{\mathrm{d}^2y}{\mathrm{d}x^2}+y=0$$

的通解 Y，以及

$$\frac{\mathrm{d}^2y}{\mathrm{d}x^2}+y=(x-2)\mathrm{e}^{3x}$$

的一个特解 y_1^* 和

$$\frac{\mathrm{d}^2y}{\mathrm{d}x^2}+y=x\sin x$$

的一个特解 y_2^*，然后相加即得原方程的通解. 易得 $Y=C_1\cos x+C_2\sin x$. 下面先求 y_1^*.

由于 $(x-2)\mathrm{e}^{3x}$ 属于 $\mathrm{e}^{\lambda x}P_m(x)$ 型，其中 $m=1$，$\lambda=3$，且 $\lambda=3$ 不是特征方程的根，可设方程的特解为

$$y_1^* = (b_0x+b_1)\mathrm{e}^{3x}.$$

把 y_1^* 代入，比较两端同次幂的系数，得

$$\begin{cases} 10b_0=1, \\ 6b_0+10b_1=-2. \end{cases}$$

解得 $b_0=\dfrac{1}{10}$，$b_1=-\dfrac{13}{50}$. 故有

$$y_1^* = \left(\frac{1}{10}x-\frac{13}{50}\right)\mathrm{e}^{3x}.$$

接下来求 y_2^*. 由于 $x\sin x$ 属于 $\mathrm{e}^{\lambda x}\left[P_l(x)\cos\omega x+P_n(x)\sin\omega x\right]$ 型，其中 $P_l(x)=0$，$P_n(x)=x$，$\lambda=0$，$\omega=1$，且 $\lambda+\mathrm{i}\omega=\mathrm{i}$ 是特征方程的单根，可设方程的特解为

$$y_2^* = x\left[(a_0x+a_1)\cos x+(b_0x+b_1)\sin x\right].$$

把 y_2^* 代入，比较两端系数，得

$$\begin{cases} 4b_0=0, \\ 2a_0+2b_1=0, \\ -4a_0=1, \\ 2b_0-a_1=0. \end{cases}$$

解得 $a_0=-\dfrac{1}{4}$，$a_1=0$，$b_0=0$，$b_1=\dfrac{1}{4}$. 故有

$$y_2^* = -\frac{1}{4}x^2\cos x+\frac{1}{4}x\sin x.$$

所以，所求微分方程的通解为

$$\begin{aligned} y &= Y+y_1^*+y_2^* \\ &= C_1\cos x+C_2\sin x+\left(\frac{1}{10}x-\frac{13}{50}\right)\mathrm{e}^{3x}-\frac{1}{4}x^2\cos x+\frac{1}{4}x\sin x. \end{aligned}$$

5.4.4　n 阶常系数齐次线性微分方程

以上讨论二阶常系数齐次线性微分方程所用的方法以及方程的通解形式，可推广到 n 阶常系数齐次线性微分方程上去，简述如下：

n 阶常系数线性齐次微分方程的一般形式为

$$y^{(n)}+p_1y^{(n-1)}+p_2y^{(n-2)}+\cdots+p_{n-1}y'+p_ny=0, \tag{9}$$

其中 $p_1,p_2,\cdots,p_n$ 都是常数. 求此方程的通解的步骤为：

第一步　写出微分方程(9)的特征方程

$$r^n+p_1r^{n-1}+\cdots+p_{n-1}r+p_n=0;$$

第二步　求出特征方程的 n 个根 $r_1,r_2,\cdots,r_n$；

第三步　根据下表写出方程(9)的通解中的对应项.

特征方程的根	微分方程通解中的对应项
k 重实根 r	$e^{rx}(C_1+C_2x+\cdots+C_kx^{k-1})$
一对 k 重复根 $r_{1,2}=\alpha\pm i\beta$	$e^{\alpha x}[(C_1+C_2x+\cdots+C_kx^{k-1})\cos\beta x+(D_1+D_2x+\cdots+D_kx^{k-1})\sin\beta x]$

由代数学知,一元 n 次代数方程在复数范围内有 n 个根(重根按重数计算),而特征方程的每个根都对应着通解中的一项,且每项各含有一个任意常数. 这样就得到了 n 阶常系数线性齐次微分方程(9)的通解

$$y=C_1y_1+C_2y_2+\cdots+C_ny_n.$$

例 8　求微分方程 $y^{(4)}-2y'''+5y''=0$ 的通解.

解　所给方程的特征方程为

$$r^4-2r^3+5r^2=0,$$

它的根是

$$r_1=r_2=0,\quad r_{3,4}=1\pm 2i.$$

因此所求通解为

$$y=C_1+C_2x+e^x(C_3\cos 2x+C_4\sin 2x).$$

习题 5-4

1. 下列函数组在其定义区间内哪些是线性无关的?

(1) x, $2x$;

(2) $\cos 2x$, $\sin 2x$;

(3) e^{-x}, e^x;

(4) x, x^2.

2. 若 $y_1=3$, $y_2=3+x$, $y_3=3+x+e^x$ 都是方程 $y''+P(x)y'+Q(x)y=f(x)$ $(f(x)\neq 0)$ 的特解,当 $P(x)$, $Q(x)$, $f(x)$ 都是连续函数时,求此微分方程的通解.

3. 确定下列各方程的特解 y^* 的形式:

(1) $y''-3y=3x^2+1$;

(2) $y''-2y'+y=e^x$;

(3) $y''-2y'=(x^2+x-3)e^x$.

4. 求下列微分方程的通解:

(1) $y''+y'-2y=0$;

(2) $y''+y=0$;

(3) $y''+6y'+13y=0$;

(4) $9y''+6y'+y=0$;

(5) $y'''-y''-y'+y=0$;

(6) $y^{(4)}-2y'''+y''=0$;

(7) $2y''+y'-y=2e^x$;

(8) $2y''+5y'=5x^2-2x-1$;

(9) $y''+3y'+2y=3xe^{-x}$;

(10) $y''-6y'+9y=e^{3x}(x+1)$;

(11) $y''+7y'+6y=e^{2x}\sin x$;

(12) $y''+y=e^x+\cos x$.

5. 求下列微分方程满足初始条件的特解:

(1) $y''-4y'+3y=0$, $y\big|_{x=0}=6$, $y'\big|_{x=0}=10$;

(2) $y''+4y'+29y=0$, $y\big|_{x=0}=0$, $y'\big|_{x=0}=15$;

(3) $y''-3y'+2y=5$, $y(0)=1$, $y'(0)=2$;

(4) $y''-y=4xe^x$, $y(0)=0$, $y'(0)=1$.

6. 设连续函数 $f(x)$ 满足 $f(x)=e^x+\displaystyle\int_0^x(t-x)f(t)\mathrm{d}t$,求 $f(x)$.

5.5 欧拉方程

变系数的线性微分方程，一般来说都是不容易求解的．但是有些特殊的变系数线性微分方程，可以通过变量代换化为常系数的线性微分方程，因而容易求出解，欧拉方程就是其中的一种．

形如

$$x^n y^{(n)} + a_1 x^{n-1} y^{(n-1)} + \cdots + a_{n-1} xy' + a_n y = f(x)$$

的微分方程，称为**欧拉方程**，其中 $a_1, a_2, \cdots, a_n$ 是常数，$f(x)$ 是已知函数．

作变量代换 $x = e^t$，即 $t = \ln x$（这里 $x > 0$；若 $x < 0$，则设 $x = -e^t$），将 y 看作 t 的函数，则有

$$\frac{dy}{dx} = \frac{dy}{dt} \frac{dt}{dx} = \frac{1}{x} \frac{dy}{dt},$$

$$\frac{d^2 y}{dx^2} = -\frac{1}{x^2} \frac{dy}{dt} + \frac{1}{x} \frac{d^2 y}{dt^2} \frac{dt}{dx} = \frac{1}{x^2} \left(\frac{d^2 y}{dt^2} - \frac{dy}{dt} \right),$$

$$\frac{d^3 y}{dt^3} = \frac{1}{x^3} \left(\frac{d^3 y}{dt^3} - 3 \frac{d^2 y}{dt^2} + 2 \frac{dy}{dt} \right).$$

为了书写简便，引入记号 $\dfrac{d}{dt} = D$，则上述计算结果可写为

$$xy' = Dy,$$

$$x^2 y'' = (D^2 - D) y = D(D-1) y,$$

$$x^3 y''' = (D^3 - 3D^2 + 2D) y = D(D-1)(D-2) y.$$

一般地，有

$$x^k y^{(k)} = D(D-1) \cdots (D-k+1) y, \quad k = 1, \ 2, \ \cdots$$

将其代入欧拉方程，就得到一个以 t 为自变量的常系数线性微分方程；求出其通解后，再将 t 换为 $\ln x$，便得到原方程的通解．

例 求微分方程 $x^3 y''' + x^2 y'' - 4xy' = 0$ 的通解.

解 这是一个欧拉方程．作变换 $x = e^t$，则 $t = \ln x$，代入原方程，得

$$D(D-1)(D-2) y + D(D-1) y - 4Dy = 0,$$

即

$$D^3 y - 2D^2 y - 3Dy = 0,$$

或

$$\frac{d^3 y}{dt^3} - 2 \frac{d^2 y}{dt^2} - 3 \frac{dy}{dt} = 0.$$

以上方程是一个三阶常系数齐次线性微分方程，其特征方

程是
$$r^3 - 2r^2 - 3r = 0,$$
特征根为 $r_1 = 0$，$r_2 = -1$，$r_3 = 3$. 故通解为
$$y = C_1 + C_2 \mathrm{e}^{-t} + C_3 \mathrm{e}^{3t},$$
将 $t = \ln x$ 代入，得到原方程的通解为
$$y = C_1 + \frac{C_2}{x} + C_3 x^3.$$

习题 5-5

1. 求下列微分方程的通解：

（1）$x^2 y'' + xy' - y = 0$；

（2）$y'' - \dfrac{y'}{x} + \dfrac{y}{x^2} = \dfrac{2}{x}$；

（3）$x^2 y'' - 3xy' + 4y = x + x^2 \ln x$；

（4）$x^3 y''' + 3x^2 y'' - 2xy' + 2y = 0$；

（5）$9x^2 y'' + 3xy' + y = 0$；

（6）$x^2 y'' - 3xy' + 4y = \ln x$；

（7）$x^2 y'' + xy' + 4y = 2(\cos \ln x)^2$；

（8）$x^2 y'' + xy' - 4y = x^3$.

2. 求微分方程 $r^2 \dfrac{\mathrm{d}^2 R}{\mathrm{d}r^2} + 2r \dfrac{\mathrm{d}R}{\mathrm{d}r} - L(L+1)R = r$ 的通解.

3. 利用变换 $x = \ln t$，将微分方程 $y'' - y' + \mathrm{e}^{2x} y = 0$ 化为关于 t 的微分方程.

4. 利用变换 $x = \sin t$，将微分方程 $(1-x^2)y'' - xy' - y = 0$ 化为关于 t 的微分方程，并求方程的通解.

5. 令 $u(x) = y \cos x$，求解微分方程 $y'' \cos x - 2y' \sin x + 3y \cos x = \mathrm{e}^x$.

总习题五

1. 选择题：

（1）已知微分方程 $y'' = y' + x$ 和函数 $f(x) = 2\mathrm{e}^x - \dfrac{1}{2}x^2 - x + C$（$C$ 为任意常数），则下列说法正确的是（　　）.

　A. $f(x)$ 是该微分方程的通解

　B. $f(x)$ 是该微分方程的特解

　C. $f(x)$ 是该微分方程的解，但既不是该微分方程的通解也不是该微分方程的特解

　D. $f(x)$ 不是该微分方程的解

（2）设线性无关的函数 y_1, y_2, y_3 都是二阶线性非齐次微分方程的特解，C_1, C_2 是任意常数，则该非齐次微分方程的通解是（　　）.

　A. $C_1 y_1 + C_2 y_2 + y_3$

　B. $C_1 y_1 + C_2 y_2 - (C_1 + C_2) y_3$

　C. $C_1 y_1 + C_2 y_2 - (1 - C_1 - C_2) y_3$

　D. $C_1 y_1 + C_2 y_2 + (1 - C_1 - C_2) y_3$

（3）给定一阶微分方程 $y' = 2x$，下列结果正确的是（　　）.

　A. 通解为 $y = Cx^2$（C 为任意常数）

　B. 通过点 $(1,4)$ 的特解为 $y = x^2 - 15$

　C. 满足 $\displaystyle\int_0^1 y \mathrm{d}x = 2$ 的解为 $y = x^2 + \dfrac{5}{3}$

　D. 与直线 $y = 2x + 3$ 相切的解为 $y = x^2 + 1$

（4）设函数 $y = f(x)$ 是微分方程 $y'' - 2y' + 4y = 0$ 的一个解，且 $f(x_0) > 0$，$f'(x_0) = 0$，则 $y = f(x)$ 在点 x_0 处（　　）.

　A. 有极大值

　B. 某邻域内单调增加

　C. 有极小值

　D. 某邻域内单调减少

（5）以 $y_1 = \sin x$，$y_2 = \cos x$ 为特解的最低阶常系数齐次线性微分方程是（　　）.

　A. $y'' - y = 0$　　　　　B. $y'' + y = 0$

　C. $y'' + y' = 0$　　　　　D. $y'' - y' = 0$

（6）设函数 $y=f(x)$ 满足关系式 $f(x)=\int_0^{3x}f\left(\frac{t}{3}\right)dt+\ln3$，则 $f(x)=$（   ）.

A. $e^x\ln3$ B. $e^{3x}\ln3$

C. $e^x+\ln3$ D. $e^{3x}+\ln3$

2. 填空题：

（1）微分方程 $F(x,y^4,y',(y'')^2)=0$ 的通解中所含任意常数的个数是_____.

（2）已知函数 $y=y(x)$ 在任意点 x 处的增量 $\Delta y=\dfrac{y\Delta x}{1+x^2}+o(\Delta x)$，$y(0)=\pi$，则 $y(1)=$ _____.

（3）设 $y=e^x(C_1\cos x+C_2\sin x)$（$C_1$，$C_2$ 为任意常数）为某二阶常系数齐次线性微分方程的通解，则该微分方程是_____.

（4）以函数 $x=\sin(y+C)$ 为通解的微分方程是_____.

（5）以 $y=C_1e^x+C_2e^{2x}+e^x$ 为通解的微分方程是_____.

（6）微分方程 $y'=\dfrac{y}{x}+\varphi\left(\dfrac{y}{x}\right)$ 有通解 $y=\dfrac{x}{\sqrt{\ln Cx}}$（$C$ 为任意常数），则 $\varphi(x)=$ _____.

（7）已知 x^2，$x^2+\ln x$ 是方程 $y''+P(x)y'=Q(x)$ 的两个特解，则 $P(x)=$ _____，$Q(x)=$ _____，方程的通解是_____.

（8）已知曲线 $y=f(x)$ 过点 $\left(0,-\dfrac{1}{2}\right)$，且其上任一点 (x,y) 处的切线的斜率为 $x\ln(1+x^2)$，则 $f(x)=$ _____.

3. 求下列微分方程的通解：

（1）$ydx+(y-x)dy=0$；

（2）$xy'+y=1$；

（3）$y'=2(x^2+y)x$；

（4）$e^ydx+(xe^y-2y)dy=0$；

（5）$\dfrac{dy}{dx}=\dfrac{y}{x}+\tan\dfrac{y}{x}$.

4. 设二阶线性非齐次微分方程 $y''+p(x)y'=f(x)$ 有一特解 $y=\dfrac{1}{x}$，它对应的齐次方程有一特解为 $y=x^2$，试求：

（1）$p(x)$，$f(x)$ 的表达式；

（2）此方程的通解.

5. 设 $f(x)$ 在 $(0,+\infty)$ 上连续，对任意的 $x\in(0,+\infty)$ 满足

$$x\int_0^1f(tx)dt=2\int_0^xf(t)dt+xf(x)+x^3,$$

且 $f(1)=0$，求 $f(x)$.

6. 设 $f(x)$ 是可微函数且对任何 x，y 恒有 $f(x+y)=e^yf(x)+e^xf(y)$，又 $f'(0)=2$，求 $f'(x)$ 与 $f(x)$ 的关系式，并求 $f(x)$.

7. 设 $F(x)=f(x)g(x)$，其中函数 $f(x)$，$g(x)$ 在 $(-\infty,+\infty)$ 内满足 $f'(x)=g(x)$，$g'(x)=f(x)$，且 $f(0)=0$，$f(x)+g(x)=2e^x$.

（1）求 $F(x)$ 所满足的一阶微分方程；

（2）求出 $F(x)$ 的表达式.

8. （1）若 $1+P(x)+Q(x)=0$，证明微分方程 $y''+P(x)y'+Q(x)y=0$ 有一特解 $y=e^x$；若 $P(x)+xQ(x)=0$，证明微分方程 $y''+P(x)y'+Q(x)y=0$ 有一特解 $y=x$.

（2）根据（1）的结论求 $(x-1)y''-xy'+y=0$ 满足 $y|_{x=0}=2$，$y'|_{x=0}=1$ 的特解.

9. 设 $y_1(x)$，$y_2(x)$ 是二阶线性齐次微分方程 $y''+p(x)y'+q(x)y=0$ 的两个解，$W(x)=y_1(x)y_2'(x)-y_1'(x)y_2(x)$，证明：

（1）$W(x)$ 满足微分方程 $W'+p(x)W=0$；

（2）$W(x)=W(x_0)e^{-\int_{x_0}^xp(t)dt}$；

（3）若已知微分方程 $y''+p(x)y'+q(x)y=0$ 有特解 $y_1(x)$，则该方程的通解为

$$y=y_1\left(\int\frac{C_1e^{-\int p(x)dx}}{y_1^2}dx+C_2\right).$$

部分习题答案与提示

第 1 章

习题 1-1

1. (1) $\{x \mid 0 \leqslant x < 1\}$；(2) $\{x \mid x > 1\}$；(3) $\{x \mid x = 2 \text{ 或 } x \leqslant 1\}$；(4) $[1, +\infty)$；

   (5) $\{x \mid x \in \mathbf{Z}\}$；(6) $[-1, 0) \cup (0, 1)$.

2. (1) 不相同，定义域不同；(2) 不相同，定义域不同；(3) 相同；(4) 不相同，值域不同；

   (5) 相同.

3. (1) 偶函数；(2) 奇函数；(3) 奇函数；(4) 奇函数；(5) 偶函数；(6) 偶函数；

   (7) 非奇非偶函数；(8) 奇函数.

4. $f(x) = \begin{cases} -x^2 + x - 1 & -1 \leqslant x < 0, \\ 0 & x = 0, \\ x^2 + x + 1 & 0 < x \leqslant 1. \end{cases}$

5. $f(x) = \begin{cases} x^3 + 1 & -1 \leqslant x \leqslant 0, \\ -x^3 + 1 & 0 < x \leqslant 1. \end{cases}$

6. 当 $x \in [0, 1)$ 时，$f(x) = x^2$；当 $x \in [1, 2)$ 时，$f(x) = (x-1)^2$；当 $x = 2$ 时，$f(x) = 0$.

7. $f(x) = -x^3$.

8. (1) $y = \dfrac{1-x}{1+x}$；(2) $y = \log_2 \dfrac{x}{1-x}$；(3) $y = \mathrm{e}^{x-1} - 2$；(4) $y = \begin{cases} x & x < 0, \\ \sqrt{x} & x \geqslant 0. \end{cases}$

9. $f\left(\dfrac{1}{x}\right) = \dfrac{1}{x^2} - 2$.

10. $f(x) = \dfrac{1}{x} + \sqrt{1 + \dfrac{1}{x^2}}$.

11. $f(x+1) = \begin{cases} x+2 & x \leqslant 0, \\ 2x+1 & x > 0; \end{cases}$ $\quad f(\ln x) = \begin{cases} \ln x + 1 & 0 < x \leqslant \mathrm{e}, \\ 2\ln x - 1 & \ln x > 1; \end{cases}$ $\quad f(\sin x) = \sin x + 1$.

12. $f(x-1) = \begin{cases} (x-2)^2 & x < 2, \\ 1 & x = 2, \\ 2(x-2) & x > 2; \end{cases}$ $\quad f(x^2) = \begin{cases} (x^2-1)^2 & -1 < x < 1, \\ 1 & x = \pm 1, \\ 2(x^2-1) & x < -1 \text{ 或 } x > 1; \end{cases}$ $\quad f(\mathrm{e}^x) = \begin{cases} (\mathrm{e}^x - 1)^2 & x < 0, \\ 1 & x = 0, \\ 2(\mathrm{e}^x - 1) & x > 0. \end{cases}$

13. $f(g(x)) = \begin{cases} e^{x+2} & x < -1, \\ x+2 & -1 \leqslant x < 0, \\ e^{x^2-1} & 0 \leqslant x < \sqrt{2}, \\ x^2-1 & x \geqslant \sqrt{2}; \end{cases}$　$g(f(x)) = \begin{cases} e^{2x}-1 & x < 1, \\ x^2-1 & x \geqslant 1. \end{cases}$

14. $\varphi(x) = 2e^{x^2}$.

15. （1）$(1, e]$；（2）$(0, \ln 2]$；（3）$\left(\dfrac{1}{3}, \dfrac{2}{3} \right]$.

16. （1）$y = u^{\frac{1}{2}}$，$u = x^3 + 2x^2 + 1$；（2）$y = u^2$，$u = \dfrac{e^x+1}{e^x-1}$；（3）$y = u^2$，$u = \arcsin v$，$v = \dfrac{1}{x}$；

　　（4）$y = e^a$，$a = b^2$，$b = \sin u$，$u = x^{\frac{1}{2}}$；（5）$y = u^2 + 1$，$u = \sin x + \cos x + 1$；

　　（6）$y = \sin u$，$u = b^{\frac{1}{2}}$，$b = \ln c$，$c = x^2 + 1$.

习题 1-2

1. $\lim\limits_{x \to -\infty} f(x) = 0$，$\lim\limits_{x \to +\infty} f(x) = 0$，左极限等于右极限，极限存在.

2. $\lim\limits_{x \to 0^+} f(x) = 1$，$\lim\limits_{x \to 0^-} f(x) = -1$，左极限不等于右极限，极限不存在.

3. （1）$\lim\limits_{x \to 0} f(x) = 0$；（2）$\lim\limits_{x \to -1^+} f(x) = 1$；（3）$\lim\limits_{x \to 1^-} f(x) = 2$.

4. （1）$\lim\limits_{x \to -1^+} f(x) = -2$；（2）$\lim\limits_{x \to 0} f(x) = 0$；（3）$\lim\limits_{x \to 1} f(x)$ 不存在；（4）$\lim\limits_{x \to 2} f(x) = 3$；

　　（5）$\lim\limits_{x \to 3^-} f(x) = 4$.

5. 略.

6. 略.

7. 略.

8. （1）收敛，极限为 0；（2）收敛，极限为 $\dfrac{1}{2}$；（3）收敛，极限为 0；

　　（4）发散，极限不存在；（5）发散；（6）收敛，极限为 1.

9. （1）要使 $\left| \dfrac{1}{n^2} - 0 \right| = \dfrac{1}{n^2} < \varepsilon$，只需 $n > \dfrac{1}{\sqrt{\varepsilon}}$，因为 $\forall \varepsilon > 0$，$\exists N = \left[\dfrac{1}{\sqrt{\varepsilon}} \right]$，当 $n > N$ 时，有 $\left| \dfrac{1}{n^2} - 0 \right| < \varepsilon$. 所

以 $\lim\limits_{n \to \infty} \dfrac{1}{n^2} = 0$.

　　（2）要使 $\left| \dfrac{3n-1}{2n+1} - \dfrac{3}{2} \right| = \left| \dfrac{5}{2(2n+1)} \right| < \dfrac{5}{n} < \varepsilon$. 即 $n > \dfrac{5}{\varepsilon}$，因为 $\forall \varepsilon > 0$，$\exists N = \left[\dfrac{5}{\varepsilon} \right]$，当 $n > N$ 时，

有 $\left| \dfrac{3n-1}{2n+2} - \dfrac{3}{2} \right| < \varepsilon$，所以 $\lim\limits_{n \to \infty} \dfrac{3n-1}{2n+1} = \dfrac{3}{2}$.

10. 略.

11. 略.

12. 略.

习题 1-3

1. （1）无穷大；（2）无穷小；（3）无穷大；（4）无穷大；

(5) 当 $x \to +\infty$ 时，无穷大；当 $x \to -\infty$ 时，无穷小；(6) 无穷大；(7) 无穷小；

(8) 既不是无穷小也不是无穷大.

2. (1) 当 $x \to \infty$ 时，无穷小；当 $x \to 0$ 时，无穷大；

(2) 当 $x \to 2$ 时，无穷大；当 $x \to 0$ 时，无穷小；

(3) 当 $x \to 1$ 时，无穷小；当 $x \to \infty$ 时，无穷大.

3. (1) 0；(2) 0；(3) 0；(4) 0；(5) ∞；(6) ∞；(7) ∞；(8) ∞.

4. 无界. 因为当 $x = 2k\pi + \pi/2$ 时，$y = 2k\pi + \pi/2$，当 k 为无穷大时，y 也为无穷大.

当 x 为无穷时，y 不是无穷大，它是振荡的. 例如 $x = k\pi$ 时，$y = 0$.

5. (1) 4；(2) -1；(3) 1；(4) $\dfrac{2}{5}$；(5) -1；(6) $-\dfrac{1}{4}$；(7) $\dfrac{1}{4}$；(8) 6；(9) 2；(10) 0；

(11) 1；(12) $\dfrac{1}{2}$.

6. $\lim\limits_{x \to 1^-} f(x) = 3$，$\lim\limits_{x \to 1^+} f(x) = 3$，$\lim\limits_{x \to 1} f(x)$ 存在；$\lim\limits_{x \to 2^-} f(x) = \infty$，$\lim\limits_{x \to 2^+} f(x) = \dfrac{1}{3}$，$\lim\limits_{x \to 2} f(x)$ 不存在.

7. $\lim\limits_{x \to -\infty} f(x) = 2$　$\lim\limits_{x \to +\infty} f(x) = 3$　$\lim\limits_{x \to \infty} f(x)$ 不存在.

8. (1) $a = b = -4$；(2) $a = -4$，$b = -2$；(3) $a \ne -4$.

9. $k = -3$，$a = 4$.

10. $k = 1$，$a = -1$.

11. (1) 错误，例如：$a_n = \dfrac{1}{n}$，$b_n = 1 - \dfrac{1}{n}$，$n = 1$；(2) 错误，例如：$b_n = 1 + \dfrac{1}{n}$，$c_n = n$，$n = 1$；

(3) 错误，例如：$a_n = \dfrac{1}{n}$，$c_n = n$；(4) 错误，例如：$a_n = \dfrac{1}{n}$，$c_n = n$；

(5) 错误，例如：$a_n = \dfrac{1}{n^2}$，$c_n = n$；(6) 正确.

12. (1) 提示：夹逼准则，答案：1；(2) 4；(3) 提示：夹逼准则，答案：1；

(4) 提示：夹逼准则，答案：3.

13. 略.

14. 先证明数列单调增加有上界.

由题意：显然，

$$x_2 = \sqrt{b + \sqrt{b}} = \sqrt{b + x_1} > x_1,$$

假设当 $n \le k$ 时，　　　　　　　　$x_{k-1} < x_k,$

则当 $n = k + 1$ 时，

$$x_{k+1} = \sqrt{b + x_k} > \sqrt{b + x_{k-1}} = x_k,$$

从而数列 x_n 递增.

再证明有上界.

因为　　　　　　　　　　　　$x_1 = \sqrt{b} < \sqrt{b} + 1,$

$$x_2 = \sqrt{b + x_1} < \sqrt{b + \sqrt{b} + 1} < \sqrt{b + 2\sqrt{b} + 1} = \sqrt{b} + 1,$$

假设当 $n=k$ 时，$\qquad\qquad x_k<\sqrt{b}+1$，

则当 $n=k+1$ 时，

$$x_{k+1}=\sqrt{b+x_k}<\sqrt{b+\sqrt{b}+1}<\sqrt{b+2\sqrt{b}+1}=\sqrt{b}+1，$$

即有上界，由单调收敛准则，$\lim\limits_{n\to\infty}x_n$ 存在，不妨假设 $\lim\limits_{n\to\infty}x_n=A$，对 $x_n=\sqrt{b+x_{n-1}}$ 两边取极限，

得到 $A=\sqrt{b+A}$，即 $A=\dfrac{1\pm\sqrt{1+4b}}{2}$. 舍去 $A=\dfrac{1-\sqrt{1+4b}}{2}$.

所以　　　　　　　　　　　　　　$\lim\limits_{n\to\infty}x_n=\dfrac{1+\sqrt{1+4b}}{2}$.

15. （1）π；（2）$\dfrac{2}{3}$；（3）$\dfrac{1}{3}$；（4）$-\dfrac{1}{2}$；（5）1；（6）1；（7）$-\sqrt{2}$；（8）-8.

16. （1）e^{-3}；（2）e^2；（3）e^{-1}；（4）e^{-6}；（5）e^{-2}；（6）e^4；（7）e^{-5}；（8）e^2.

17. x^2-x^3 是高阶无穷小.

18. （1）同阶；（2）等价；（3）同阶；（4）等价.

19. $n=2$，$a=\dfrac{1}{4}$.

20. $n=2$.

21. $k=2$.

22. （1）$\dfrac{2}{3}$；（2）无穷；（3）1；（4）4；（5）$-\dfrac{1}{2}$；（6）e；（7）1；（8）$\begin{cases}0 & m>n,\\ 1 & m=n,\\ \infty & m<n.\end{cases}$

习题 1-4

1. （1）$f(x)$ 在 $x=0$ 处不连续；（2）$f(x)$ 在 $x=0$ 处连续；

　（3）$f(x)$ 在 $x=0$ 处不连续（没定义），在 $x=1$ 处也不连续.

2. （1）$x=1$，可去间断点；$x=2$，无穷间断点；

　（2）$x=0$，跳跃间断点；$x=1$，可去间断点；$x=-1$，无穷间断点；

　（3）$x=0$，跳跃间断点；

　（4）$x=2$，可去间断点.

3. $\{x\mid x<-3$ 或 $x>-1$ 且 $x\neq2\}$，$\lim\limits_{x\to2}f(x)=\dfrac{\sqrt{15}}{5}$.

4. （1）当 $x<0$ 时，$\lim\limits_{x\to0}f(x)=\dfrac{1}{2}$，若 $x=0$ 为 $f(x)$ 的连续点，$b=\dfrac{1}{2}$；当 $x>0$ 时，$\lim\limits_{x\to0}f(x)=\dfrac{1}{2}$，

　$a=1$；

　（2）$a=1$，$b\neq\dfrac{1}{2}$；

　（3）$a\neq1$，b 为任意实数.

5. $x=\pm1$，均为跳跃间断点.

6. (1) 1；(2) 2；(3) 2；(4) 1；(5) e；(6) 1；(7) ∞；(8) $\dfrac{1}{2}$.

7. 证明略，提示：构造函数 $f(x)=x^5-3x^3-1$，利用介值定理.

8. 证明略，方法同上.

9. 证明略，方法同上.

10. 证明略.

11. 提示：介值定理、最值定理.

总习题一

1. (1) D；(2) A；(3) C；(4) A；(5) B；(6) C；(7) C；(8) B；(9) D；(10) D.

2. (1) $f(x)=(x-4)^2$；(2) $f(x)=\dfrac{x^2+2x-7}{3}$；(3) -3；$\dfrac{1}{4}$；(4) $-\dfrac{15}{16}$；$-\dfrac{1}{4}$；(5) 9；3；

　 (6) -10；(7) 1；1；(8) $x=1$；(9) 10；(10) -5；0.

3. (1) 1；(2) $\dfrac{1}{e}$；(3) 0；(4) 1；(5) $(p+q)/2$；(6) 0；(7) $1/9$；(8) ∞；

　 (9) $\sqrt{e}$；(10) $\sqrt[3]{abc}$.

4. 提示：有理化，$\lim\limits_{x\to\infty}(\sqrt{x^2+x}-\sqrt{x^2-x})=\infty$.

5. (1) $x=0$ 和 $x=k\pi+\pi/2$ 是可去间断点；$x=k\pi(k\neq0)$ 是第二类间断点；

　 (2) $x=0$ 为跳跃间断点；$x=1$ 为无穷间断点.

6. 略.

7. (1) $a=b=2$；(2) $a=b\neq2$；(3) $a\neq b$.

8. $f(0)=\dfrac{2}{3}$.

9. 提示：设 $F(x)=f(a+x)-f(x)$，由连续区间函数介值定理，必存在一点 ξ 使 $F(x)$ 为 0.

*10. 任取 $x_0\in(a,b)$，$\forall\varepsilon>0$，取 $\delta=\min\left\{\dfrac{\varepsilon}{L},x_0-a,x_0-b\right\}$，则当 $|x-x_0|<\delta$ 时，由假设 $|f(x)-$

　　 $f(x_0)|\leqslant L|x-x_0|<L\delta\leqslant\varepsilon$，所以 $f(x)$ 在 x_0 连续，由 $x_0\in(a,b)$ 的任意性知，$f(x)$ 在 $(a,$

　　 $b)$ 内连续.

　　 当 $x_0=a$ 或 $x_0=b$ 时，取 $\delta=\dfrac{\varepsilon}{L}$，并将 $|x-x_0|<\delta$ 换成 $x\in[a,a+\delta)$ 或 $x\in(b-\delta,b]$，可证得

　　 $f(x)$ 在 $x=a$ 右连续，在 $x=b$ 左连续，从而 $f(x)$ 在闭区间 $[a,b]$ 上连续.

　　 又 $f(a)\cdot f(b)<0$，由零点定理知，至少存在一点 $\xi\in(a,b)$，使得 $f(\xi)=0$.

第 2 章

习题 2-1

1. 提示：连续看三要素(有定义、有极限、极限值等于函数值)，在分段点讨论可导性用定义.

　 (1) 连续，不可导；(2) 连续，不可导；(3) 不连续，不可导.

2. (1) $y'=3x^2\ln x\cos x+x^2\cos x-x^3\sin x\ln x$；(2) $y'=2x2^{x^2}\ln2+e^{x\ln x}(\ln x+1)$；(3) $y'=\dfrac{1}{\sqrt{a^2+x^2}}$；

（4） $y'=\dfrac{\sec^2 x\arctan x-\dfrac{\tan x}{1+x^2}}{(\arctan x)^2}$；　（5） $y'=\dfrac{(e^x+xe^x)(x^2+1)-2x^2 e^x}{(x^2+1)^2}$；　（6） $y'=-\dfrac{1}{\sqrt{x^4-1}}$.

3. $\lim\limits_{h\to 0}\dfrac{f(x_0+\alpha h)-f(x_0+\beta h)}{h}=\alpha\lim\limits_{h\to 0}\dfrac{f(x_0+\alpha h)-f(x_0)}{\alpha h}-\beta\lim\limits_{h\to 0}\dfrac{f(x_0)-f(x_0+\beta h)}{\beta h}=(\alpha-\beta)f'(x_0)$.

4. $f'(e)=2e+e$.

5. $\dfrac{\mathrm{d}y}{\mathrm{d}x}=e^{f(x)}\big(f'(x)\cdot f(e^x)+f'(e^x)\cdot e^x\big)$.

6. （1） 提示：分段点 $x=0$ 用定义求，$f'(x)=\begin{cases}\dfrac{e^{x^2}(2x^2-1)+1}{x^2} & x\neq 0,\\[2mm] 1 & x=0;\end{cases}$

（2） 提示：分段点 $x=1$ 用定义求，则

$$f'_-(1)=6,\ f'_+(1)=3,$$

所以　　　　　　　　　　　$f'(x)=\begin{cases}6x & x<1,\\ 6x^2 & x>1,\\ \text{不存在} & x=1.\end{cases}$

7. $\dfrac{\mathrm{d}y}{\mathrm{d}x}=-\dfrac{x}{y}$.

8. $\dfrac{\mathrm{d}y}{\mathrm{d}x}=\dfrac{x+y}{y-x}$.

9. （1） $y'=\left(\dfrac{1}{2x}+\dfrac{x}{x^2+1}-\dfrac{3x}{x^2-1}\right)\cdot\sqrt{\dfrac{x(x^2+1)}{(x^2-1)^3}}$；　（2） $y'=\left(\dfrac{2}{x+1}+\dfrac{3}{2(3x-2)}-\dfrac{3}{x}-\dfrac{1}{2x+1}\right)\cdot\dfrac{(x+1)^2\sqrt{3x-2}}{x^3\sqrt{2x+1}}$.

10. （1） $y''=-\dfrac{x^2+4y^2}{16y^3}$；　（2） $y''=-2\csc^2(x+y)\cot^3(x+y)$；

（3） $y''=-\dfrac{\cos(x+y)}{[1+\sin(x+y)]^3}$；　（4） $y''=\dfrac{e^y(xe^y-2)}{x(xe^y-1)^2}$.

11. （1） $\dfrac{\mathrm{d}y}{\mathrm{d}x}=\dfrac{\mathrm{d}y/\mathrm{d}t}{\mathrm{d}x/\mathrm{d}t}=\dfrac{6t^2}{6t}=t$，$\dfrac{\mathrm{d}^2 y}{\mathrm{d}x^2}=\dfrac{\mathrm{d}\left(\dfrac{\mathrm{d}y}{\mathrm{d}x}\right)}{\mathrm{d}x}=\dfrac{\mathrm{d}\left(\dfrac{\mathrm{d}y}{\mathrm{d}x}\right)\big/\mathrm{d}t}{\mathrm{d}x/\mathrm{d}t}=\dfrac{1}{6}$；

（2） $\dfrac{\mathrm{d}y}{\mathrm{d}x}=\dfrac{\mathrm{d}y/\mathrm{d}t}{\mathrm{d}x/\mathrm{d}t}=1+\dfrac{2\tan t}{1-\tan t}$，$\dfrac{\mathrm{d}^2 y}{\mathrm{d}x^2}=\dfrac{\mathrm{d}\left(\dfrac{\mathrm{d}y}{\mathrm{d}x}\right)}{\mathrm{d}x}=\dfrac{\mathrm{d}\left(\dfrac{\mathrm{d}y}{\mathrm{d}x}\right)\big/\mathrm{d}t}{\mathrm{d}x/\mathrm{d}t}=\dfrac{2}{e^t(\cos t-\sin t)^3}$；

（3） $\dfrac{\mathrm{d}y}{\mathrm{d}x}=\dfrac{\mathrm{d}y/\mathrm{d}t}{\mathrm{d}x/\mathrm{d}t}=\dfrac{f'(t)+tf''(t)-f'(t)}{f''(t)}=t$，$\dfrac{\mathrm{d}^2 y}{\mathrm{d}x^2}=\dfrac{\mathrm{d}\left(\dfrac{\mathrm{d}y}{\mathrm{d}x}\right)}{\mathrm{d}x}=\dfrac{\mathrm{d}\left(\dfrac{\mathrm{d}y}{\mathrm{d}x}\right)\big/\mathrm{d}t}{\mathrm{d}x/\mathrm{d}t}=\dfrac{1}{f''(t)}$；

（4） $\dfrac{\mathrm{d}y}{\mathrm{d}x}=\dfrac{\mathrm{d}y/\mathrm{d}t}{\mathrm{d}x/\mathrm{d}t}=\dfrac{-\dfrac{1}{1+t^2}}{\dfrac{2t}{1+t^2}}=-\dfrac{1}{2t}$，$\dfrac{\mathrm{d}^2 y}{\mathrm{d}x^2}=\dfrac{\mathrm{d}\left(\dfrac{\mathrm{d}y}{\mathrm{d}x}\right)}{\mathrm{d}x}=\dfrac{\mathrm{d}\left(\dfrac{\mathrm{d}y}{\mathrm{d}x}\right)\big/\mathrm{d}t}{\mathrm{d}x/\mathrm{d}t}=\dfrac{\dfrac{1}{2t^2}}{\dfrac{2t}{1+t^2}}=\dfrac{1+t^2}{4t^3}$.

12. $y''|_{x=1} = (2\ln x + 3)|_{x=1} = 3$；$y'''|_{x=1} = \dfrac{2}{x}\Big|_{x=1} = 2$.

13. $f^{(n)}(0) = (n-1)!\left(\dfrac{(-1)^{n-1}}{(-2)^n} - 1\right)$.

14. $y^{(n)} = 2^{n-2}\mathrm{e}^{2x}(4x^2 + 4nx + n^2 - n)$.

15. （1）$\dfrac{\mathrm{d}^2 x}{\mathrm{d}y^2} = \dfrac{\mathrm{d}}{\mathrm{d}y}\left(\dfrac{\mathrm{d}x}{\mathrm{d}y}\right) = \dfrac{\mathrm{d}}{\mathrm{d}y}\left(\dfrac{1}{y'}\right) = \dfrac{\mathrm{d}}{\mathrm{d}x}\left(\dfrac{1}{y'}\right)\dfrac{\mathrm{d}x}{\mathrm{d}y} = -\dfrac{y''}{(y')^2}\cdot\dfrac{1}{y'} = -\dfrac{y''}{(y')^3}$；

　　（2）$\dfrac{\mathrm{d}^3 x}{\mathrm{d}y^3} = \dfrac{\mathrm{d}}{\mathrm{d}y}\left(\dfrac{\mathrm{d}^2 x}{\mathrm{d}y^2}\right) = \dfrac{\mathrm{d}}{\mathrm{d}y}\left(-\dfrac{y''}{(y')^3}\right) = \dfrac{\mathrm{d}}{\mathrm{d}x}\left(-\dfrac{y''}{(y')^3}\right)\dfrac{\mathrm{d}x}{\mathrm{d}y} = -\dfrac{y'''(y')^3 - y''3(y')^2 y''}{(y')^6}\cdot\dfrac{1}{y'} = \dfrac{3(y'')^2 - y'y'''}{(y')^5}$.

16. 梯子上端向下滑落的速率为 $0.4\mathrm{m/s}$.

17. 此时圆柱形容器中溶液表面上升的速率为 $0.64\mathrm{cm/min}$.

习题 2-2

1. （1）$\mathrm{d}y = 2x\mathrm{e}^{\sin x^2}\cos x^2\mathrm{d}x$；　（2）$\mathrm{d}y = (2\mathrm{e}^{2x}\cos 3x - 3\mathrm{e}^{2x}\sin 3x)\mathrm{d}x$；　（3）$\mathrm{d}y = \dfrac{\mathrm{e}^x}{1+\mathrm{e}^x}\mathrm{d}x$；

　　（4）$\mathrm{d}y = -\dfrac{1}{\sqrt{2x-x^2}}\mathrm{d}x$；　（5）$\mathrm{d}y = x^x(1+\ln x)\mathrm{d}x$；　（6）$\mathrm{d}y = \dfrac{x+y}{y-x}\mathrm{d}x$.

2. $\mathrm{d}y = \dfrac{2x^3 y}{y^2+1}\mathrm{d}x$.

3. $2.0025\pi h$.

4. $\delta_V \approx 31\mathrm{cm}$，$\delta_V^* = 0.75\%$.

5. $\sqrt[100]{1.02} \approx 1.0096$.

6. $f(x) = \ln(1+x) + \dfrac{2}{1-x}$ 在 $x=0$ 处的线性近似为 $2+3x$.

7. $m = 0.107156\pi\mathrm{g}$.

8. $-2.8\mathrm{km/h}$.

习题 2-3

1. 略.

2. 提示：反证法（罗尔定理）.

3. （1）提示：构造函数 $f(x) = \ln x$，区间为 $[a,b]$；　（2）提示：构造函数 $f(x) = x^n$，区间为 $[a,b]$；

　　（3）提示：构造函数 $f(t) = \mathrm{e}^t$，$t \in [1,x]$.

4. 提示：构造函数 $g(x) = \mathrm{e}^x(f(x)-1)$，利用罗尔定理.

5. 提示：当 $x \geqslant 1$，构造函数 $f(x) = 2\arctan x + \arcsin\dfrac{2x}{1+x^2}$. 显然，$f'(x) = 0$，即 $f(x) = C$，取 $x=1$

　　即可.

6. 提示：构造函数 $F(x) = (x^2-x)f'(x) + f(x)$.

7. 提示：利用介值定理，$m \leqslant \dfrac{f(0)+f(1)+f(2)}{3} \leqslant M$，设 $f(a) = \dfrac{f(0)+f(1)+f(2)}{3}$，$f(a) = $

　　$f(3)$，利用罗尔定理.

8. 提示：构造函数 $F(x)=f(x)\cos x$，利用罗尔定理.

9. 提示：构造函数 $f(x)$，$g(x)=x^2$，利用柯西中值定理.

习题 2-4

1. （1）$a^a(\ln a-1)$；（2）0；（3）$\dfrac{1}{e}$；（4）$\dfrac{1}{e}$；（5）$\dfrac{1}{2}$；（6）5^3；（7）1；（8）1；

（9）2；（10）0.

2. 1.

3. e^2.

4. $a=1$，$b=-\dfrac{5}{2}$.

5. $a=1$，$b=e$.

6. （1）$\sqrt[3]{e}$；（2）e^2.

习题 2-5

1. （1）$\dfrac{1}{3}$；（2）0；（3）$-\dfrac{1}{6}$；（4）2.

2. （1）提示：利用 $f(x)=f(0)+f'(0)x+\dfrac{f''(0)}{2!}x^2+\dfrac{f'''(\xi)}{3!}x^3$. $f(x)=\arctan x=x-\dfrac{6\xi^4-4\xi^2+8\xi-2}{(1+\xi^2)^4}x^3$，

其中 ξ 介于 x 与 0 之间.

（2）提示：利用

$$f(x)=f\left(\dfrac{\pi}{4}\right)+f'\left(\dfrac{\pi}{4}\right)\left(x-\dfrac{\pi}{4}\right)+\dfrac{f''\left(\dfrac{\pi}{4}\right)}{2!}\left(x-\dfrac{\pi}{4}\right)^2+\cdots+\dfrac{f^{(2n+2)}(\xi)}{(2n+2)!}\left(x-\dfrac{\pi}{4}\right)^{2n+2}.$$

$$f(x)=\dfrac{\sqrt{2}}{2}-\dfrac{\sqrt{2}}{2}\left(x-\dfrac{\pi}{4}\right)-\dfrac{\sqrt{2}}{4}\left(x-\dfrac{\pi}{4}\right)^2+\cdots+\dfrac{(-1)^{n+1}\cos\theta x}{(2n+2)!}\left(x-\dfrac{\pi}{4}\right)^{2n+2}\quad(0<\theta<1).$$

3. （1）提示：利用 $f(x)=\sqrt[3]{1+x}=(1+x)^{1/3}$ 的展开式. $\sqrt[3]{30}=(27+3)^{1/3}=3\left(1+\dfrac{1}{9}\right)^{1/3}\approx 3.10724$，

误差约等于 1.88×10^{-5}.

（2）提示：利用 $f(x)=\sin x\approx x-\dfrac{x^3}{3!}$. $\sin 18°\approx 0.3090$，误差约等于 2.55×10^{-5}.

4. 提示：本题可以用正切函数的展开式来证明，具体略.

5. 提示，本题由极限的理论，以及利用 $y=f(x)$ 的展开式来证明，具体略.

6. 提示：本题可以用正弦函数的展开式来证明，具体略.

7. 提示 1：将函数 $f(x)$ 按泰勒公式展开，得

$f(x)=f(0)+f'(0)x+\dfrac{1}{2!}f''(0)x^2+\dfrac{1}{3!}f''(\eta)x^3$，其中 η 介于 0 与 x 之间.

取 $x=-1$，$x=1$ 得到两个式子，将两式相减得

$$f'''(\eta_2)+f'''(\eta_1)=6.$$

由于 $f(x)$ 具有三阶连续导数，从而 $f'''(x)$ 在闭区间 $[\eta_1,\eta_2]$ 上连续.

由闭区间连续函数得介值定理即可得证.

提示 2(应用五次罗尔定理)：作辅助函数 $g(x) = \frac{1}{2}x^2(x+1) + (1+x)(1-x)f(0)$，

则 $g(1) = f(1)$，$g(-1) = f(-1)$，$g(0) = f(0)$，$g'(0) = f'(0)$，

令 $F(x) = f(x) - g(x)$，则 $F(0) = F(1) = F(-1) = 0$，

分别在 $(-1,0)$，$(0,1)$ 上运用两次罗尔定理，得到 $F'(\xi_1) = F'(\xi_2) = 0$.

又 $F'(0) = 0$，在 $(\xi_1, 0)$，$(0, \xi_2)$ 上再用两次罗尔定理，得到 $F''(\eta_1) = F''(\eta_2) = 0$，

在 (η_1, η_2) 上再用一次罗尔定理即可得证.

习题 2-6

1. 提示：本题方法都是求 y'，根据 y' 的符号，判断单调性和求出单调区间，具体答案不再一一罗列.

2. 提示：构造 $f(x) = (1+x)^\alpha - 1 - \alpha x$，然后求 y'，讨论单调性.

3. (1) 当 $x = 1 - \sqrt{3}$ 时，$f(x)$ 取得极大值 $6\sqrt{3} - 4$，当 $x = 1 + \sqrt{3}$ 时，$f(x)$ 取得极小值 $-4 - 6\sqrt{3}$；

(2) 当 $x = \frac{1}{2}$ 时，$f(x)$ 取得极小值 $\frac{1}{2} + \ln 2$；

(3) 当 $x = 0$ 时，$f(x)$ 取得极大值 1；

(4) 当 $x = -3$ 时，函数取得极小值 $-\frac{27}{4}$.

4. (1) 提示：$y' = 4x^3 - 16x = 4x(x+2)(x-2)$，$f(-1) = -5$，$f(0) = 2$，$f(2) = -14$，$f(3) = 11$，$y_{\max} = f(3) = 11$，$y_{\min} = f(2) = -14$.

(2) 提示：$y' = \cos x - \sin x$，令 $y' = 0$，得 $x_1 = \frac{\pi}{4}$，$x_2 = \frac{5\pi}{4}$，

$f(0) = 1$，$f\left(\frac{\pi}{4}\right) = \sqrt{2}$，$f\left(\frac{5\pi}{4}\right) = -\sqrt{2}$，$f(2\pi) = 1$，$y_{\max} = f\left(\frac{\pi}{4}\right) = \sqrt{2}$，$y_{\min} = f\left(\frac{5\pi}{4}\right) = -\sqrt{2}$.

(3) 提示：$y' = \frac{2\sqrt{1-x} - 1}{2\sqrt{1-x}}$，$f(-3) = -1$，$f(1) = 1$，$f\left(\frac{3}{4}\right) = \frac{5}{4}$，$y_{\max} = f\left(\frac{3}{4}\right) = \frac{5}{4}$，

$y_{\min} = f(-3) = -1$.

(4) 提示：$y' = \frac{2x^3 + 16}{x^2}$；令 $y' = 0$，得 $x = -2$，当 $x = -2$ 时，函数有最小值 12，无最大值.

5. $a = 2$，$b = 3$ 或 $a = -\frac{32}{7}$，$b = -29$.

6. (1) 提示：$f(x) = 2\sqrt{x} - 3 + \frac{1}{x}$；

(2) 提示：令 $f(x) = (1+x)\ln(1+x) - \arctan x$；

(3) 提示：令 $f(x) = 2^x - x^2$，需要两次求导进行证明；

或者令 $f(x) = x\ln 2 - 2\ln x$，进行一次求导证明.

7. 应选在距离点 A 15km 的位置.

8. 当长方形的底面正方形边长为 6m，高为 3m 时，容器所用材料最省，为 108m^2.

习题 2-7

1. （1）曲线的凸区间为$(-\infty,+\infty)$，没有拐点.

（2）曲线的凸区间是$(-\infty,0)$，凹区间是$(0,+\infty)$，曲线没有拐点.

（3）

x	$\left(-\infty,-\dfrac{\sqrt{3}}{3}\right)$	$-\dfrac{\sqrt{3}}{3}$	$\left(-\dfrac{\sqrt{3}}{3},\dfrac{\sqrt{3}}{3}\right)$	$\dfrac{\sqrt{3}}{3}$	$\left(\dfrac{\sqrt{3}}{3},+\infty\right)$
$f''(x)$	+	0	−	0	+
$f(x)$	凹区间	拐点 $\left(-\dfrac{\sqrt{3}}{3},3\right)$	凸区间	拐点 $\left(\dfrac{\sqrt{3}}{3},3\right)$	凹区间

（4）

x	$(-\infty,0)$	0	$(0,+\infty)$
$f''(x)$	−	不存在	+
$f(x)$	凸区间	拐点$(0,0)$	凹区间

2. $a=-\dfrac{3}{2}$，$b=\dfrac{9}{2}$.

3. （1）设$f(t)=t^n$，$f'(t)=nt^{n-1}$，$f''(t)=n(n-1)t^{n-2}$，由凹函数定义得

$$\frac{1}{2}[f(x)+f(y)]>f\left(\frac{x+y}{2}\right),$$

即

$$\frac{1}{2}(x^n+y^n)>\left(\frac{x+y}{2}\right)^n.$$

（2）设$f(t)=te^t$，$f'(t)=e^t+te^t=(1+t)e^t$，$f''(t)=e^t+(1+t)e^t=(2+t)e^t$，

由凹函数定义得$\dfrac{1}{2}[f(x)+f(y)]>f\left(\dfrac{x+y}{2}\right)$，即

$$xe^x+ye^y>(x+y)e^{\frac{x+y}{2}}.$$

（3）设$f(x)=\sin\dfrac{x}{2}-\dfrac{x}{\pi}(0<x<\pi)$，

$$f'(x)=\frac{1}{2}\cos\frac{x}{2}-\frac{1}{\pi}, \quad f''(x)=-\frac{1}{4}\sin\frac{x}{2},$$

因为$0<x<\pi$，所以$f''(x)=-\dfrac{1}{4}\sin\dfrac{x}{2}<0$，

则当$0<x<\pi$时，$f(x)$为凸函数，

又$f(0)=f(\pi)=0$，则$f(x)>0$，

即$\sin\dfrac{x}{2}-\dfrac{x}{\pi}>0$，即$\sin\dfrac{x}{2}>\dfrac{x}{\pi}$.

4. 略.

5. 略.

习题 2-8

1. （1）曲率 $K=\dfrac{\sqrt{p}}{2+p}$，曲率半径 $\rho=\dfrac{1}{K}=\dfrac{2+p}{\sqrt{p}}$；（2）曲率 $K=\dfrac{1}{2a}$，曲率半径 $\rho=\dfrac{1}{K}=2a$；

（3）曲率 $K=\dfrac{1}{16}$，曲率半径 $\rho=\dfrac{1}{K}=16$；（4）曲率 $K=\dfrac{3}{2}$，曲率半径 $\rho=\dfrac{1}{K}=\dfrac{2}{3}$.

2. $x=-\dfrac{b}{2a}$，$y=c-\dfrac{b^2}{4a}$，即抛物线顶点处的曲率最大.

3. 曲率半径 $\rho=\dfrac{3a\sin^2\dfrac{\theta}{3}}{4}$.

4. 当直径为 64mm 时，能获得较好的效果.

5. 曲率圆方程为 $\left(x-\dfrac{\pi+10}{4}\right)^2+\left(y+\dfrac{1}{4}\right)^2=\dfrac{125}{16}$.

6. 曲率圆方程为 $(x-3)^2+(y+2)^2=8$.

总习题二

1. （1）$\dfrac{f'(\sin x)\cdot\cos x}{f(\sin x)}\mathrm{d}x$；（2）$\arctan x\mathrm{d}x$；（3）$(8x^4+4x^2)\mathrm{d}x$；（4）3；（5）$\dfrac{3}{2}\pi$；

（6）$ex^{e-1}+e^x+\dfrac{1}{x}$；（7）$x^x(\ln x+1)$；（8）$y=2x+1$；（9）0；（10）$(-1)^{n-1}\dfrac{(n-1)!}{(x+1)^n}$.

2. （1）B；（2）D；（3）A；（4）A；（5）C；（6）B；（7）C；（8）B；（9）B；（10）B.

3. $\dfrac{\mathrm{d}^2y}{\mathrm{d}x^2}=\dfrac{-4\sin y}{(2-\cos y)^3}$.

4. （1）$\dfrac{1}{3}$；（2）1；（3）1；（4）e^{-1}.

5. $\dfrac{\mathrm{d}y}{\mathrm{d}x}=\dfrac{t}{(t+1)(1-\varepsilon\cos y)}$.

6. 提示：$f(x)=2\arctan x+\arcsin\dfrac{2x}{1+x^2}$，经过一系列计算，可知 $f(x)=2\arctan x+\arcsin\dfrac{2x}{1+x^2}$ 是常

函数，取 $x=1$ 即得 $f(x)=f(1)=\pi$.

7. 提示：设 $f(x)=e^x-\dfrac{e}{2}(x^2+1)$，有 $f(1)=0$，当 $x>1$ 时，有 $f'(x)=e^2-ex>0$，从而 $f(x)$ 在

$(1,+\infty)$ 为单调递增函数，故 $x>1$ 时，有 $f(x)>f(1)=0$，即 $e^x>\dfrac{e}{2}(x^2+1)$.

8. $\lim\limits_{x\to0}\dfrac{f(\sin^2 x)}{x^4}=\dfrac{1}{2}f''(0)=3$.

9. 提示：$f'(0)=\lim\limits_{x\to0}\dfrac{f(x)-f(0)}{x-0}=0$，且 $f'(1)=0$，$f'(0)=f'(1)=0$，又因 $f(x)$ 二阶可导，则

$f'(x)$ 在 $[0,1]$ 上连续由罗尔定理可知，在 $(0,1)$ 内至少存在一点 ξ，使得 $f''(x)=0$.

10. 提示：$f(x)$ 在 $[0,1]$ 上连续，在 $(0,1)$ 内可导，且 $\lim\limits_{x\to 1^-}\dfrac{f(x)}{\sin\pi x}=a$,

　　因 $f(x)=a\sin\pi x$, $f(1)=f(0)=0$,

　　设 $F(x)=x^3f(x)$, 因 $F(1)=F(0)=0$, $F(x)$ 在 $[0,1]$ 上连续，在 $(0,1)$ 内可导，

　　因此 $F(x)$ 在 $(0,1)$ 内满足罗尔定理的条件，

　　所以存在 $\xi\in(0,1)$ 使得

$$F'(\xi)=\xi^3 f'(\xi)+3\xi^2 f(\xi)=0,$$

　　即 $\xi f'(\xi)=-3f(\xi)$.

11. 提示：$f(x)$ 在 $[1,2]$ 上具有二阶导数，因而 $F(x)$ 在 $[1,2]$ 上也具有二阶导数，

　　因 $f(2)=f(1)=0$, $F(x)=(x-1)f(x)$, 所以 $F(2)=F(1)=0$, 满足罗尔定理的条件，

　　则存在 $a\in(1,2)$ 使得 $F'(a)=0$, $F'(1)=0$, 即 $F'(a)=F'(1)=0$, 满足罗尔定理的条件，

　　故必定存在 $\xi\in(1,a)$ 使得 $F''(\xi)=0$.

12. （1）提示：利用最值定理. （2）提示：利用罗尔定理的条件.

13. （1）提示：利用零点定理. （2）提示：利用拉格朗日中值定理.

14. 提示：利用拉格朗日中值定理和零点定理.

第3章

习题 3-1

1. 求导即可，略.

2. 不相等.

3. （1）$e^x-\cos x+C$；（2）$\dfrac{e^x 2^{\frac{x}{2}}}{\frac{1}{2}\ln 2+1}+C$；（3）$\dfrac{2}{9}x^{\frac{9}{2}}+C$；（4）$-\dfrac{1}{5}x^{-5}+\dfrac{1}{2}x^2-\dfrac{4}{3}x^{-\frac{3}{2}}+C$；

（5）$\dfrac{x^2}{2}+2x^{\frac{1}{2}}+C$；（6）$\ln|x|+\arctan x+C$；（7）$\dfrac{x^2}{2}-2x+\ln|x|+C$；（8）$8x^{\frac{1}{8}}+C$；

（9）$\dfrac{3^x}{2^x(\ln 3-\ln 2)}-\dfrac{5^x}{2^x(\ln 5-\ln 2)}+C$；（10）$e^x+e^{-x}+C$；（11）$\tan x-x+C$；（12）$\dfrac{1}{2}(\sin x+x)+C$；

（13）$\tan x-\sec x+C$；（14）$-2\cos x+C$；（15）$x-2\sin x+C$；（16）$\sin x-\cos x+C$；

（17）$-\dfrac{1}{2}\cot x+C$；（18）$-2\cot x+C$；（19）$\sin x-\cos x+C$；（20）$-\cot x-\tan x+C$；

（21）$\begin{cases}\sqrt{2}\sin x+C & x\in\left(-\dfrac{\pi}{2},\dfrac{\pi}{2}\right], \\ -\sqrt{2}\sin x+2\sqrt{2}+C & x\in\left(\dfrac{\pi}{2},\dfrac{3\pi}{2}\right);\end{cases}$ （22）$\arctan x-2\arcsin x+C$；（23）$x-2\ln|x|+\dfrac{3}{x}+C$；

（24）$\arcsin x+C$；（25）$x+\dfrac{1}{2}x^2+\dfrac{3}{2}x^{\frac{3}{2}}+\dfrac{5}{2}x^{\frac{5}{2}}+C$；（26）$2\arcsin x+C$.

4. $e^{x^2}\mathrm{d}x$.

5. $f(x) = \dfrac{x^3}{3}$.

习题 3-2

1. (1) $\dfrac{1}{a}$; (2) $\dfrac{1}{2}$; (3) $\dfrac{1}{18}$; (4) $\dfrac{1}{10}$; (5) $\dfrac{1}{2}$; (6) 2; (7) $\dfrac{1}{2}$; (8) -1.

2. (1) $\dfrac{1}{183}(3x-2)^{61}$; (2) $\dfrac{1}{5}\ln|5x+1|+C$; (3) $-(1-2x)^{\frac{1}{2}}+C$; (4) $\dfrac{1}{8}\ln(4x^2+1)+C$;

(5) $\dfrac{1}{4}\ln\left|\dfrac{x-2}{x+2}\right|+C$; (6) $\ln\left|\dfrac{x+1}{x+2}\right|+C$; (7) $\dfrac{1}{12}(2x+3)^{\frac{3}{2}}-\dfrac{1}{12}(2x-1)^{\frac{3}{2}}+C$;

(8) $\dfrac{1}{4}\ln|x^4-1|+C$; (9) $\dfrac{1}{4}\ln|2x-1|-\dfrac{1}{4}\dfrac{1}{(2x-1)}+C$; (10) $\ln|\ln\ln x|+C$; (11) $e^{\ln x}+C$;

(12) $\dfrac{1}{2}(x\ln x)^2+C$; (13) $-9(x\tan x)^{-9}+C$; (14) $\dfrac{1}{5}\arcsin(x^5)+C$; (15) $\dfrac{1}{4}\ln^2\dfrac{1+x}{1-x}+C$;

(16) $\arctan(e^x)+C$; (17) $\begin{cases} e^x+C & x\geqslant 0 \\ -e^{-x}+2+C & x<0 \end{cases}$; (18) $-\dfrac{1}{4}e^{-x^4}+C$; (19) $e^{e^x}+C$;

(20) $\sin(e^x)+C$; (21) $\dfrac{1}{4}\sin 2x+\dfrac{x}{2}+C$; (22) $2\tan\dfrac{x}{2}+C$; (23) $\dfrac{1}{4}(\arctan x^2)^2+C$;

(24) $\dfrac{1}{3}\arcsin^3 x+C$; (25) $-\dfrac{1}{12}\cos 6x-\dfrac{1}{8}\cos 4x+C$; (26) $-\dfrac{1}{8}\sin 4x+\dfrac{1}{4}\sin 2x+C$;

(27) $-\dfrac{1}{3}\cos^3 x-\dfrac{1}{7}\cos^7 x+\dfrac{2}{5}\cos^5 x+C$; (28) $-\cos x+\dfrac{1}{3}\cos^3 x+C$; (29) $\dfrac{1}{3}\sec^3 x-\sec x+C$;

(30) $\dfrac{1}{2}\tan^2 x+C$; (31) $\dfrac{1}{4}\ln|\csc 2x-\cot 2x|+C$; (32) $\ln|\ln\cos x|+C$; (33) $2\arcsin(\sqrt{x})+C$;

(34) $\ln\left|2\sqrt{x}+1\right|+C$; (35) $-2\cos\sqrt{x}+C$; (36) $2\arctan(\sqrt{x})+C$;

(37) $-\dfrac{1}{2}a^2\arccos\dfrac{x}{a}-\dfrac{1}{2}x\sqrt{a^2-x^2}+C$; (38) $\sqrt{1-x^2}+\ln(2-\sqrt{1-x^2})^2+C$;

(39) $\dfrac{1}{2}\left(\arcsin x+\ln\left|x+\sqrt{1-x^2}\right|\right)+C$; (40) $\dfrac{1}{3}(4+x^2)^{\frac{3}{2}}-4\sqrt{4+x^2}+C$; (41) $\dfrac{2}{3}(1+x^2)^{\frac{3}{2}}+C$;

(42) $\sqrt{x^2-4}-2\arccos\dfrac{2}{|x|}+C$; (43) $\dfrac{1}{2}\left(\dfrac{\sqrt{x^2-1}}{|x|}+\arccos\dfrac{1}{|x|}\right)+C$; (44) $\ln\dfrac{e^x}{e^x+1}+C$;

(45) $2\ln\left|\sqrt{e^x+1}-1\right|-x+C$; (46) $2(1+\sqrt{x})-2\ln\left|1+\sqrt{x}\right|+C$;

(47) $\dfrac{2}{9}(3x+1)^{\frac{3}{2}}-\dfrac{2}{3}(3x+1)^{\frac{1}{2}}+C$; (48) $6\ln|x^{\frac{1}{6}}+1|+\dfrac{6}{x^{\frac{1}{6}}+1}+C$.

3. (1) $x^2\sin x+2x\cos x-2\sin x+C$; (2) $-x^2e^{-x}-2xe^{-x}-2e^{-x}+C$; (3) $\dfrac{x^2}{4}-\dfrac{x\sin 2x}{4}-\dfrac{\cos 2x}{8}+C$;

(4) $x\ln x-x+C$; (5) $x\ln(1+x^2)-2x+2\arctan x+C$; (6) $-\dfrac{\ln^2 x}{x}-\dfrac{2\ln x}{x}-\dfrac{1}{x}+C$;

(7) $\dfrac{x^2\ln(x+1)}{2}-\dfrac{(x-1)^2}{4}+\dfrac{1}{2}\ln|x+1|+C$; (8) $\dfrac{\ln x}{1-x}+\ln\left|\dfrac{1-x}{x}\right|+C$;

（9）$2\sqrt{x}\ln(2x+1)-2\sqrt{x}+4\sqrt{2}\arctan\sqrt{2x}+C$；（10）$x\arcsin x-\sqrt{1-x^2}+C$；

（11）$x\arctan x-\dfrac{1}{2}\ln(1+x^2)+C$；（12）$(x\arctan x)^2-x\arctan x+\dfrac{1}{2}\ln(1+x^2)+\dfrac{1}{2}(\arctan x)^2+C$；

（13）$\dfrac{e^x}{2}(\cos x+\sin x)+C$；（14）$\dfrac{e^{2x}}{8}[2-\cos(2x)-\sin(2x)]+C$；

（15）$\dfrac{1}{4}x\cos(2x)+\dfrac{1}{8}\sin(2x)+C$；（16）$x\tan x+\ln|\cos x|+C$；（17）$\dfrac{1}{2}x\sec^2 x-\dfrac{1}{2}\tan x+C$；

（18）$\dfrac{1}{3}x^{\frac{3}{2}}\ln|x|-\dfrac{2}{9}x^{\frac{3}{2}}+C$；（19）$(x+2+2\sqrt{x+1})\arctan\sqrt{x+1}-\sqrt{x+1}-\ln(x+2)+C$；

（20）$x(\arcsin x)^2+2\sqrt{1-x^2}\cdot\arcsin x-x+C$；（21）$\dfrac{x}{2}\cos(\ln x)+\dfrac{x}{2}\sin(\ln x)+C$；

（22）$\dfrac{(x^2-1)e^{x^2}}{2}+C$；（23）$3e^{\sqrt[3]{x}}(\sqrt[3]{x^2}-2\sqrt[3]{x}+2)+C$；（24）$-\cos x\ln(\cos x)-\cos x+C$.

4.　$\dfrac{e^x(x-2)}{x}+C$.

习题 3-3

1.　（1）$\ln\left|\dfrac{x-1}{x-3}\right|+C$；（2）$\ln\left|\dfrac{(x-5)^2}{x-1}\right|+C$；（3）$\dfrac{1}{2}[x^2+\ln|x^2-1|]+C$；（4）$\dfrac{x^3}{3}+2x-\arctan x+C$；

（5）$\ln(x^2+3x+5)+C$；（6）$\ln\left|\dfrac{\sqrt{x^2+4x+3}}{x+2}\right|+C$；（7）$\dfrac{1}{x+2}+\ln|(x+2)^2(x-3)|+C$；

（8）$\dfrac{1}{3}\ln\left|\dfrac{(x-5)^{10}}{(x-2)}\right|+C$；（9）$\ln|x+1|+\dfrac{\sqrt{3}}{2}\arctan\left(\dfrac{2x-1}{\sqrt{3}}\right)+C$；（10）$\ln|x-2|+\dfrac{2}{x+2}+C$；

（11）$\dfrac{1}{2}\ln(x^2+x+1)-\dfrac{\sqrt{3}}{4}\arctan\left[\dfrac{2}{\sqrt{3}}\left(x+\dfrac{1}{2}\right)\right]+C$；（12）$\ln\dfrac{|x+1|}{\sqrt{x^2+2x+3}}+\dfrac{1}{\sqrt{2}}\arctan\dfrac{x+1}{\sqrt{2}}+C$；

（13）$\ln(x+1)^2+\dfrac{2}{(x-1)}+C$；（14）$\dfrac{x^2}{2}+\ln|2x^2+x+1|+C$；（15）$\ln\dfrac{x^2}{|x+1|}-\arctan x+C$；

（16）$\dfrac{\sqrt{2}}{4}\arctan\left[\dfrac{\sqrt{2}}{2}\left(x-\dfrac{1}{x}\right)\right]-\dfrac{\sqrt{2}}{8}\ln\left|\dfrac{x^2-\sqrt{2}x+1}{x^2+\sqrt{2}x+1}\right|+C$.

2.　（1）$\dfrac{x}{2}-\dfrac{1}{2}\ln|\cos x+\sin x|+C$；（2）$\tan x-\sec x+C$；（3）$\dfrac{\sqrt{5}}{5}\ln\left|\dfrac{2\tan^2\dfrac{x}{2}-1+\sqrt{5}}{-2\tan^2\dfrac{x}{2}+1+\sqrt{5}}\right|+C$；

（4）$\dfrac{2}{9}\ln\left|\tan^2\dfrac{x}{2}\right|-\dfrac{4}{9}\ln\left|\tan^4\dfrac{x}{2}+9\right|+C$；（5）$\dfrac{2}{\sqrt{21}}\arctan\left(\sqrt{\dfrac{7}{3}}\tan^2\dfrac{x}{2}\right)+C$；

（6）$-2\ln\left|\cos\dfrac{x}{2}\right|+C$；（7）$\sec^2 x+C$；（8）$\dfrac{1}{4}\tan^2\dfrac{x}{2}+\tan\dfrac{x}{2}+\dfrac{1}{2}\ln\left|\tan\dfrac{x}{2}\right|+C$.

总习题三

1.　（1）D；（2）C；（3）C.

2.（1）$-F(\mathrm{e}^{-x})$；（2）$\dfrac{1}{x}\cos^2x-\sin2x$；（3）$-\dfrac{1}{3}(1-x^2)^{\frac{3}{2}}+C$.

3.（1）$x\tan\dfrac{x}{2}+2\ln\left|\cos\dfrac{x}{2}\right|+C$；（2）$\dfrac{1}{3}(\ln\sin x)^3+C$；（3）$-\dfrac{1}{22}\cos(11x)+\dfrac{1}{2}\cos x+C$；

（4）$-\dfrac{1}{16}\cos4x-\dfrac{1}{8}\cos2x+\dfrac{1}{12}\sin^23x+C$；（5）$\dfrac{1}{3}\arctan\left(\dfrac{1}{2}x^{\frac{3}{2}}\right)+C$；（6）$\dfrac{3}{2}\ln\left|x^{\frac{2}{3}}+3\right|+C$；

（7）$\dfrac{1}{4}x^2+\dfrac{1}{4}x\sin2x+\dfrac{1}{8}\cos2x+C$；（8）$\dfrac{1}{8}\tan^2\dfrac{x}{2}+\dfrac{1}{4}\ln\left|\tan\dfrac{x}{2}\right|+C$；（9）$2\sqrt{1-\cos x}+C$；

（10）$x\arctan x-\dfrac{1}{2}\ln(1+x^2)-\dfrac{1}{2}(\arctan x)^2+C$；（11）$\dfrac{1}{4}x^2-\dfrac{1}{4}x\sin2x-\dfrac{1}{8}\cos2x+C$；

（12）$\dfrac{1}{48}\sin^32x+\dfrac{1}{16}x-\dfrac{1}{64}\sin4x+C$；（13）$\left(x-\dfrac{1}{2}\right)\arcsin\sqrt{x}+\dfrac{1}{2}\sqrt{x-x^2}+C$；（14）$-\arcsin\dfrac{1}{x}+C$；

（15）$\ln\dfrac{x}{(\sqrt[6]{x}+1)^6}+C$；（16）$\dfrac{1}{2}\ln\dfrac{x^2+x+1}{1+x^2}+\dfrac{\sqrt{3}}{3}\arctan\dfrac{2\left(x+\dfrac{1}{2}\right)}{\sqrt{3}}+C$；（17）$4\sqrt{\sqrt{1+x^2}+1}+C$；

（18）$\dfrac{1}{2}\ln(x^2+2x+3)-\dfrac{3\sqrt{2}}{2}\arctan\left(\dfrac{x+1}{\sqrt{2}}\right)+C$；（19）$-\dfrac{x\mathrm{e}^x}{(x+1)}+\mathrm{e}^x+C$；（20）$\dfrac{1}{4}\ln\left(\dfrac{x^n}{x^n+4}\right)+C$；

（21）$x-\dfrac{1}{3}x^3+\arctan x+C$；（22）$-\dfrac{1}{x}+\dfrac{1}{2}\ln^2x-\ln x+C$；（23）$\ln x-\ln2(\ln|\ln x+\ln4|)+C$；

（24）$(\arcsin x)\ln(\arcsin x)-\arcsin x+C$；（25）$x\ln(1+\sqrt{x})-\dfrac{1}{2}x+\sqrt{x}-\ln(1+\sqrt{x})+C$；

（26）$2\arctan\sqrt{\dfrac{x}{2-x}}-2\sqrt{x(2-x)}+C$；（27）$\ln\dfrac{1-\sqrt{1-x^2}}{|x|}-\arcsin x+C$；

（28）$2x-\ln|\sin x+2\cos x|+C$；（29）$\dfrac{x}{4\cos^4x}-\dfrac{1}{4}\left(\tan x+\dfrac{1}{3}\tan^3x\right)+C$；

（30）$\dfrac{1}{2}\ln(x^2-2x+2)+6\arctan(x-1)+C$；（31）$\dfrac{x^4}{4}+\dfrac{1}{4}\ln\dfrac{x^4+1}{(x^4+1)^4}+C$；（32）$\dfrac{1}{3}\ln$

$\left|\tan\dfrac{x}{2}\left(\tan^2\dfrac{x}{2}+3\right)\right|+C$；

（33）$\arctan(\sqrt{2}\tan x-1)+\arctan(\sqrt{2}\tan x+1)+C$.

4.　$\dfrac{(\sin x+\cos x)^{n+2}}{n+2}+C$.

5.　$F(x)=\begin{cases}x-\dfrac{1}{2}x^2+C_1 & x>1,\\[2mm] x-\dfrac{1}{3}x^3-\dfrac{1}{6}+C_1 & -1\leqslant x\leqslant1,\\[2mm] x+\dfrac{1}{2}x^2-1+C_1 & x<-1.\end{cases}$

第 4 章

习题 4-1

1. （1）$\dfrac{3}{2}$；（2）$\mathrm{e}-1$.

2. （1）0；（2）0；（3）2π；（4）0.

3. 4.

4. $a=0$，$b=1$.

5. （1）-1；（2）4；（3）14.

6. 证明略.

7. （1）$\displaystyle\int_0^1 x^2\mathrm{d}x > \int_0^1 x^3\mathrm{d}x$；（2）$\displaystyle\int_1^2 x^2\mathrm{d}x < \int_1^2 x^3\mathrm{d}x$；（3）$\displaystyle\int_1^2 \ln x\mathrm{d}x > \int_1^2 (\ln x)^2\mathrm{d}x$；

   （4）$\displaystyle\int_0^1 \mathrm{e}^x\mathrm{d}x > \int_0^1 (1+x)\mathrm{d}x$.

8. （1）$\dfrac{3}{4}\pi\leqslant I\leqslant\dfrac{3}{2}\pi$；（2）$3\leqslant I\leqslant 30$；（3）$\dfrac{\pi}{9}\leqslant I\leqslant\dfrac{2\pi}{3}$；（4）$\dfrac{\pi}{4}\leqslant I\leqslant\dfrac{\pi}{3}$；（5）$-2\mathrm{e}^2\leqslant I\leqslant -2\mathrm{e}^{-\frac{1}{4}}$；

   （6）$-4\mathrm{e}^4\leqslant I\leqslant -4$.

9. 证明略.

10. 证明略.

11. 提示：作辅助函数 $F(x)=xf(x)$，运用积分中值定理和罗尔定理证明.

习题 4-2

1. （1）$\dfrac{x}{\sin x}$；（2）$-\sin x^2$；（3）$\dfrac{3x^2}{\sqrt{1+x^{12}}}-\dfrac{2x}{\sqrt{1+x^8}}$；（4）$\mathrm{e}^{-\sin^2 x}\cos x-2x\mathrm{e}^{-x^4}$；（5）$2xf(x^4)$；

   （6）$\displaystyle\int_1^{x^2} f(t)\mathrm{d}t + 2x^2 f(x^2)$.

2. $\dfrac{\mathrm{d}y}{\mathrm{d}x}=-\dfrac{\cos x}{1+y}$.

3. $\dfrac{\mathrm{d}y}{\mathrm{d}x}=-\dfrac{2t\cos t^2}{\sin t}$.

4. $\left(0,\dfrac{1}{9}\right)$.

5. $\left[\dfrac{1}{2},+\infty\right)$.

6. （1）0；（2）0；（3）0；（4）$-\dfrac{1}{6}$；（5）0；（6）$\sqrt{2}$；（7）$\dfrac{1}{2}$；（8）$-\dfrac{1}{\pi}$.

7. （1）$\dfrac{1}{4}+\sin 1$；（2）$\dfrac{\pi}{6}$；（3）$2-\dfrac{\pi}{4}$；（4）$\dfrac{\pi}{3}$；（5）$2\sqrt{\mathrm{e}}-1$；（6）13；（7）$2-\sqrt{2}$；（8）$2\sqrt{2}$；

   （9）$2\sqrt{2}$；（10）$1+\dfrac{3}{8}\pi^2$.

8. $\varphi(x) = \begin{cases} \dfrac{x^2}{2}+x & -1 \leqslant x < 0, \\[2mm] \dfrac{x^2}{2} & 0 \leqslant x \leqslant 1. \end{cases}$

9. 证明略.

10. 证明略, $\lim\limits_{x \to +\infty} y(x) = 1$.

11. 证明略.

习题 4-3

1. (1) $\dfrac{1}{6}$; (2) $\dfrac{\ln 2}{3}$; (3) $\dfrac{\ln 5 - \ln 2}{3}$; (4) $\ln 2$; (5) $\dfrac{1}{3}$; (6) $\dfrac{\pi}{4}$; (7) $\dfrac{e-1}{2}$; (8) $\dfrac{\pi^3}{324}$; (9) $\dfrac{\pi}{2}$;

(10) $\dfrac{2}{5}$; (11) $2-\dfrac{\pi}{2}$; (12) $1-2\ln 2$; (13) $\dfrac{\pi+2}{4}$; (14) $\dfrac{\pi a^4}{16}$; (15) $\dfrac{3\sqrt{2}-2\sqrt{3}}{3}$; (16) $1-\dfrac{\pi}{4}$.

2. $\dfrac{7}{3}-e^{-1}$.

3. 证明略.

4. (1) $\dfrac{e^2+1}{4}$; (2) 4π; (3) $\dfrac{2\pi}{3}-\dfrac{\sqrt{3}}{2}$; (4) $2-\dfrac{2}{e}$; (5) $\dfrac{\pi^2}{16}-\dfrac{\pi}{4}+\dfrac{1}{2}$; (6) $\dfrac{\sqrt{2}+\ln(\sqrt{2}+1)}{2}$;

(7) $\dfrac{1}{2}\left(1+e^{\frac{\pi}{2}}\right)$; (8) $\dfrac{\pi}{4}+\dfrac{\ln 2}{2}$.

5. (1) $1-2e^{-1}$; (2) $4\ln 4-4$; (3) $(\sqrt{3}-1)e^{\sqrt{3}}$; (4) $\dfrac{\pi}{2}-1$; (5) $\sqrt{3}\ln(2+\sqrt{3})-1$; (6) $4\sqrt{2}\pi$;

(7) $\dfrac{e^{\pi}-2}{5}$; (8) $\dfrac{e\sin 1 - e\cos 1 + 1}{2}$; (9) 0; (10) $\dfrac{8}{15}$; (11) $\dfrac{105\pi^2}{768}$;

(12) $-\dfrac{\pi}{4}\left(\tan\dfrac{3\pi}{8}+\tan\dfrac{\pi}{8}\right)+2\left(\ln\cos\dfrac{\pi}{8}-\ln\cos\dfrac{3\pi}{8}\right)$; (13) $\ln 3$; (14) $\dfrac{3\pi}{16}$.

6. 提示: (1) 令 $u=1-x$; (2) 令 $u=\dfrac{1}{t}$; (3) 用分部积分公式证明.

7. 证明略.

8. 0.

9. 2.

10. 2.

习题 4-4

1. (1) $\dfrac{9}{2}$; (2) $\dfrac{3}{2}-\ln 2$; (3) $e+e^{-1}-2$; (4) $\dfrac{3\ln 2 - 1}{2}$; (5) $b-a$; (6) $\dfrac{7}{6}$; (7) $3\pi a^2$;

(8) $\dfrac{3\pi a^2}{8}$; (9) $\dfrac{4\pi^3 a^2}{3}$; (10) 6π.

2. $\dfrac{16p^2}{3}$.

3. $\dfrac{9}{4}$.

4. $-\dfrac{1}{2}$.

5. $k=\sqrt{2}$.

6. $x-4y-4+4\ln4=0$.

7. $t=\dfrac{1}{2}$.

8. （1）$V_x=\dfrac{128}{7}\pi$, $V_y=\dfrac{64}{5}\pi$；（2）$V_x=\dfrac{16}{15}\pi$, $V_y=\dfrac{8}{3}\pi$；（3）$V_x=\dfrac{1}{2}\pi^2$, $V_y=2\pi^2$；（4）$\dfrac{3}{10}\pi$；

（5）$4\pi^2$；（6）$2\pi a^2$.

9. $\dfrac{293}{60}\pi$.

10. $\dfrac{4}{3}\pi$.

11. $4\sqrt{3}$.

12. $\dfrac{1000\sqrt{3}}{3}$.

13. $\dfrac{32\sqrt{3}}{3}$.

14. （1）$1+\dfrac{\ln3-\ln2}{2}$；（2）$\ln|\sec a+\tan a|$；（3）$8a$；（4）$2\pi^2 a$；（5）4.

习题 4-5

1. （1）$\dfrac{1}{2a^2}$；（2）1；（3）$\dfrac{\ln4}{3}$；（4）$\dfrac{\pi}{4}$；（5）$\dfrac{\pi}{2}$；（6）发散；（7）$\dfrac{\pi}{6}$；（8）$\dfrac{2\sqrt{3}}{3}\pi$；

（9）$\dfrac{\pi}{2}-\arctan e$；（10）$\dfrac{\pi}{4}+\dfrac{\ln2}{2}$.

2. （1）1；（2）π；（3）-1；（4）$-\dfrac{\pi}{3}$；（5）$\dfrac{\pi}{2}$；（6）$\dfrac{3}{2}$；（7）$-2\ln2$；（8）发散.

3. $c=\dfrac{5}{2}$.

4. $a=0$ 或 $a=-1$.

总习题四

1. （1）D；（2）B；（3）B；（4）B；（5）B；（6）D；（7）B；（8）B；（9）A；（10）B；

（11）B；（12）C.

2. （1）4，1；（2）$\dfrac{1}{5}$；（3）$\dfrac{1}{2}\pi a^2$；（4）$\dfrac{4}{15}(\sqrt{2}+1)$；（5）$\dfrac{15}{96}\pi$；（6）3；（7）$\dfrac{3}{2}-\ln2$.

3. （1）$\dfrac{\pi^2}{4}$；（2）1；（3）e；（4）$\dfrac{1}{2}$.

4. （1）$\dfrac{\pi}{2}$；（2）$\dfrac{1-\ln 2}{2}$；（3）$2n$；（4）$\dfrac{\pi-2}{8}$；（5）$\dfrac{\ln 2}{2}$；（6）不存在.

5. $g(x)$.

6. $f(x)=3x-3\sqrt{1-x^2}$ 或 $f(x)=3x-\dfrac{3}{2}\sqrt{1-x^2}$.

7. 提示：作辅助函数 $g(x)=(x-1)^2f(x)$，由积分中值定理和罗尔定理证明.

8. 提示：令 $u=a+(b-a)x$，用换元法证明.

9. $k=0$，$f'(0)=\dfrac{8}{3}$.

10. $\mathrm{e}^{-4}-1$.

11. $f(x)=1+\ln x$.

12. 提示：作辅助函数 $g(x)=\displaystyle\int_a^x f(t)\mathrm{d}t\cdot\int_a^x\dfrac{1}{f(t)}\mathrm{d}t-(x-a)^2$，$x\in[a,b]$，用函数的单调性证明.

13. 提示：用分部积分法求解等式右端的积分.

14. $\xi=\dfrac{2+(x-2)\mathrm{e}^{\frac{x}{2}}}{\mathrm{e}^{\frac{x}{2}}-1}$.

15. $4\pi-\dfrac{\pi^2}{2}$.

16. $a=3$.

17. 5π.

18. π.

19. （1）$y=f(x)=x^2+2x+1$；（2）$\dfrac{1}{3}$；（3）$\dfrac{\sqrt[3]{2}-1}{\sqrt[3]{2}}$.

第 5 章

习题 5-1

1. （1）特解；（2）不是解；（3）通解；（4）通解；（5）通解.

2. 略.

3. $ma-kv=m\dfrac{\mathrm{d}v}{\mathrm{d}t}$，满足 $v_0=\sqrt{2gh}$.

4. $y\dfrac{\mathrm{d}y}{\mathrm{d}x}+2x=0$.

习题 5-2

1. （1）$\ln y=Cx$；（2）$y=\dfrac{1}{5}x^3+\dfrac{1}{2}x^2+C$；（3）$\mathrm{e}^y=\mathrm{e}^x+C$；（4）$\sin y\cos x=C$；

　　（5）$(1-\mathrm{e}^y)(\mathrm{e}^x-1)=C$.

2. （1）$\ln\dfrac{y}{x}=Cx+1$；（2）$\arctan\dfrac{y}{x}=-\ln\sqrt{x^2+y^2}+C$；（3）$\sqrt{\dfrac{y}{x}}=\ln|x|+C$；

(4) $\sin\dfrac{y}{x}=\ln|x|+C$；（5）$2y\mathrm{e}^{\frac{x}{y}}=C-x$.

3. （1）$y=C\mathrm{e}^{-x}+x\mathrm{e}^{-x}$；（2）$y=\dfrac{\mathrm{e}^x}{x}(C+\mathrm{e}^x)$；（3）$y=\dfrac{1}{x^2-1}(\sin x+C)$；（4）$x=y[(\ln y)^2+\ln y+C]$；

（5）$x=C\mathrm{e}^{2y}-\dfrac{1}{2}y-\dfrac{1}{4}$；（6）$\dfrac{1}{y}=C\mathrm{e}^{-\frac{3}{2}x^2}-\dfrac{1}{3}$；（7）$\dfrac{1}{y}=x(-\ln|x|+C)$；（8）$\dfrac{1}{y}=x[-(\ln x)^2+C]$.

4. （1）$\mathrm{e}^y=\dfrac{1}{2}(1+\mathrm{e}^{2x})$；（2）$\ln y=\csc x-\cot x$；（3）$y^3-y^2+x^2=0$；（4）$y=x\sec x$；

（5）$y=\csc x(-5\mathrm{e}^{\cos x}+1)$.

5. $f(x)=x+\dfrac{1}{2}\ln(1+x^2)-\arctan x+C$.

习题 5-3

1. （1）$y=x\mathrm{e}^x-3\mathrm{e}^x+C_1x^2+C_2x+C_3$；（2）$y=x\arctan x-\dfrac{1}{2}\ln(1+x^2)+C_1x+C_2$；

（3）$y=C_1\mathrm{e}^x-\dfrac{1}{2}x^2-x+C_2$；（4）$y=2C_1x^2-C_1x+C_2$；（5）$y=\begin{cases}C & y'=0,\\ x+C & y'=1,\\ -\dfrac{1}{C_1}+C_2\mathrm{e}^{C_1x} & y'\neq0,1;\end{cases}$

（6）$y=-\ln|\cos(x+C_1)|+C_2$.

2. （1）$y=\dfrac{1}{a^3}\mathrm{e}^{ax}-\dfrac{1}{2a}\mathrm{e}^ax^2+\left(\dfrac{1}{a}-\dfrac{1}{a^2}\right)\mathrm{e}^ax+\left(\dfrac{1}{a^2}-\dfrac{1}{a^3}-\dfrac{1}{2a}\right)\mathrm{e}^a$；（2）$y=\arcsin x$；（3）$y=-\dfrac{1}{a}\ln|ax+1|$；

（4）$y=\ln\sec x$.

3. $y=\dfrac{1}{6}x^3+\dfrac{1}{2}x+1$.

4. $s=\dfrac{m}{C^2}\ln\dfrac{\mathrm{e}^{Ct\sqrt{\frac{g}{m}}\cdot t}+\mathrm{e}^{-Ct\sqrt{\frac{g}{m}}}}{2}$.

5. $y=\dfrac{1}{C_1}\ln x+C_2$.

习题 5-4

1. （1）线性相关；（2）线性无关；（3）线性无关；（4）线性无关.

2. $y=C_1x+C_2\mathrm{e}^x+3$.

3. （1）$y^*=Ax^2+Bx+C$；（2）$y^*=Ax^2\mathrm{e}^x$；（3）$y^*=(Ax^2+Bx+C)\mathrm{e}^x$.

4. （1）$y=C_1\mathrm{e}^{-2x}+C_2\mathrm{e}^x$；（2）$y=C_1\cos x+C_2\sin x$；（3）$y=\mathrm{e}^{-3x}(C_1\cos2x+C_2\sin2x)$；

（4）$y=\mathrm{e}^{-\frac{1}{3}x}(C_1+C_2x)$；（5）$y=\mathrm{e}^x(C_1+C_2x)+C_3\mathrm{e}^{-x}$；（6）$y=C_1+C_2x+\mathrm{e}^x(C_3+C_4x)$；

（7）$y=C_1\mathrm{e}^{\frac{1}{2}x}+C_2\mathrm{e}^{-x}+\mathrm{e}^x$；（8）$y=C_1\mathrm{e}^{-\frac{5}{2}x}+C_2+x\left(\dfrac{1}{3}x^2-\dfrac{3}{5}x+\dfrac{7}{25}\right)$；

（9）$y=(C_1\mathrm{e}^{-x}+C_2\mathrm{e}^{-2x})+\left(\dfrac{3}{2}x^2-3x\right)\mathrm{e}^{-x}$；（10）$y=\mathrm{e}^{3x}(C_1+C_2x)+\left(\dfrac{1}{6}x^3+\dfrac{1}{2}x^2\right)\mathrm{e}^{3x}$；

(11) $y=C_1\mathrm{e}^{-x}+C_2\mathrm{e}^{-6x}+\dfrac{\mathrm{e}^{2x}}{650}(23\sin x-11\cos x)$；　(12) $y=C_1\cos x+C_2\sin x+\dfrac{1}{2}\mathrm{e}^x+\dfrac{1}{2}x\sin x$.

5. (1) $y=4\mathrm{e}^x+2\mathrm{e}^{3x}$；　(2) $y=3\mathrm{e}^{-2x}\sin 5x$；　(3) $y=-5\mathrm{e}^x+\dfrac{7}{2}\mathrm{e}^{2x}+\dfrac{5}{2}$；　(4) $y=(x^2-x+1)\mathrm{e}^x-\mathrm{e}^{-x}$.

6. $f(x)=\dfrac{1}{2}(\cos x+\sin x+\mathrm{e}^x)$.

习题 5-5

1. (1) $y=\dfrac{C_1}{x}+C_2x$；　(2) $y=x(C_1+C_2\ln x)+x(\ln x)^2$；　(3) $y=x^2(C_1+C_2\ln x)+x+\dfrac{1}{6}x^2(\ln x)^3$；

(4) $y=x(C_1+C_2\ln x)+C_3x^{-2}$；　(5) $y=\sqrt[3]{x}(C_1+C_2\ln x)$；　(6) $y=x^2(C_1+C_2\ln x)+\dfrac{1}{4}(\ln x+1)$；

(7) $y=C_1[2(\cos\ln x)^2-1]+C_2(\sin 2\ln x)+\dfrac{1}{4}+\dfrac{1}{4}\ln x(\sin 2\ln x)$；　(8) $y=(C_1x^2+C_2x^{-2})+\dfrac{1}{5}x^3$.

2. $R=\begin{cases}C_1r^L+C_2r^{-(L+1)}-\dfrac{1}{L^2+L-2}r & L\neq 1,-2,\\[2mm] C_1r^L+C_2r^{-(L+1)}+\dfrac{1}{3}r\ln r & L=1,-2.\end{cases}$

3. $\dfrac{\mathrm{d}^2y}{\mathrm{d}t^2}+y=0$.

4. $y=C_1\mathrm{e}^{\arcsin x}+C_2\mathrm{e}^{-\arcsin x}$.

5. $y\cos x=C_1\cos 2x+C_2\sin 2x+\dfrac{1}{5}\mathrm{e}^x$.

总习题五

1. (1) C；　(2) D；　(3) C；　(4) A；　(5) B；　(6) B.

2. (1) 2；　(2) $y(1)=\pi\mathrm{e}^{\frac{\pi}{4}}$；　(3) $y''-2y'+2y=0$；　(4) $1=\cos(y+C)y'$；　(5) $y''-3y'+2y=0$；

(6) $\varphi(x)=-\dfrac{x^3}{2}$；　(7) $P(x)=\dfrac{1}{x}$，$Q(x)=4$. $y=C_1\ln x+C_2+x^2$；

(8) $f(x)=\dfrac{1}{2}\big[(1+x^2)\ln(1+x^2)-x^2-1\big]$.

3. (1) $x=y(-\ln|y|+C)$；　(2) $y=1+\dfrac{C}{x}$；　(3) $y=-(x^2+1)+C\mathrm{e}^{x^2}$；　(4) $x=\mathrm{e}^{-y}(y^2+C)$；　(5) $\sin\dfrac{y}{x}=Cx$.

4. (1) $p(x)=-\dfrac{1}{x}$，$f(x)=\dfrac{3}{x^3}$；　(2) $y=C_1+C_2x^2+\dfrac{1}{x}$.

5. $f(x)=\dfrac{3}{4}x^{-2}(-x^4+1)$.

6. $f'(x)=f(x)+2\mathrm{e}^x$，$f(x)=2x\mathrm{e}^x$.

7. (1) $F'(x)+2F(x)=4\mathrm{e}^{2x}$（答案不唯一）；　(2) $F(x)=2\mathrm{e}^{2x}-\mathrm{e}^{-2x}$.

8. (1) 略；　(2) $y=2\mathrm{e}^x-x$.

9. 略.

参考文献

[1] 同济大学数学系. 高等数学：上册[M]. 7 版. 北京：高等教育出版社，2014.

[2] 苏德矿，吴明华. 微积分[M]. 北京：高等教育出版社，2007.

[3] 吴赣昌. 高等数学[M]. 北京：中国人民大学出版社，2011.

[4] 范周田，张汉林. 微积分[M]. 北京：机械工业出版社，2016.